大学软件学院软件开发系列教材

Java 程序开发实用教程

邱加永 主 编
张仁杰 张 静 副主编

清华大学出版社
北 京

内 容 简 介

本书从零基础开始，对 Java SE 相关知识进行了深入细致的讲解。

全书共分为 13 章，主要内容包括 Java 语言概述、Java 基础语法、面向对象编程、异常处理、API 常用类的使用、多线程机制、泛型、集合框架、I/O 编程、网络编程、Swing 编程、标注和反射等。

本书通俗易懂、术语表述严谨规范、配有典型实用的示例代码和深入透彻的问题剖析。

本书既可以作为普通高等院校的教材，也可以作为职业培训机构的教程及 Java 编程爱好者的自学用书。

本书封面贴有清华大学出版社防伪标签，无标签者不得销售。
版权所有，侵权必究。举报：010-62782989，beiqinquan@tup.tsinghua.edu.cn。

图书在版编目(CIP)数据

Java 程序开发实用教程/邱加永主编. --北京：清华大学出版社，2014（2021.7重印）
(大学软件学院软件开发系列教材)
ISBN 978-7-302-35419-2

Ⅰ. ①J… Ⅱ. ①邱… Ⅲ. ①JAVA 语言—程序设计—高等学校—教材 Ⅳ. ①TP312

中国版本图书馆 CIP 数据核字(2014)第 023145 号

责任编辑：杨作梅　桑任松
装帧设计：杨玉兰
责任校对：宋延清
责任印制：宋　林

出版发行：清华大学出版社
　　　　网　　址：http://www.tup.com.cn, http://www.wqbook.com
　　　　地　　址：北京清华大学学研大厦 A 座　　　邮　编：100084
　　　　社 总 机：010-62770175　　　　　　　　　　邮　购：010-62786544
　　　　投稿与读者服务：010-62776969，c-service@tup.tsinghua.edu.cn
　　　　质量反馈：010-62772015，zhiliang@tup.tsinghua.edu.cn
　　　　课件下载：http://www.tup.com.cn, 010-62791865

印 装 者：北京富博印刷有限公司
经　　销：全国新华书店
开　　本：185mm×260mm　　　印　张：26.75　　　字　数：649 千字
版　　次：2014 年 4 月第 1 版　　　　　　　　　　印　次：2021 年 7 月第 6 次印刷
定　　价：68.00元

产品编号：045190-02

前　言

Java 作为当前最热门的编程语言之一，吸引着全世界编程爱好者。本书以 Java SE 7.0 为基础，全面、系统地介绍 Java SE 的核心技术。本书通过条理清晰的知识归纳、通俗易懂的示例讲解，让初学者快速掌握 Java SE 的核心技术。

本书融合 Java SE 核心技术和具体实践于一体，是作者对多年软件开发经验和多年教学实践经验的总结。对于书中的每一个知识点归纳、每一段示例代码，读者如果细研读并加以理解和实践，必定会从中受益。

1. 本书内容

本书共分为 13 章，涵盖 Java SE 的技术要点。各章的主要内容说明如下。

第 1 章：全面、系统地介绍 Java 语言的发展简史，Java 语言的特性，Java 开发环境的搭建，Java 程序的编写、编译和运行过程。

第 2 章：详细讲解 Java 语言的基本语法，从标识符、变量、数据类型到程序结构。

第 3 章和第 4 章：全面、透彻地讲解面向对象编程的思想和应用。通过大量示例来讲解面向对象编程的三大特征：封装、继承和多态。

第 5 章：详细讲解异常的处理，对异常产生的原理及处理机制进行深入分析，并提供实用的异常处理建议。

第 6 章：介绍 Java SE API 中常见类的使用，通过大量的示例，来演示这些常用类的典型使用场景。

第 7 章：针对多线程技术进行全面介绍，详细讲解进程和线程的区别，同时对线程不安全的问题也进行详细阐述并提供相应的解决方案。

第 8 章和第 9 章：介绍泛型技术和集合框架的使用。

第 10 章：对 Java 语言中的 I/O 编程进行详解的讲解，通过大量示例应用，展示在实际开发中如何应用 I/O 类解决文件内容读取问题。

第 11 章：对网络编程进行概述性讲解，首先介绍网络通信协议，然后用 Java 语言中的 TCP 编程、UDP 编程编写几个网络通信的示例。

第 12 章：通过 Swing 进行 GUI 编程介绍，主要包括常用 Swing 组件、布局管理器、事件处理等知识的讲解。

第 13 章：介绍 Java SE 中的高级内容：标注和反射，这是目前较为流行的技术，通过大量的示例讲解来介绍相应的知识点。

2. 本书特色

(1) 本书在每章后面，均配有上机实训，以便课后加强读者的动手能力。

(2) 每章后面的习题用于帮助读者温习所学知识。

(3) 对于一些细节，本书在需特别注意的地方，均设置"注意"段落，以便读者更好地掌握这些细节。

3. 适用读者

本书专门为在校学生和零基础的读者量身定制，是普通高等院校 Java 程序设计课程的首选教材，同时也可作为职业培训机构的教程以及 Java 编程爱好者的自学用书。

4. 本书作者

本书由 CSDN 旗下天津 Java 实训基地教学总监邱加永主编，天津市大学软件学院教学与实训部张仁杰、张静担任副主编。孙连伟、武迪等老师参与了编辑。编者力求表述规范严谨，通俗易懂。但限于自身水平，疏漏之处在所难免，如果在阅读的过程中遇到什么问题或者有好的建议或意见，欢迎随时与我们联系。相关问题的讨论，读者朋友可以加入 QQ 群：45390709，或发送邮件到 qjyong@gmail.com 与作者交流。

目 录

第1章 Java 概述 1
1.1 Java 语言简介 2
1.1.1 Java 语言发展简史 2
1.1.2 Java 语言的特性 3
1.2 Java 技术的核心 5
1.2.1 Java 虚拟机 5
1.2.2 垃圾回收机制 5
1.3 Java 平台体系结构 5
1.4 搭建 Java 程序的开发环境 7
1.4.1 JDK 的安装和配置 7
1.4.2 Eclipse 的安装和使用 11
1.5 Java 程序开发步骤 15
1.5.1 编辑 Java 源代码 15
1.5.2 编译 Java 程序 16
1.5.3 运行 Java 程序 17
1.6 Java 程序的装载和执行过程 18
1.6.1 装载程序 19
1.6.2 检验程序 19
1.6.3 执行程序 19
1.7 上机实训 19
本章习题 19

第2章 Java 语言的基础语法 21
2.1 Java 程序的基本结构 22
2.1.1 代码框架 22
2.1.2 注释 23
2.1.3 标识符 24
2.1.4 关键字 24
2.2 数据类型 24
2.2.1 整数型 25
2.2.2 浮点型 25
2.2.3 字符型 26
2.2.4 布尔型 27
2.3 变量 27
2.3.1 变量的声明、初始化和使用 27
2.3.2 变量的作用域 28
2.4 数据类型间的转换 29
2.4.1 自动转换 29
2.4.2 强制转换 29
2.5 运算符 30
2.5.1 算术运算符 30
2.5.2 赋值运算符 31
2.5.3 关系运算符 32
2.5.4 逻辑运算符 32
2.5.5 三目运算符 33
2.5.6 位运算符 33
2.5.7 表达式 35
2.5.8 表达式类型的自动提升 35
2.5.9 运算符优先级 36
2.6 流程控制 36
2.6.1 顺序语句 37
2.6.2 条件语句 37
2.6.3 循环语句 43
2.6.4 使用 break 和 continue 控制循环语句 46
2.6.5 流程控制综合应用 48
2.7 数组 50
2.7.1 一维数组 50
2.7.2 多维数组 53
2.8 上机实训 56
本章习题 57

第3章 面向对象编程(上) 59
3.1 面向对象编程概述 60
3.1.1 面向过程的设计思想 60
3.1.2 面向对象的设计思想 61
3.1.3 类和对象 61

- 3.2 封装类 62
  - 3.2.1 定义属性 63
  - 3.2.2 定义方法 64
  - 3.2.3 定义构造器 65
- 3.3 对象的创建和使用 68
  - 3.3.1 对象的创建 68
  - 3.3.2 属性的初始化 69
  - 3.3.3 对象的使用 69
  - 3.3.4 对象的回收 70
- 3.4 深入理解方法 70
  - 3.4.1 方法的参数传递 70
  - 3.4.2 方法重载 72
  - 3.4.3 方法的可变参数 73
  - 3.4.4 递归方法 74
- 3.5 this 关键字 75
- 3.6 属性、参数和局部变量的关系 77
- 3.7 JavaBean 77
- 3.8 包 78
  - 3.8.1 声明包 78
  - 3.8.2 编译带包的类 79
  - 3.8.3 使用带包的类 79
  - 3.8.4 JDK 中的常用包 80
- 3.9 文档注释 81
  - 3.9.1 在源代码中插入文档注释 81
  - 3.9.2 常规标记 81
  - 3.9.3 类或接口注释 82
  - 3.9.4 方法注释 83
  - 3.9.5 属性注释 84
  - 3.9.6 包和概述注释 85
  - 3.9.7 提取注释生成帮助文档 85
- 3.10 上机实训 86
- 本章习题 87

第 4 章 面向对象编程(下) 89

- 4.1 类的继承 90
  - 4.1.1 继承说明 91
  - 4.1.2 继承的优点 92
  - 4.1.3 继承设计 92
- 4.2 super 关键字 93
- 4.3 访问控制符 93
- 4.4 常用修饰符 96
  - 4.4.1 static 96
  - 4.4.2 final 100
- 4.5 方法覆盖 102
- 4.6 多态 104
  - 4.6.1 对象变量多态 104
  - 4.6.2 多态方法 107
  - 4.6.3 多态参数 108
- 4.7 抽象类 110
- 4.8 接口 112
  - 4.8.1 接口的定义和实现 113
  - 4.8.2 接口中的变量 115
  - 4.8.3 多重接口 115
- 4.9 嵌套类 116
  - 4.9.1 嵌套类的定义语法 117
  - 4.9.2 内部类 117
  - 4.9.3 静态嵌套类 120
- 4.10 JAR 文件 121
  - 4.10.1 jar 命令 121
  - 4.10.2 清单文件 122
  - 4.10.3 创建可执行的 JAR 文件 122
- 4.11 上机实训 123
- 本章习题 124

第 5 章 异常 129

- 5.1 异常概述 130
- 5.2 异常类的层次结构 131
  - 5.2.1 Error 类 132
  - 5.2.2 Exception 类 132
- 5.3 异常的处理 133
  - 5.3.1 try、catch 和 finally 语句块 ... 133
  - 5.3.2 输出异常信息 135
  - 5.3.3 异常栈跟踪 137
- 5.4 声明异常 138
- 5.5 手动抛出异常 139
- 5.6 自定义异常 140
  - 5.6.1 定义异常类 140
  - 5.6.2 使用自定义异常类 141

5.7 JDK 7 新增的异常处理语法 141
　　5.7.1 try-with-resources 语句 141
　　5.7.2 catch 多个 Exception 142
5.8 处理异常时的建议 143
5.9 上机实训 143
本章习题 143

第 6 章 Java SE API 常用类 147

6.1 Java SE API 文档概述 148
　　6.1.1 下载 Java SE API 文档 148
　　6.1.2 Java SE API 文档的结构 149
　　6.1.3 使用 Java SE API 文档 150
6.2 java.lang 包 151
　　6.2.1 Object 类 151
　　6.2.2 基本数据类型的包装类 156
　　6.2.3 枚举类型和枚举类 157
　　6.2.4 Math 类 160
　　6.2.5 System 类 161
　　6.2.6 Runtime 类 165
　　6.2.7 String 类 168
　　6.2.8 StringBuilder 和
　　　　　StringBuffer 类 173
6.3 java.util 包 174
　　6.3.1 Random 类 175
　　6.3.2 Arrays 类 176
　　6.3.3 日期和时间相关类 178
6.4 国际化相关类 182
　　6.4.1 java.util.Locale 类 182
　　6.4.2 java.text.MessageFormat 类的
　　　　　格式化字符串 183
　　6.4.3 Java 程序国际化 183
　　6.4.4 java.text.NumberFormat 类的
　　　　　格式化数字方法 186
　　6.4.5 java.text.DateFormat 类的
　　　　　格式化日期时间方法 187
6.5 正则表达式相关类 190
　　6.5.1 正则表达式语法 190
　　6.5.2 Java SE 中的正则
　　　　　表达式 API 193
　　6.5.3 字符串类中与正则表达式
　　　　　相关的方法 195
　　6.5.4 正则表达式使用示例 195
6.6 大数字操作 197
　　6.6.1 BigInteger 197
　　6.6.2 BigDecimal 198
6.7 上机实训 199
本章习题 200

第 7 章 多线程 201

7.1 线程概述 202
　　7.1.1 进程 202
　　7.1.2 线程 202
　　7.1.3 多进程和多线程的区别 203
7.2 线程的创建和启动 203
　　7.2.1 单线程程序 203
　　7.2.2 创建新线程 204
　　7.2.3 启动线程 205
　　7.2.4 Thread 类的常用方法 207
　　7.2.5 为什么需要多线程程序 208
　　7.2.6 线程分类 208
7.3 线程的状态及转换 208
　　7.3.1 新线程 209
　　7.3.2 可运行的线程 209
　　7.3.3 被阻塞和处于等待状态下的
　　　　　线程 209
　　7.3.4 被终止的线程 210
7.4 多线程的调度和优先级 210
　　7.4.1 线程调度原理 210
　　7.4.2 线程优先级 211
7.5 线程的基本控制 212
　　7.5.1 线程睡眠 212
　　7.5.2 线程让步 213
　　7.5.3 线程加入 214
7.6 多线程的同步 215
　　7.6.1 线程安全问题 215
　　7.6.2 synchronized 关键字 217
　　7.6.3 对象锁 219
　　7.6.4 死锁 220

7.7	线程交互	221
	7.7.1 Object 提供的 wait 和 notify 方法	221
	7.7.2 生产者-消费者问题	222
7.8	用 Timer 类调度任务	224
7.9	上机实训	225
	本章习题	226

第 8 章 使用泛型 ... 229

8.1	泛型概述	230
8.2	泛型类和接口的定义及使用	232
	8.2.1 定义泛型类和接口	232
	8.2.2 从泛型类派生子类	233
	8.2.3 实现泛型接口	234
8.3	有界类型参数	234
8.4	泛型方法	236
8.5	类型参数的通配符	237
8.6	擦除	237
8.7	泛型的局限	239
8.8	上机实训	240

第 9 章 Java 集合框架 ... 241

9.1	Java 集合框架概述	242
9.2	Collection 接口及 Iterator 接口	242
	9.2.1 Collection 接口	242
	9.2.2 Iterator 接口	243
9.3	Set 接口及实现类	244
	9.3.1 Set 接口	244
	9.3.2 HashSet 实现类	245
	9.3.3 LinkedHashSet 实现类	248
9.4	List 接口及实现类	249
	9.4.1 List 接口	249
	9.4.2 ArrayList 类	250
	9.4.3 LinkedList 实现类	251
9.5	Map 接口及实现类	253
	9.5.1 Map 接口	253
	9.5.2 HashMap 类	254
	9.5.3 LinkedHashMap 类	255
9.6	遗留的集合类	256

	9.6.1 Vector 类	256
	9.6.2 Stack 类	257
	9.6.3 Hashtable 类	258
	9.6.4 Properties 类	258
9.7	排序集合	259
	9.7.1 Comparable 接口	260
	9.7.2 TreeSet 类	261
	9.7.3 Comparator 接口	262
	9.7.4 TreeMap 类	264
9.8	集合工具类	265
	9.8.1 算法操作	265
	9.8.2 同步控制	267
9.9	如何选择合适的集合类	267
9.10	上机实训	268
	本章习题	268

第 10 章 I/O 流 ... 271

10.1	File 类	272
	10.1.1 文件和目录	272
	10.1.2 Java 对文件的抽象	272
10.2	I/O 原理	276
10.3	流类概述	277
	10.3.1 I/O 流分类	277
	10.3.2 抽象流类	277
10.4	文件流	280
	10.4.1 FileInputStream 和 FileOutputStream	280
	10.4.2 FileReader 和 FileWriter	284
10.5	缓冲流	285
10.6	转换流	286
	10.6.1 InputStreamReader	286
	10.6.2 OutputStreamWriter	288
10.7	数据流	288
10.8	打印流	289
10.9	对象流	291
	10.9.1 序列化和反序列化操作	292
	10.9.2 序列化的版本标识	294
10.10	随机存取文件流	295
10.11	上机实训	297

本章习题 298

第 11 章 网络编程 301

11.1 网络编程基础知识 302
11.1.1 网络基本概念 302
11.1.2 网络传输协议 304
11.2 Java 与网络 306
11.2.1 InetAddress 类 306
11.2.2 URL 类 308
11.2.3 URLConnection 类 310
11.2.4 URLEncoder 和 URLDecoder 类 314
11.3 Java 网络编程 316
11.3.1 套接字 316
11.3.2 基于 TCP 协议的网络编程 316
11.3.3 基于 UDP 协议的网络编程 324
11.4 上机实训 329
本章习题 330

第 12 章 GUI 编程 331

12.1 Swing 概述 332
12.1.1 Swing 是什么 332
12.1.2 Swing 架构 332
12.2 Swing 容器 333
12.2.1 顶层容器 333
12.2.2 通用容器 337
12.2.3 专用容器 344
12.3 绘图 345
12.3.1 2D 图形 346
12.3.2 颜色 348
12.3.3 文本和字体 348
12.3.4 图像 349
12.4 Swing 组件 350
12.4.1 Swing 组件的层次结构 ... 351
12.4.2 按钮 352
12.4.3 文本组件 354
12.4.4 不可编辑信息显示组件 357
12.4.5 菜单相关 360
12.4.6 其他组件 363
12.5 布局管理器 364
12.5.1 FlowLayout 365
12.5.2 BorderLayout 367
12.5.3 GridLayout 368
12.6 处理 GUI 事件 369
12.6.1 Java SE 事件模型 370
12.6.2 GUI 事件分类 373
12.6.3 事件适配器 374
12.7 切换 Swing 观感 376
12.8 上机实训 378
本章习题 379

第 13 章 标注和反射 381

13.1 标注 382
13.1.1 标注概述 382
13.1.2 使用 JDK 内置的标注 382
13.1.3 自定义标注 386
13.1.4 标注的标注 387
13.2 反射 390
13.2.1 Java 反射 API 391
13.2.2 Class 类 391
13.2.3 获取类信息 393
13.2.4 生成对象 396
13.2.5 调用方法 398
13.2.6 访问成员变量的值 400
13.2.7 操作数组 401
13.2.8 获取泛型信息 403
13.2.9 使用反射获取标注信息 404
13.2.10 反射与代理 406
13.3 上机实训 410
本章习题 410

参考答案 413

第 1 章
Java 概述

学习目的与要求：

Java 语言是目前最为流行的编程语言之一。在学习之前，有必要对它进行一个全面了解。本章着重介绍 Java 语言的发展历史、特性及体系结构；如何搭建 Java 程序的开发环境；Java 程序的开发全过程；另外，还讲解主流 IDE 工具的使用。

通过对本章内容的学习，读者应学会 Java 程序开发环境的搭建，掌握 Java 程序的开发过程，理解 Java 技术的核心原理。

1.1 Java 语言简介

Java 是由 Sun 公司于 1995 年 5 月推出的 Java 程序设计语言(简称 Java 语言)和 Java 平台的总称。Java 语言作为目前最为流行的面向对象编程语言之一,它的名字几乎被所有 IT 人士所熟知。Java 语言所崇尚的开源、自由等精神,吸引了全世界无数优秀的程序员。

作为一种纯面向对象的编程语言,Java 吸收了 C++语言的各种优点,又摒弃了 C++语言中难以理解的指针、多重继承等概念,真正具有功能强大和简单易用两大特点。

时至今日,Java 已经深入应用到了电信、电力、银行、证券、电子商务、电子政务、移动互联等行业的系统软件中。就连 Google 公司发布的 Android 系统,也是使用 Java 来开发应用程序。我们相信,在未来 10 年内,Java 依然是使用最为广泛的编程语言之一。

1.1.1 Java 语言发展简史

早在 1991 年,Sun(Stanford University Network)公司为了在消费类电子设备(就是现在所说的智能家电)方面进行前沿研究,组织了以 James Gosling 为首的 Green 小组,研究和开发能应用在这类设备上的小型计算机语言。最初他们选择当时已经很成熟的 C++语言进行设计和开发,但是发现执行 C++程序需要这些设备有很强的处理能力和较大的内存,这将增加硬件的成本,很不利于市场竞争,所以该小组就在 C++语言基础上,创建了一种新的语言,由于 Gosling 很喜欢自己办公室窗外的一棵橡树,所以他把该语言称为"Oak",但由于当时已经存在一种同名的计算机语言,所以最终把名字改成了"Java"。

但是这个科研小组的成果在 Sun 公司内部没有人对它感兴趣,面临夭折的危险。

天无绝人之路,在 1994 年 Internet 的 Web 大潮中,由于 Java 的执行环境以及程序体积都很小,所以很适合开发 Web 应用,从而真正找到了自己的位置。为了证明 Java 语言的强大开发能力,Sun 公司使用 Java 语言开发了一个专门的浏览器软件——HotJava,并用一种称为"Applet"的技术将 Java 小程序嵌入到网页中,让互联网从静态网页过渡到了动态网页,也使 Sun 公司的该项研发成果获得新生。1995 年 5 月,Sun 公司正式向外界发布 Java 语言,继而引发了 Java 语言的全球性热潮,时至今日,仍持久不衰。

下面归纳一些 Java 发展的大事记:

1995 年 5 月,Sun 公司发布了 Java,标志该语言正式诞生。

1996 年初,Sun 公司发布了 Java 语言的开发类库 JDK 1.0,它包含了两个部分:Java 运行环境(即 JRE)和 Java 开发环境(即 JDK)。Java 运行环境包括了核心 API、集成 API、用户界面 API、发布技术、Java 虚拟机(即 JVM)这 5 个部分;Java 开发环境包括了编译 Java 程序的编译器(即 javac.exe)。

1997 年 2 月,JDK 1.1 发布,增加了即时编译器(即 JIT)。JIT 会将经常用到的指令保存在内存中,当下次调用时,就不需要重新编译了,大大提升了 JDK 的效率。

1998年12月，Sun公司发布了JDK 1.2，并把它改名为"Java 2软件开发工具箱1.2标准版"(即J2SE 1.2)，同时还推出了"微型版"和"企业版"。这是Java语言发展阶段的第一个重要里程碑，也标志着Java向企业、桌面和移动3个领域进军时代的开始。

2000年5月，JDK 1.3发布。

2002年2月，Sun公司发布了历史上最为成熟的版本JDK 1.4。由于IBM、Symbian、Compaq、Fujitsu等公司的参与，使得JDK 1.4成为最稳定、最成熟的一个版本，Java在企业应用领域大放异彩，标志着Java进入了飞速发展时期。

2004年10月，Sun公司发布了万众期待的JDK 1.5，并将J2SE 1.5改名为J2SE 5.0。这也是一个重要的里程碑，JDK 1.5中添加了大量的新特性，重写了大量的核心类和接口，使Java语言使用起来更加简洁、方便。

2006年6月，JDK 1.6发布，也称Java SE 6.0。此时，Java的各种版本已经更名，以取消其中的数字2：J2EE更名为Java EE，J2SE更名为Java SE，J2ME更名为Java ME。

2011年7月，JDK 7发布。这也是甲骨文(Oracle)公司收购Sun公司后发布的一个重要版本。

Java从它诞生至今，就一直是企业应用开发的首选。读者可以登录TIOBE网站：

http://www.tiobe.com/index.php/content/paperinfo/tpci/index.html

这里有该公司每个月发布的"编程语言的排名"，如图1-1所示。

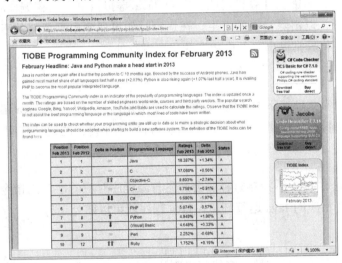

图1-1 2013年2月编程语言排名

1.1.2 Java语言的特性

Java是一门优秀的程序设计语言，它具有简单高效、完全面向对象、可移植、安全、并发、高性能等特征。另外，Java还提供了丰富的类库，使程序设计者可以很方便快捷地建立自己的应用程序。总体归纳起来，Java具有下列特性。

1. 简单

Java 语言的语法很简洁，与 C 语言和 C++语言很接近，大多数人很容易学习和使用 Java。另一方面，Java 抛弃了 C++中很少使用的、很难理解的那些特性，如指针算法、结构体、共用体、运算符重载、多继承、虚基类等。特别是，Java 语言不使用指针，并提供了自动的垃圾收集机制，使得程序员不必为内存管理而担忧。

2. 面向对象

只有面向对象的编程语言才能更有效地完成日趋复杂的大型程序。而 Java 语言就是一门纯面向对象的编程语言。Java 语言的设计主要集中于对象及其接口，它提供了简单的类封装、继承及多态实现。更易于程序的编写。

3. 网络分布式计算

Internet 的出现，为网络计算提供了一个良好的信息共享和信息交流平台。然而，要充分利用网络来处理各种信息，不同操作系统平台的运行环境是一个严重的制约，而 Java 技术的出现则是解决网络分布式计算的最佳途径。Java 语言是面向网络的编程语言，通过它提供的相应类库，可以很方便地处理分布在不同计算机上的对象。

4. 健壮性

Java 程序一般不可能使计算机崩溃。因为 Java 虚拟机系统会在编译时对每个 Java 程序进行合法性检查，以消除错误的产生。在运行时如果遇到出乎意料的事情，它也可以通过异常处理机制，将异常抛出，并由相应的程序进行处理。

5. 安全性

用于网络、分布式环境下的 Java 产品必须要防止病毒的入侵。Java 语言之所以安全，是因为它不支持指针，并提供了字节码校验机制，禁止在自己的处理空间之外破坏内存。

6. 跨平台

Java 源程序通过 Java 解释器解释后会产生与源程序对应的字节码指令，只要在不同的平台上安装配置好相应的 Java 运行环境，Java 程序就可以随处运行。

7. 并发性

Java 内建了对多线程的支持，多线程机制的引入使 Java 程序效率大大提高。同时也保证了对共享数据的正确操作。通过使用多线程，程序设计者可以分别用不同的线程完成特定的功能，而不需要采用全局的事件循环机制，这样就很容易地实现网络上的实时交互行为。

8. 动态扩展

Java 语言是一个不断发展的优秀编程语言。它的类库可以自由地加入新的方法和实例变量而不会影响用户程序的执行。并且通过接口机制改进了传统的多继承缺点，使之比严格的类继承具有更灵活的方式和扩展性等。

1.2　Java 技术的核心

Java 语言最大的成功之处就在于它提供了跨平台特性和自动垃圾回收机制。Java 语言的跨平台性指的是用 Java 语言编写的程序不做任何修改就可以运行在任何操作系统平台上，即所谓的"一次编写，随处运行"，这主要得益于 JDK 中提供的 Java 虚拟机。

1.2.1　Java 虚拟机

Java 虚拟机(简称 JVM)是一个可运行 Java 字节码的虚拟计算机系统。Java 虚拟机屏蔽了与具体操作系统平台相关的信息，使得 Java 编译程序只需生成在 Java 虚拟机上运行的目标代码(字节码)，就可以在多种平台上不加修改地运行。JVM 会将 Java 可执行文件(class 文件)中的字节码翻译成当前操作系统平台可以识别的指令格式，这样 Java 程序就可以在该操作系统上执行了。如果需要在另一种操作系统平台上执行 Java 程序，只需要在该操作系统平台上安装相应的 Java 虚拟机即可。

可以把 Java 虚拟机比喻成人类制造的宇宙飞船，通过这个宇宙飞船，人类可以在月球上生存，也可以在火星上生存。

1.2.2　垃圾回收机制

计算机上的程序在运行期间，不再使用的内存空间都应当进行垃圾回收，否则会造成内存泄漏，导致程序停止运行。在 C/C++等语言中，都是由程序员负责回收无用内存，对程序员的要求比较高。而 Java 中提供了一个垃圾回收器(即 GC)，垃圾回收机制消除了程序员回收无用内存空间的责任，JVM 提供了一种系统线程，跟踪存储空间的分配情况，并在 JVM 空闲时，检查并释放那些可以被释放的存储空间。这使得 Java 程序员在编写程序的时候不再需要考虑内存管理。垃圾回收器在 Java 程序运行过程中自动启用，程序员无法精确控制和干预。自动垃圾回收机制可以有效地防止内存泄漏，更高效地使用可用内存。

1.3　Java 平台体系结构

Sun 公司根据不同的应用领域，提供了三个版本的 Java 平台，分别是 Java SE、Java EE 和 Java ME，这就是 Java 平台的体系结构。这个体系结构基本上囊括了不同 Java 开发人员对特定市场的需求。

1. Java SE

Java SE 的全称是 Java Platform Standard Edition，即 Java 标准版，是整个 Java 技术的核心和基础，主要应用于桌面开发和低端商务应用。Java SE 中，1.4 以前与 1.5 以后的版本有很大的差别，目前开发应用中大多会使用 1.5 以上版本，本书是针对 Java SE 7.0 版本展开编写的。Java SE 整个技术可以概括到图 1-2 中。

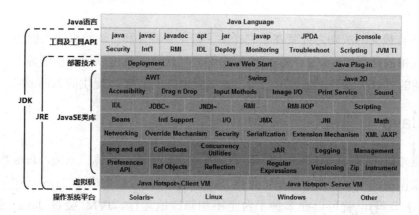

图 1-2　Java SE 概述

从图 1-2 可以看到，Sun 公司提供了两个运行于 Java 标准版的软件产品：一个是 JRE，即 Java SE 的运行环境，它提供 Java 虚拟机和运行 Java 应用程序所必需的类库；另一个是 JDK，即 Java SE 开发工具集，它包括 JRE 和命令行开发工具，这些开发工具是开发 Java 应用程序时必不可少的工具。

如果只是在某种操作系统下运行 Java 应用程序，就只需要安装该操作系统支持的 JRE 软件即可；如果不仅要运行 Java 应用程序，还要开发 Java 应用程序，那就需要安装该操作系统支持的 JDK 软件了。

2. Java EE

Java EE 的全称是 Java Platform Enterprise Edition，即 Java 企业版，它致力于基于企业环境的服务器端应用程序的开发。

Java EE 是一种利用 Java 平台来简化企业解决方案的开发、部署和管理相关的复杂问题的体系结构。Java EE 的基础就是 Java SE，Java EE 不仅巩固了标准版中的许多优点，例如"编写一次、随处运行"的特性、方便存取数据库的 JDBC API、CORBA 技术以及能够在 Internet 应用中保护数据的安全模式等，同时还提供了对 Servlet API、JSP(Java Server Pages)、EJB(Enterprise JavaBeans)、XML 技术、Web 服务(Web Service)、SOA(面向服务架构)、Web 2.0 等的全面支持。其最终目的就是成为一个能够使企业开发者大幅缩短投放市场时间的体系结构。

3. Java ME

Java ME 的全称是 Java Platform Micro Edition，即 Java 微型版，它是一种高度优化的 Java 运行环境，主要针对消费类电子设备，例如蜂窝电话和可视电话、数字机顶盒、汽车导航系统、手机游戏等。Java ME 包括灵活的用户界面、健壮的安全模型、许多内置的网络协议以及对可以动态下载的联网和离线应用程序的丰富支持。基于 Java ME 规范的应用程序只需编写一次，就可以用于许多设备，而且可以利用每个设备的本机功能。

1.4 搭建 Java 程序的开发环境

"工欲善其事，必先利其器"。进行 Java 程序的开发，首先也要安装相关的工具软件，并熟悉这些工具软件的使用。这里有两类工具：一类是基础开发工具；另一类是集成开发环境，俗称 IDE。

基础开发工具是指开发 Java 程序的基本工具，例如编译、运行 Java 程序的工具、运行 Java 程序的虚拟机、支持 Java 程序运行的类库等。Java 语言的基础开发工具最常用的就是 Sun 公司免费提供的 JDK(Java Development Kit)。

集成开发环境是指把程序开发过程中很多辅助功能(例如代码快速编辑、可视化开发、代码调试、程序部署等)都整合在一起的工具软件，以方便程序开发，提高生产效率。Java 语言的集成开发环境有很多种，目前企业最常用的有 Eclipse、NetBeans、IntelliJ 等。

1.4.1 JDK 的安装和配置

1. 下载 JDK

可以到 Oracle 公司的 Java 技术官方网站下载 JDK 的最新版本。在浏览器中访问：

http://www.oracle.com/technetwork/java/index.html

就会显示如图 1-3 所示的 Java 技术主页面。

图 1-3　Java 技术主页面

在图 1-3 中，右侧可以看到最新 Java SE 版本的下载链接，点击即可进入相应的下载页面，如图 1-4 所示。

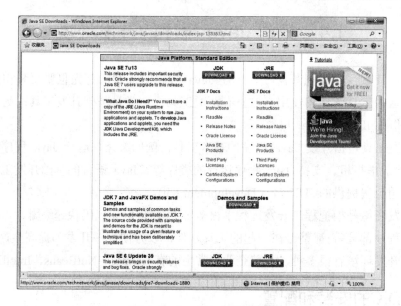

图 1-4　Java SE 下载页面

图 1-4 中，提供了 JDK 及 JRE 的下载链接，这里我们选择 "JDK DOWNLOAD" 字样的图片链接，进入如图 1-5 所示的页面。

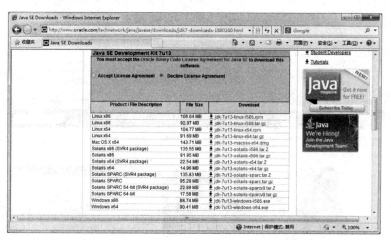

图 1-5　JDK 下载页面

在如图 1-5 所示页面中，提供了不同操作系统平台下的 JDK 软件下载链接，这里选择 "Windows x86" 右边的链接 "jdk-7u13-windows-i586.exe" 来下载 Windows x86 平台下的 JDK 软件，注意要先选中 Accept License Agreement 单选按钮来同意 JDK 软件的使用协议，之后就可以把相应的 JDK 软件下载到本地磁盘了。

2．安装 JDK

Windows 平台下的 JDK 软件是一个 EXE 可执行文件，直接安装即可。JDK 的安装界面如图 1-6 所示。

在安装过程中可以根据需要选择安装路径以及组件等。建议初学者直接使用默认设置即可。JDK 程序默认的安装路径在 C:\Program Files\Java 目录下。

JDK 安装完毕后,我们可以在安装路径下查看到如图 1-7 所示的文件目录结构。

 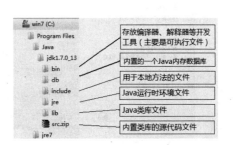

图 1-6 Windows 平台上 JDK 的安装界面　　　　图 1-7 JDK 安装后的目录结构

3. 配置 JDK

在 Windows 平台上安装成功 JDK 后,不需要进行任何设置,就可以直接使用了。但是为了在开发 Java 应用程序时使用方便,一般都会进行一些简单的配置。

由于 JDK 软件提供的开发工具(编译工具和运行工具)都是基于命令行的,所以需要把 JDK 安装目录下 bin 目录中的可执行文件都添加到 DOS 的外部命令中,这样就可以在任意路径下直接使用 bin 目录下的 EXE 程序了。具体配置步骤如下。

(1) 以鼠标右键单击 Windows 桌面上的"我的电脑"图标,在弹出的快捷菜单中选择"属性"命令,此时会弹出如图 1-8 所示的"系统"窗口。

图 1-8 "系统"窗口

(2) 单击窗口左边"控制面板主页"下的"高级系统设置"选项,会弹出如图 1-9 所示的"系统属性"对话框。

在这个对话框的"高级"选项卡中单击"环境变量"按钮,此时会弹出如图 1-10 所示的"环境变量"对话框。

图 1-9 "系统属性"对话框

图 1-10 "环境变量"对话框

(3) 单击系统变量下的"新建"按钮,在弹出对话框的"变量名(N)"输入框中输入"JAVA_HOME",在"变量值(V)"对应的输入框中输入 JDK 安装目录的全路径名,即"C:\Program Files\Java\jdk1.7.0_13",如图 1-11 所示。

输入完成后,单击"确定"按钮完成操作。

(4) 选中系统变量中的"Path"变量,单击"编辑"按钮,在变量值中把上一步配置的"JAVA_HOME"下 bin 目录的绝对路径添加上,如图 1-12 所示。

图 1-11 "新建系统变量"对话框

图 1-12 编辑 Path 变量

系统环境变量 Path 的用途是让操作系统查找可执行程序所在的路径,把 JDK 安装路径中 bin 目录的绝对路径添加到 Path 变量的值中后,在 DOS 命令行中,从任何路径下都可以执行 JDK 软件提供的 Java 开发工具了。

注意: Windows 平台环境变量的变量值中,各个路径名之间使用半角的分号进行分隔。

(5) 单击系统变量下的"新建"按钮,在弹出的对话框中指定新建系统变量的名为"CLASSPATH",值为".",如图 1-13 所示。

图 1-13 新建 CLASSPATH 变量

系统环境变量 CLASSPATH 是提供给 JDK 执行程序的工具 java.exe 使用的，用来告诉 java.exe 工具从哪个位置查找所要需要的类。

这里配置为"."，表示在哪个目录执行 java.exe 工具，就在当前目录下查找所需要的类。如果还需要指定从其他位置查找，可以在变量值中添加相应的路径列表，也是用半角的分号分隔。

（6）最后，三次单击"确定"按钮，让刚才的设置生效。

配置完成后，可以进行如下操作，来测试配置是否成功：依次点击 Windows 7 操作系统的"开始"→"所有程序"→"附件"→"命令提示符"，在"命令提示符"窗口中，输入 javac 命令，按 Enter 键执行。

如果输出的内容是 javac 命令的使用说明，如图 1-14 所示，则说明配置成功。如果输出的内容是"javac 不是内部或外部命令，也不是可执行的程序或批处理文件"，则说明配置错误，需要重新按上以上步骤进行配置。

图 1-14 JDK 正确配置后，执行 javac 命令时显示的结果

1.4.2 Eclipse 的安装和使用

在企业应用实际开发中，为了提高生产效率，基本都会使用集成开发环境进行 Java 程序开发，所以在学习的过程中，必须熟练掌握该类工具的使用。

大多数集成开发环境的使用都非常类似，在学习过程中只需要熟练掌握其中一两个，其他的也就能很快地使用起来。这里以 Eclipse 为例，来介绍集成开发环境的基本使用。

Eclipse IDE 是 Eclipse 组织免费提供一个开源 IDE 工具，它可以用于开发多种编程语言的应用程序，例如 Java 语言、C 语言、PHP 语言等。下面介绍 Eclipse IDE 的下载、安装及基本使用。

1. 下载 Eclipse

Eclipse 的安装程序可以到 Eclipse 组织的官方网站免费下载，在浏览器的地址栏中输入"http://www.eclipse.org/downloads/"，进入下载页面，如图 1-15 所示。

图 1-15　Eclipse 下载页面

如图 1-15 所示，官方提供了多种类型和多种平台下的 Eclipse 下载链接，这里下载 Eclipse IDE for Java EE Developers 类型的 Windows 32 Bit 版本，点击对应的链接进入下载页面，之后会提示选择一个下载镜像，直接使用它提供的默认镜像位置进行下载即可。

2．安装 Eclipse

Eclipse 的安装程序在各个平台下都是一个压缩文件，直接解压缩到本地磁盘后就可以使用了。在 Windows 平台下，进入 Eclipse 解压后的目录，执行 eclipse.exe 就可以启动。

注意：安装 Eclipse 的前提条件是必须正确安装好了 JDK 软件，并在 Path 环境变量中添加了 JDK 安装路径下 bin 目录的绝对路径。否则，启动 Eclipse 时会报错。

3．使用 Eclipse

(1) 工作空间设置

第一次启动 Eclipse 时，会弹出一个标题为 Workspace Launcher 的对话框，如图 1-16 所示。

图 1-16　选择工作空间对话框

该对话框中，Workspace 输入框中是需要设置的路径，可以根据个人的需要进行设置。下面的 Use this as default and do not ask again 选项的意思是：使用这个作为默认设置，以后不要再询问。设置完成以后，单击 OK 按钮，就可以启动 Eclipse 了。

> **注意**：工作空间是指用 Eclipse 工具开发应用程序时，应用程序中的所有文件以及 Eclipse 相关配置信息的保存空间，通常指定为本地磁盘中的某个目录。

Eclipse 第一次启动后，会显示一个欢迎界面，单击左上角"Welcome"右侧的"X"按钮关闭欢迎界面，就可以看到 Eclipse 的主界面了，如图 1-17 所示。

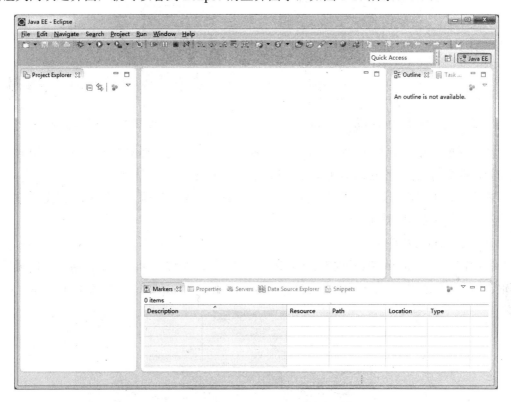

图 1-17　Eclipse 主界面

(2) 创建项目

从菜单栏中选择 File → New → Java Project 命令，可以打开创建一个新 Java 项目的对话框，如图 1-18 所示。

在 Project name 的输入框中输入相应的项目名称，然后单击 Finish 按钮就可以完成 Java 项目的创建。

(3) 创建 Java 源文件

依次单击菜单栏中的 File → New，选择子菜单的相应选项，就会弹出创建对应文件的对话框。例如，选择 Class，就会弹出一个创建类文件的对话框，如图 1-19 所示。

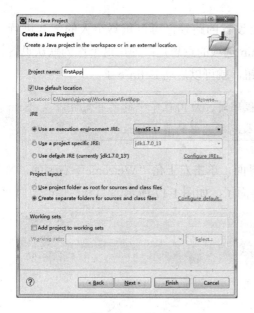 

图 1-18　创建 Java 项目的对话框　　　　图 1-19　创建类文件的对话框

在对话框的相应输入框中填入包名、类名，就可以创建该类文件了。还可以根据个人的需要，选择对话框下方的选项框，Eclipse 会自动生成一些代码框架。

之后，就可以打开这个创建的文件，在对应的位置填入代码了。需要保存文件时，只要单击工具栏中的 图标即可。

(4) 运行 Java 程序

要运行一个带 main 方法的类时，只需要在 Eclipse 左边的 Package 窗格中，以鼠标右键单击该类，在弹出的快捷菜单中选择 Run As → Java Application，如图 1-20 所示。

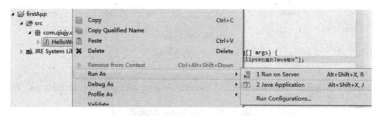

图 1-20　运行带 main 方法的类

如果运行的程序有输出消息，会在 Eclipse 工具下方的 Console 窗口中输出，如图 1-21 所示。

图 1-21　程序的输出消息

以上就是关于 Eclipse 工具的基本使用，如果要想熟练掌握它的使用，还需要读者多用多练。但不建议初学者一上手就用 IDE 工具开发 Java 程序，否则不利于理解 Java 程序开发的细节，以及自己解决一些编写代码时出现的小错误。初学者还是应该先使用文本编辑工具来编写 Java 代码，例如 Windows 系统自带的"记事本"程序。当对 Java 编程基础知识有了一定理解后，再使用 IDE 工具来提高开发效率。

1.5 Java 程序开发步骤

对于初学者来说，第一个 Java 程序太神秘了，开发起来有一定的难度。这是因为，编程是一件很严谨的事情，在具体的操作过程中，即使一个很小的错误，都可能会让初学者束手无策。所以，学习编写第一个 Java 程序，需要有足够的细心和耐心。在本节中，将通过开发第一个 Java 程序，让读者体验一下程序开发的细节。需要边看书边动手实践。

总体来说，Java 程序的开发可以遵循三个步骤，具体如图 1-22 所示。

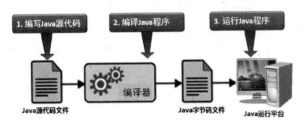

图 1-22　Java 程序开发的三个步骤

对于 Java 程序的开发来说，首先需要编写 Java 源代码，这个代码所在的文件的扩展名必须是".java"，经编译后，会产生一个扩展名为".class"的文件，这个文件也叫字节码文件，最后由 Java 解释器解释执行。

下面就用一个具体实例，来讲解这三个步骤的细节。

1.5.1　编辑 Java 源代码

编辑 Java 源代码可以在任何文本编辑软件中进行，如 Windows 操作系统上可以使用自带的记事本程序。

打开记事本程序的步骤是：从操作系统选择"开始"→"所有程序"→"附件"→"记事本"命令。之后就可以在新打开的记事本中进行代码编辑了。输入如下代码：

```java
public class TestGreeting {
    public static void main(String[] args) {
        System.out.println("Hello world!");
    }
}
```

编写这个源代码时，需要非常细心，哪怕是输错一个字符或一个标点，都可能会是一个不符合 Java 语法规则的程序。

注意：在编辑代码时，应当注意以下问题：
- 源代码中的字母是区分大小写的。
- 大括号都是成对出现的，缺一不可。
- 标点符号均为半角字符，即英文输入模式下的标点符号。
- 为了代码的美观，可以在代码的相应部位进行缩进，一般使用四个半角的空格或者一个 Tab 键位作为一个缩进单位。

这个程序必须以 class 后面的 TestGreeting 作为文件名保存，且扩展名是".java"。把它保存到本地磁盘的指定目录下，例如保存到 D:\corejava\ch01 目录下，如图 1-23 所示。

图 1-23　保存 Java 源文件

注意：初学者在保存 Java 源代码时，会出现这样的问题：用"TestGreeting.java"作为文件名保存的，但在磁盘对应目录中查看时，文件名却成为"TestGreeting.java.txt"了，这是不正确的 Java 源文件名。这需要对 Windows 系统进行如下配置：双击打开"我的电脑"，从菜单栏选择"工具"→"文件夹选项"命令，在弹出的对话框种单击"查看"标签，在"高级设置"中，把"隐藏已知文件类型的扩展名"选项设置成未选中状态。

1.5.2　编译 Java 程序

Java 源代码文件保存好之后，就可以使用 JDK 中提供的编译工具来编译程序了。编译就是将程序的源代码转换成该程序的字节码文件，也叫类文件，它的扩展名是".class"。这个字节码文件中的内容是由源文件中的代码转换成 Java 虚拟机指令构成的，它与具体的操作系统平台无关，可以在不同操作系统平台上的 Java 虚拟机中运行。

编译 Java 程序是通过 JDK 安装目录下 bin 目录里的 javac.exe 可执行命令来完成的。在命令行下编译程序的步骤如下。

1. 打开命令提示符窗口

从电脑桌面选择"开始"→"所有程序"→"附件"→"命令提示符"命令，就可以打开 Windows 下的提示符窗口。或者从"开始"菜单中选择"运行"命令，弹出"运行"对话框，在输入框中输入"cmd"命令，也可以打开该窗口。

2. 切换到源代码的存放目录

在命令行中切换到源代码的存放目录，需要使用到 Windows 系统的一些 DOS 命令。例如，要切换到存放 TestGreeting.java 文件的目录"D:\corejava\ch01"，先在命令提示符窗口中输入"D:"，按 Enter 键切换到 D 盘，然后输入"cd corejava\ch01"就可以完成。此时命令提示符中的提示是"D:\corejava\ch01>"。还可以使用 dir 命令来查看当前目录下的所有子目录和子文件列表，如图 1-24 所示。

3. 对源文件进行编译

javac 命令格式为"javac 源文件全名"。例如，对"TestGreeting.java"源文件进行编译时，需要在命令提示符后输入"javac TestGreeting.java"，按 Enter 键执行该命令，如果有一系列提示，则代表源代码文件中有语法错误，需要读者根据错误提示检查代码书写是否有错，以及文件名或者路径是否有错；如果没有任何提示，则代表编译成功，此时会在当前目录下生成 TestGreeting.class 文件，如图 1-25 所示。

图 1-24　切换到源代码的存放目录　　　　图 1-25　对源文件进行编译

编译源代码文件后，得到对应的字节码文件，就可以在 Java 虚拟机内执行了。

1.5.3　运行 Java 程序

要运行字节码文件，需要使用 JDK 提供的字节码执行工具 java.exe。这个命令的格式是"java class 文件名"(文件不带后缀名)。例如要执行刚才编译获得的 TestGreeting.class 字节码文件，可以在命令行输入"java TestGreeting"，按 Enter 键执行该命令即可。

注意：运行字节码文件时，使用的 class 文件名区分大小写，且不能带上 class 后缀名。

运行后，就可以在命令提示符窗口中看到 TestGreeting 程序的执行结果，也就是在命令提示符窗口中输出了一行字符"Hello world!"，如图 1-26 所示。

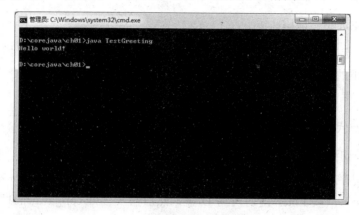

图 1-26　执行字节码文件

这就是开发 Java 程序的完整步骤，也迈出了学习 Java 的第一步。

1.6　Java 程序的装载和执行过程

Java 程序在执行时，JVM 装载和执行 Java 程序的过程可以用图 1-27 表示。

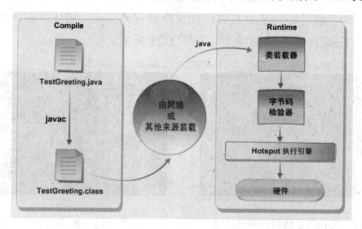

图 1-27　Java 程序的开发和运行过程

首先，Java 程序开发人员通过编译工具 javac.exe 将源代码编译成.class 字节码文件，通过 java.exe 运行工具来运行.class 字节码文件时，虚拟机的类装载器会将需要的类装载到内存中，然后由字节码检验器对其进行校验；校验正确后，会交给虚拟机的执行引擎去执行，执行引擎会通过操作系统来控制硬件执行。这些过程都不需要程序员干预，而是由虚拟机自动完成的。

Java 程序在执行过程中，Java 虚拟机主要有三个任务：即装载程序、检验程序和执行程序。

1.6.1 装载程序

当使用 java.exe 运行某个字节码文件时，虚拟机的类装载器会将所需要的类装载到内存中，类装载器以分离的命名空间的方式来区别类是由本地系统装载还是由网络远程装载来增加安全性。本地系统的类会先被装载，这样一来可以防止木马程序的入侵。

在装载完所有类后，此程序可执行部分的内存布局就确定了。因为内存布局发生在运行时，因此 Java 解释器会限制未经授权的访问，以保护受限的程序代码。

1.6.2 检验程序

Java 程序在执行前，会由虚拟机的字节码检验器进行多项检验，以确保程序符合 Java 虚拟机的规范，不会破坏系统的完整性。

1.6.3 执行程序

Java 程序在执行过程中，由虚拟机的执行引擎执行一条一条的字节码指令，执行引擎会把这些指令翻译成机器指令，交由操作系统去执行，从而完成任务。

1.7 上机实训

1. 实训目的

(1) 学会搭建 Java 程序的开发环境。
(2) 掌握 Java 程序的开发过程。
(3) 会使用 Eclipse 工具开发 Java 程序。

2. 实训内容

(1) 下载最新版本的 JDK，安装配置好 Java 开发环境。
(2) 使用 Windows 操作系统自带的记事本程序开发第一个"HelloWorld"程序。
(3) 下载 Eclipse 工具，并用它来编写第一个"HelloWorld"程序。

本 章 习 题

一、选择题

(1) Java 程序编译必须使用哪一个命令？
　　A. jar　　　　B. java　　　　C. jdb　　　　D. javac
(2) Java 应用程序经过 javac 命令编译后，成为哪一种文件类型？
　　A. .obj　　　B. .exe　　　　C. .xml　　　D. .class

(3) Java 应用程序经过编译后，交由哪一个程序检验并执行？
　　A. JVM　　　B. JRE　　　C. JDK　　　D. Java Applet

(4) 下列有关 JVM 的描述哪些是正确的？(多选)
　　A. JVM 是构建在硬件平台上、操作系统下的虚拟机器
　　B. JVM 的主要工作是装载字节码并解释执行
　　C. JVM 在不同平台上有不同版本，让 Java 程序可以跨平台执行

(5) 有关 public static void main(String[] args) 主程序的下列描述哪个是错误的？
　　A. static 声明表示不需要产生实例就可以执行 main() 方法
　　B. public 声明代表 main() 方法可以被任意调用，包括 Java 编译器
　　C. void 声明表示 main() 方法要返回 void 类型的值
　　D. String[] args 是在 main() 方法中声明的，表示执行这个主程序时可传入参数

(6) 有关 Java 程序的编写与编译，下列哪个是错误的？
　　A. 源文件经编译后将会产生与类名称同名的 .class 文件
　　B. 打印出 hi 字符串的方法是 println("hi");
　　C. Greeting hello = new Greeting(); 是构造一个 Greeting 类的新对象，名为 hello

(7) 编译 Java 程序时，出现 "javac 不是内部或外部命令、也不是可运行的程序或批处理文件"，表示是下列哪一个问题？
　　A. 没有设置 Path 环境变量
　　B. 编译程序时没有加入参数
　　C. 找不到要编译的 Java 程序

二、填空题

(1) Sun 公司根据不同的应用领域，提供三个版本的 Java 平台，分别是_____、_____、_____。

(2) Java 技术的核心是它提供了_____和_____。

(3) Java 程序开发的三个步骤分别是_____、_____、_____。

(4) Java 虚拟机主要任务有三个，分别是_____、_____和_____。

第 2 章
Java 语言的基础语法

学习目的与要求：

任何一门语言都有它的基本组成元素，Java 语言也不例外。学好 Java 基本语法是掌握 Java 语言的基石。本章主要讲解 Java 代码的基本构成、基本数据类型、变量、运算符、流程控制语句及数组的相关语法知识。

通过本章的学习，读者应该掌握基本数据类型的使用、变量的声明与使用、数据类型之间的转换、运算符的使用、流程控制语句的使用、数组的使用。

2.1 Java 程序的基本结构

先来看在上一章写过的第一个最简单的 Java 程序，它只是把一条消息输出到控制台：

```java
public class TestGreeting {
    public static void main(String[] args) {
        System.out.println("Hello world!");
    }
}
```

这个程序虽然很简单，但它却代表了 Java 程序的典型框架，我们来分析一下。

2.1.1 代码框架

把上面的代码抽象成通用化的代码框架，如下所示：

```java
public class 类名 {
    public static void main(String[] args) {
        //程序入口方法中的代码
    }
}
```

其中的关键字 public 也称为访问修饰符，用来控制程序中的其他哪些部分可以访问本段代码。

在 Java 程序中，程序的任何部分都必须包含在类中，类用 class 关键字来定义，类名以字母开头，后面可以是字母或数字，一般会以大写字母开头，如果名字中包含多个单词，每个单词的首字母都要大写。

Java 程序使用花括号{}(或称为大括号)来描绘程序中的各个部分，例如类体、方法体都必须以左花括号"{"开始，右花括号"}"结束。

Java 程序的执行一定是从 main 方法开始的，这个方法也被称为程序入口方法。所以，一个类要成为可执行的类，必须包含一个 main 方法，这个方法的形式必须是如下格式的：

```java
public static void main(String[] args) {
    //程序入口方法中的代码
}
```

方法的花括号标示了方法体的开始和结束。方法体中可以根据我们的需要，书写相应的代码语句。在 Java 语法中，所有语句必须以分号(;)结束。

源代码文件的名称必须与 public 修饰的类名相同，扩展名必须是".java"。

还需要说明的一点是，在程序代码中，经常会用到"System.out.println(...);"，或者"System.out.print(...)"语句，它们的功能是在控制台窗口中输出指定的消息，括号中的省略号代表要输出的内容，其中 println 会在输出内容后换行；而 print 是输出内容后就结束，没有换行。

2.1.2 注释

在编写 Java 程序时，可以给某行代码、某个方法、某个类添加说明，以方便下次查阅，这些说明被称为注释。注释也是构成编码规范的一个重要环节。Java 中提供了三种注释样式。

1. 单行注释

用来注释从"//"开始到此行行尾的内容，在编码中用得最多，具体使用示例如下：

```java
public class TestGreeting {    //定义一个类
    //程序入口方法
    public static void main(String[] args) {
        System.out.println("Hello world!");   //在控制台窗口中输出指定内容
    }
}
```

2. 多行注释

多行注释以"/*"开头，以"*/"结尾，它可以把从"/*"开始到"*/"结束的内容都注释起来。使用示例如下：

```java
/*
定义一个类
*/
public class TestGreeting {
    /*
    程序入口方法
    */
    public static void main(String[] args) {
        System.out.println("Hello world!");   /* 在控制台窗口中输出指定内容 */
    }
}
```

3. 文档注释

文档注释以"/**"开头，以"*/"结尾，可以用来产生帮助文档。

注意：注释添加在源代码文件中，编译成字节码文件时会被省略，不会出现在字节码中。因此，在源代码文件中添加任意长度的注释，也不会增加字节码文件的长度，不会影响程序的执行效率。

2.1.3 标识符

Java 程序中要为各个组成要素(如类、方法、变量等)命名，这些名称被称为标识符。标识符的命名也要符合 Sun 公司制定的命名规范，具体体现为以下几点。

(1) 标识符的组成：由任意多个字母、数字、下划线"_"或"$"符号组成。
(2) 标识符的开头：只能用字母、下划线"_"或"$"符号开头。
(3) 标识符区分大小写。
(4) 标识符不能是 Java 语言中的关键字。

通常情况下，标识符一般全部是字母，或者使用字母、数字和下划线的组合。例如 TestGreeting、username、user_name、_userName、OuterClass$InnerClass 等。

2.1.4 关键字

Java 语言规范中定义了一些有专门用途的字符串，这些字符串被称为 Java 关键字。在 Java SE 7.0 版本中，共有 50 个关键字，如表 2-1 所示。

表 2-1　Java 关键字

abstract	boolean	break	byte	case
catch	char	class	const	continue
default	do	double	else	extends
final	finally	float	for	goto
if	implements	import	instanceof	int
interface	long	native	new	package
private	protected	public	return	short
static	strictfp	super	switch	synchronized
this	throw	throws	transient	try
void	volatile	while	assert	enum

这些关键字不需要刻意去记忆，在后续的 Java 语法学习过程中，都会逐步学习到。

> 注意：标识符的名称不能是 Java 关键字。goto 和 const 关键字在 Java 语法中没有定义用途，只作为 Java 语言中的保留字。

2.2 数据类型

程序中最核心的就是数据，Java 语言为了方便管理数据，为数据设定了一系列的类型，这些数据类型可以分为两类：基本类型和类类型。基本类型是最基础的数据类型，可以使用这些类型的值来代表一些简单的状态，下面会做详细的介绍；类类型用于表达复杂的数据状态，在第 3 章中会做详细介绍。学习数据类型的目的是在需要代表一个数值时，能够选择合适的类型。

Java 语言中的基本数据类型总共有 8 种，按用途划分为 4 个类别：整数型、字符型、浮点型和布尔型。

2.2.1 整数型

整数型是一类代表整数值的类型。整数类型根据存储的数据的数值范围又分为 4 种，如表 2-2 所示。

表 2-2 整数型

类型名称	关键字	存储空间	范围	默认值
字节型	byte	1 字节	$-2^7 \sim 2^7-1$ $-128 \sim 127$	0
短整型	short	2 字节	$-2^{15} \sim 2^{15}-1$ $-32768 \sim 32767$	0
整型	int	4 字节	$-2^{31} \sim 2^{31}-1$ $-2147483648 \sim 2147483647$	0
长整型	long	8 字节	$-2^{63} \sim 2^{63}-1$ $-9223372036854775808 \sim 9223372036854775807$	0

通常情况下，int 类型是最常用的。对于整数型的使用，需要说明几点。

(1) Java 中的整数都是有符号数，也就是有正有负。

(2) Java 中所有的基本类型都有固定的存储范围和所占内存空间的大小，而不受具体操作系统的影响，以保证 Java 程序的可移植性。

(3) Java 程序中的整数值默认都是 int 类型的。如果需要指定 long 型的值，则需要在数值后面添加字母大写的 L 或小写的 l。

(4) Java 程序中的整数数据默认是十进制数字。如果要指定为十六进制的数值，需要以数字 0 和字母 x(不区分大小写)开头，例如 0xca9e、0X12d3 等。

(5) Java SE 7 中还可以为整数值使用二进制数。只需以数字 0 和字母 b(不区分大小写)开头，例如 0b10010、0B101 等。

(6) Java SE 7 中还可以为数值加下划线。例如 123_456_789、0xffff_0000 等。

2.2.2 浮点型

浮点型是一类代表有小数部分的数值的类型。由于浮点数的存储方式与整数不同，因此浮点数都有一定的精度。根据精度和存储空间的不同，Java 语言设计了两种浮点数类型，具体如表 2-3 所示。

表 2-3 浮点型

类型名称	关 键 字	存储空间(字节)	范　围	默 认 值
单精度浮点型	float	4	−3.4E+38 ~ 3.4E+38 有效小数位为 6~7	0.0f
双精度浮点型	double	8	−1.7E+308 ~ 1.7E+308 有效小数位为 15	0.0

浮点型在使用时需要注意以下两点。

(1) Java 程序中的浮点数据可以使用十进制数形式，例如 3.14；也可以使用科学记数法形式，例如 3.45e5 或 3.45E5 等。

(2) Java 程序中的浮点数据默认是 double 类型的，我们也可以在数值后面添加小写字母 d 或大写字母 D。如果需要指定 float 类型的浮点数值，应在小数后加小写字母 f 或大写字母 F，例如 100.25f。

2.2.3　字符型

字符型代表特定的单个字符。由于计算机中都是以数值的形式来保存字符的，所以字符在存储设备上都是以该字符在某个字符集中的编号值(也就是一个整数值)来存储，而不是实际的字符，计算机会自动完成从编号值转换成对应字符的工作。

Java 语言为了方便国际化应用，使用了国际统一标准编码字符集"Unicode 字符集"的 UTF-16 集作为默认的字符集，该字符集包含了世界上所有的书面语言中的字符，它使用两个字节编码，允许使用 65536 个字符。

在 Java 程序代码中，字符需要使用一对单引号来进行表示，例如'A'、'a'等。当然也可以直接使用该字符的 UTF-16 编码值，例如，字符'a'可以表示成'\u0061'(UTF-16 字符集的编码通常使用十六进制表示)。

表 2-4 是字符型的详细描述信息。

表 2-4　字符型

类型名称	关 键 字	存储空间(字节)	取值范围	默 认 值
字符型	char	2	$0 \sim 2^{16}-1$	0

字符型在使用时需要注意以下几个问题。

(1) 字符型由于存储的是其在字符集中对应编号的数值，所以它可以直接作为 Java 语言中的无符号整数型使用，可以当作整型直接参与算术运算。

(2) 字符型的默认值是'\u0000'，即在 UTF-16 字符集中编号为 0 的字符。

(3) 字符型数据还有一类特殊的字符，就是用"\"进行转义的字符，它们会有特殊的用途，如表 2-5 所示。

表 2-5　Java 语言中常用的转义字符

转义字符	说　明
\b	退格符
\r	回车符
\n	换行符
\t	制表符
\'	单引号
\"	双引号
\\	反斜杠

2.2.4　布尔型

布尔型数据代表逻辑中的成立(真)和不成立(假)，又叫逻辑型。Java 语言中使用关键字 true 代表真，false 代表假。它的详细描述如表 2-6 所示。

表 2-6　布尔型

类型名称	关　键　字	存储空间(字节)	取值范围	默　认　值
布尔型	boolean	不确定	true 或 false	false

布尔型数据在使用时需要注意以下几点。

(1) 布尔型数据的值只有 true 和 false 两个。不能用 0 表示假、非 0 表示真。

(2) 布尔型变量占用的存储空间取决于 Java 虚拟机的具体实现，可能是 1 个字节，也可能是 2 个字节。

2.3　变　　量

在程序中存在大量的数据来代表程序的状态，其中有些数据在程序的运行过程中值会发生改变，这种数据被称为变量。程序通过改变变量的值来改变整个程序的状态，或者说得更宏观一些，程序就是通过改变变量的值来实现程序的功能逻辑的。因此，很有必要来详细了解变量的使用。

2.3.1　变量的声明、初始化和使用

为了方便地使用变量的值，在程序中需要为变量设定一个名称，这就是变量名，通过变量名就可以访问这个变量的值了。

由于 Java 语言是一种强类型的语言，所以，变量在使用前必须先进行声明，声明变量时，一定要指定该变量的数据类型，具体语法格式如下：

```
数据类型  变量名;
```

例如,声明一个整型的变量 age,用来存储整型的年龄值:

```
int age;
```

声明一个变量后,必须通过赋值语句进行显式初始化。变量初始化的语法格式为:

```
变量名 = 值;
```

例如,给变量 age 赋值为 23:

```
age = 23;
```

当然,Java 语言也允许在声明变量的同时进行初始化。语法格式如下:

```
数据类型  变量名 = 值;
```

例如,上面的声明和赋值过程可以用如下代码来代替:

```
int age = 23;
```

在程序中,变量的值代表程序的状态,在程序中可以通过变量名称来访问变量中存储的值。当然也可以为变量重新赋值。例如:

```
char gender = '男';
System.out.println(gender);
gender = '女';
```

2.3.2 变量的作用域

每个变量都有自己特定的作用范围,也称为有效范围或作用域,只能在该范围内使用该变量,否则编译成字节码时将出现语法错误。

变量的作用域是从变量声明的位置开始,一直到变量声明所在的语句块结束为止。例如以下代码:

```
{                                   //1
    {                               //2
        double salary = 3000.00;    //3
        salary = 3500.00;           //4
    }                               //5
    boolean flag = true;            //6
}                                   //7
```

在该代码中,变量 salary 的作用域是从第 3 行到第 5 行,变量 flag 的作用域是从第 6 行到第 7 行。

> **注意**:在同一个代码块中,不能声明同名的多个变量。

2.4 数据类型间的转换

Java 语言是一种强类型的语言。强类型语言的要求是：声明变量时，必须指定数据类型，而且变量只能在声明后才能使用；给变量赋值时，值的类型必须与变量的类型一致；参与运算的数据的类型也要一致才能运算。

但在实际的使用中，经常需要在不同类型的值之间进行操作，这就需要一种新的语法来适应这种需要，这个语法就是数据类型转换。

在数值处理中，计算机与现实的逻辑不太一样，对于现实来说，100 和 100.0 没有什么区别，但是对于计算机来说，100 是整数类型，而 100.0 是浮点数类型，它们在内存中的存储方式以及存储占用的内存空间是不一样的，所以，数据类型间的相互转换在计算机内部是必需的。Java 语言中的数据类型转换有两种：自动类型转换和强制类型转换。下面来具体介绍这两种类型转换的规则、适用场合以及使用时需要注意的问题。

2.4.1 自动转换

自动类型转换，也称隐式类型转换，是由 JVM 自动完成的类型转换，不需要在程序中编写代码来指明这个转换过程。

从存储范围小的数据类型到存储范围大的数据类型的转换就是自动进行的，具体的规则如图 2-1 所示。

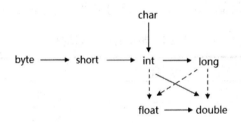

图 2-1 数字类型间的自动转换

图 2-1 中的实线箭头表示数据是无损自动转换的，而虚线箭头表示数据自动转换时是有损精度的。例如：

```
int n = 123456789;
long lon = n;     //无损转换
float f = n;      //有损转换，f 的值为1.23456792E8
```

2.4.2 强制转换

强制类型转换，也称显式类型转换，是指必须书写代码来指明的类型转换。强制类型转换很可能会丢失精度，所以必须书写代码显式指定，并且在能够忍受该种损失的情况下才进行该类型的转换。

从存储范围大的数据类型到存储范围小的数据类型的转换就需要强制转换。具体的语法如下：

(目标类型)需要转换的值；

例如：

```
double d = 3.14159;
float f = (float)d;
```

这里将 double 类型的变量 d 强制转换成 float 类型，然后赋值给变量 f。

注意：① 强制类型转换有可能出现精度的丢失，使用时要谨慎。
② 不能在布尔值和任何数字类型间进行强制类型转换。

2.5 运算符

在 Java 程序中，需要进行大量的计算(运算)，也即要使用到运算符号，这些符号简称为运算符。运算符的种类很多，以下按照类别来进行介绍。

2.5.1 算术运算符

算术运算符也称数学运算符，是算术运算的符号，常用的算术运算符如表 2-7 所示。

表 2-7 常用的算术运算符

运算符	描述	示例	结果
+	加	5 + 3	8
-	减	5 - 3	2
*	乘	5 * 3	15
/	除	5 / 3	1
%	取模(求余)	5 % 3	2
++	自增(前，后)		
--	自减(前，后)		

在算术运算符中，+、-、* 和 / 的运算规则与数学中的运算规则基本相同。在四则运算中，乘除优先于加减，运算时按照从左向右的顺序计算，不同的地方在于：当两个整数相除时，结果仍然是整数。例如上面举的示例 "5/3" 的结果是 1，而不是 1.666。

%是求余运算符，它的运算规则是取被除数除以除数后剩下的那部分除不尽的值，如上示例 "5%3" 的结果就是 2。

++、--是初学者最不容易理解的两个运算符，它们是对数字变量进行自增或自减的运算。可以放置在变量的前面，也可以放置在变量的后面。前缀方式是对当前变量先进行自增或自减，然后再引用它的值；而后缀方式是先引用该变量的值，然后再对它进行自增或自减。如 ArithmaticOperatorsTest.java 的代码所示：

```java
/** 算术运算符：+、-、*、/、%、++、--的使用 */
public class ArithmeticOperatorsTest {
    public static void main(String[] args) {
        int a = 5;
        int b = 3;
        int c = a + b;
        System.out.println("5 和 3 的和为：" + c);
        int d = a - b;
        System.out.println("5 和 3 的差为：" + d);
        int e = a * b;
        System.out.println("5 和 3 的积为：" + e);
        int f = a / b;
        System.out.println("5 和 3 的商为：" + f);
        int g = a % b;
        System.out.println("5 和 3 的取余数为：" + g);
        ///////////  ++演示
        //如果是前缀：先变量加 1，再执行其他的操作
        int m = 10;
        int n = m++;
        System.out.println("m=" + m + ",n=" + n);
        //如果是后缀：先执行其他的操作，再对此变量加 1
        int y = 10;
        int z = ++y;
        System.out.println("y=" + y + ",z=" + z);
    }
}
```

该程序的运行结果为：

```
5 和 3 的和为：8
5 和 3 的差为：2
5 和 3 的积为：15
5 和 3 的商为：1
5 和 3 的取余数为：2
m=11,n=10
y=11,z=11
```

2.5.2 赋值运算符

赋值运算符是指为变量指定具体值的符号，运算顺序从右到左。最基本的赋值运算符

是"="。常用的赋值运算符如表2-8所示。

表2-8 赋值运算符

运算符	描述	示例	结果
=	赋值	int a=3; int b=2;	a=3, b=2
+=	加等于	int a=3; int b=2; a+=b;	a=5, b=2
-=	减等于	int a=3; int b=2; a-=b;	a=1, b=2
*=	乘等于	int a=3; int b=2; a*=b;	a=6, b=2
/=	除等于	int a=3; int b=2; a/=b;	a=1, b=2
%=	模等于	int a=3; int b=2; a%=b;	a=1, b=2

+=、-=、*=、/=、%= 这些运算符属于复合赋值运算符，它们是赋值运算符和算术运算符的复合。

2.5.3 关系运算符

关系运算符用来实现数据之间的比较，也称比较运算符。关系运算符运算后的结果是一个 boolean 类型的值：如果比较成立，结果为 true，否则为 false。

Java 语言中的关系运算符如表2-9所示。

表2-9 关系运算符

运算符	描述	示例	结果
==	等于	4==3	false
!=	不等于	4!=3	true
<	小于	4<3	false
>	大于	4>3	true
<=	小于等于	4<=3	false
>=	大于等于	4>=3	true

2.5.4 逻辑运算符

逻辑运算符是指进行逻辑运算的符号。逻辑运算符的运算结果是 boolean 类型，参与逻辑运算的数据也必须是 boolean 类型的。Java 语言中的逻辑运算符如表2-10所示。

表2-10 逻辑运算符

运算符	描述	示例	结果
&&	短路与	false && true	false
||	短路或	true || false	true

续表

运 算 符	描　述	示　例	结　果
!	非	!true	false
&	与	false & true	false
|	或	false | true	true
^	异或	true ^ false	true

这里需要注意&&与&的区别，在进行逻辑与运算时，既可以使用&&也可以使用&，在功能上本身没有区别。只是&不按"短路"方式进行工作，即在得到最终结果前，一定会对它两边的参数都进行求值。

2.5.5 三目运算符

三目运算符就是能操作三个数的运算符号，它的语法格式如下：

条件表达式 ? 值1 : 值2

Java 语法要求："条件表达式"的运算结果必须是 boolean 类型，"值 1"和"值 2"必须能够转换成相同的类型。

这个运算符的执行原理是：如果"条件表达式"的结果是 true，则最终取"值 1"的值，否则取"值 2"的值。

例如，TernaryOperatorsTest.java 的代码就是三目运算符的示例：

```java
/** 三目运算符的使用示例 */
public class TernaryOperatorsTest {
    public static void main(String[] args) {
        int score = 75;
        String result = (score>=60? "合格" : "不合格");
        System.out.println(result);
    }
}
```

该程序的运行结果为：

合格

2.5.6 位运算符

1. 基本位运算符

位运算符是在二进制的基础上对数进行按位操作的运算符。Java 的位运算符有 4 种。

(1) 按位与&

按位与&的运算规则是把两个操作数以二进制形式按位进行与运算，例如 3&2 的结果为 2。它的运算过程是，先把 3 转换为二进制数 0000 0000 0000 0000 0000 0000 0000 0011，把 2 转换为二进制数 0000 0000 0000 0000 0000 0000 0000 0010，然后把它们的每一位进行与运算，结果为 0000 0000 0000 0000 0000 0000 0000 0010，十进制的值是 2。可以用图 2-2 来表示。

(2) 按位或|

按位或|的运算规则是把两个操作数以二进制形式按位进行或运算。例如，3|2 的运算结果为 3。

可以用图 2-3 表示。

3	00000000 00000000 00000000 00000011
2	00000000 00000000 00000000 00000010
3&2	00000000 00000000 00000000 00000010

图 2-2 按位与运算

3	00000000 00000000 00000000 00000011
2	00000000 00000000 00000000 00000010
3	2	00000000 00000000 00000000 00000011

图 2-3 按位或运算

(3) 按位异或^

按位异或^的运算规则是把两个操作数以二进制形式按位进行异或运算。例如，3^2 的运算结果为 1。可以用图 2-4 表示。

(4) 按位取反~

按位取反~是针对单个数值进行的操作，把指定操作数以二进制形式按位取反。例如，~2 的运算结果为-3。

可以用图 2-5 表示。

3	00000000 00000000 00000000 00000011
2	00000000 00000000 00000000 00000010
3^2	00000000 00000000 00000000 00000001

图 2-4 按位异或运算

2	00000000 00000000 00000000 00000010
~2	11111111 11111111 11111111 11111101

图 2-5 按位取反运算

2. 移位运算符

Java 中还提供了按位进行移动的移位运算符，有三种：<<、>>和>>>。

(1) 左移运算符<<

左移运算符<<的运算规则是把指定数按二进制形式向左移动对应的位数，高位移出(舍弃)，低位的空位补零。

(2) 有符号右移运算符>>

有符号右移运算符>>的运算规则是把指定数按二进制形式向右移动对应的位数，低位移出(舍弃)，高位的空位补符号位，即正数补零，负数补 1。

(3) 无符号右移运算符>>>

无符号右移运算符>>>的运算规则是把指定数按二进制形式向右移动对应的位数，低位移出(舍弃)，高位的空位补零。对于正数来说，与带符号右移相同，对于负数来说是不同的。

图 2-6 展示了数值 2227 和-2227 的各种移位操作结果。

2227 =	00000000 00000000 00001000 10110011
2227<<3 =	00000000 00000000 01000101 10011000
2227>>3 =	00000000 00000000 00000001 00010110
2227>>>3 =	00000000 00000000 00000001 00010110
-2227 =	11111111 11111111 11110111 01001101
-2227<<3 =	11111111 11111111 10111010 01101000
-2227>>3 =	11111111 11111111 11111110 11101001
-2227>>>3 =	00011111 11111111 11111110 11101001

图 2-6 移位操作符使用示例

2.5.7 表达式

由运算符、变量和常数组成的式子称为表达式，表达式是组成程序的基本单位。如 2+3、a*b+c 等。对于由多个运算符组成的表达式，其最终的类型由最后一个运算符决定。

2.5.8 表达式类型的自动提升

当使用二元运算符对两个数值进行运算时，两个操作数会被转换成通用类型，再进行运算。具体的转换规则如下。

(1) 如果两个操作数中有一个是 double 类型，则另一个数将被转换成 double 类型。
(2) 否则，如果两个操作数中有一个是 float 类型，则另一个数将转换成 float 类型。
(3) 否则，如果两个操作数中有一个是 long 类型，则另一个数将转换成 long 类型。
(4) 否则，两个操作数都将转换成 int 类型。

来看一个示例代码：

```java
/** 表达式类型自动提升的示例 */
// DataTypeUpgradeTest.java
public class DataTypeUpgradeTest {
    public static void main(String[] args) {

        int a = 10;
        long lon = 1000L;

        //int 类型的 a 与 long 类型的 lon 进行运算，
        //运算前 a 的类型会被转换成 long 型，所以结果的类型也为 long
        long result = a + lon;

        byte b = 111;
        char c = 'a';
        //存储范围比 int 类型小的类型参与运算时都会被转换成 int 型，
        //所以结果的类型也为 int
        int result2 = b + c;
    }
}
```

> **注意**：复合赋值运算不会改变最终结果的数据类型。例如：
> ```
> short s = 12;
> s +=1;
> ```
> 这个代码编译运行都是正确的。这是因为 "+=" 是复合赋值运算符，运算后没有改变变量 s 的数据类型，它的类型仍为 short。如果写成 s = s + 1; 编译就会报错了，因为 + 运算时会把结果类型提升为 int，而 int 类型的值不能直接赋值给 short 类型的变量 s。

2.5.9 运算符优先级

实际编码中，在一个表达式中会出现多个运算符，那么在运算时，就会按照优先级的高低进行先后运算，优先级别高的运算符先运算，优先级别低的运算符后运算，具体运算符的优先级如表 2-11 所示。

表 2-11 运算符的优先级

优先级	运算符	结合性
1	() [] .	从左到右
2	! +(正) -(负) ~ ++ --	从右向左
3	* / %	从左向右
4	+(加) -(减)	从左向右
5	<< >> >>>	从左向右
6	< <= > >= instanceof	从左向右
7	== !=	从左向右
8	&(按位与)	从左向右
9	^	从左向右
10	|	从左向右
11	&&	从左向右
12	||	从左向右
13	?:	从右向左
14	= += -= *= /= %= &= |= ^= ~= <<= >>= >>>=	从右向左

在实际编码过程中，不建议强制记忆运算符的优先级，也不要刻意使用运算符的优先级别，对于不清楚优先级的地方用小括号来提供优先级，这样更便于代码的阅读和维护。

2.6 流程控制

流程是指程序在运行时执行代码的顺序，流程控制就是指通过控制程序执行代码的顺序来实现想要的功能。流程控制部分是程序中语法和逻辑的结合，也是程序中最灵活的部分。任何一门编程语言都离不开流程控制,Java 语言也不例外,它通过三类控制语句进行流程控制。这三类语句分别是顺序语句、条件语句、循环语句。

2.6.1 顺序语句

顺序语句是一种自然的语句,没有特定的语法格式,总体的执行流程就是先写的代码先执行,后写的代码后执行。它是流程控制语句中最简单的一类语句,只需要根据逻辑的先后顺序依次书写语句即可。

先前的示例中写在 main 方法里的语句全部都是顺序语句,执行时会逐行地从上到下顺序执行。

2.6.2 条件语句

条件语句是程序中根据条件是否成立进行选择执行的一类语句。在 Java 语言中,条件语句主要有两类语法:if 语句和 switch 语句。

1. if 语句

if 语句归纳来说总共有三种:if 语句、if-else 语句和 if ... else if ... else 语句,下面分别来介绍。

(1) if 语句

该类语句的语法格式为:

```
if(条件表达式) {
    功能代码;
}
```

if 是该语句中的关键字,后面紧跟一对小括号,小括号的内部是具体的条件表达式,条件表达式的计算结果必须为 boolean 类型。后续为功能代码块,用花括号(大括号)括起来,这个代码块的代码只有条件成立时才执行,在书写代码时,为了直观地表达包含关系,代码块中的功能代码一般需要缩进。

if 语句的执行流程为:如果条件表达式成立,则执行后面紧跟的功能代码块,如果条件表达式不成立,则不执行后面紧跟的功能代码。

具体使用如 IfTest.java 所示:

```java
/** if 语句使用示例 */
public class IfTest {
    public static void main(String[] args) {
    int score = 95;    //考试成绩
        if (score >= 90) {
            System.out.println("成绩优秀! ");
            System.out.println("可以获得奖励");
        }
```

```
        if (score < 60) {
            System.out.println("成绩不合格");
            System.out.println("要被打屁屁了");
        }
    }
}
```

程序运行的结果如下所示：

```
成绩优秀！
可以获得奖励
```

注意：如果 if 语句中的功能代码只有一行，功能代码可以不用加花括号。如下所示：
```
    if(5 > 3) System.out.println("功能代码");
```

(2) if-else 语句

if-else 语句对条件成立和不成立都指定了对应要执行的功能代码块，在程序中使用得更加常见。

if-else 语句的语法格式如下：

```
if (条件表达式) {
    功能代码1;
} else {
    功能代码2;
}
```

该语句中前面的部分与 if 语句一样，else 部分后面也跟上一个功能代码块。

执行流程是：如果条件成立，就执行 if 语句后面的功能代码 1，否则执行 else 后面的功能代码 2。

示例代码如 IfElseTest.java 所示：

```
/** if-else 使用示例 */
public class IfElseTest {
    public static void main(String[] args) {
        int score = 46;      //考试成绩
        if (score >= 60) {
            System.out.println("成绩是合格的");
        } else {
            System.out.println("考试没通过");
        }
    }
}
```

程序执行结果为：

```
考试没通过
```

(3) if ... else if ... else 语句

在实际应用中,有些情况下的条件不只一个,而是一组相关的条件,为了避免写多个 if 语句的结构,Java 语言提供了一类专门的多条件语句,这就是 if ... else if ... else 语句。

if ... else if ... else 语句的语法格式为:

```
if(条件表达式 1) {
    功能代码 1;
} else if(条件表达式 2) {
    功能代码 2;
} else if(条件表达式 3) {
    功能代码 3;
} else {
    功能代码 4;
}
```

对这个语法格式,需要注意以下几点说明:

- else if 是 else 和 if 两个关键字,中间使用空格进行间隔。
- 所有的条件表达式的计算结果都是 boolean 类型的。
- else if 语句可以有任意多个。
- 最后的 else 语句是可选的。

该类语句的执行流程是:当条件 1 成立时,执行功能代码 1;当条件 1 不成立且条件 2 成立时,则执行功能代码 2;如果条件 1、条件 2 都不成立且条件 3 成立,则执行功能代码 3,依次类推,如果所有条件都不成立,则执行 else 语句的功能代码 4。可以用图 2-7 来表示。

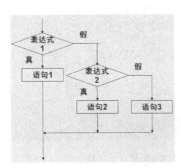

图 2-7 多重 if 语句的流程

使用示例如 IfElseIfElseTest.java 所示:

```java
/** if ... else if ... else 语句 */
public class IfElseIfElseTest {
    public static void main(String[] args) {
        int score = 87;   //考试成绩
        System.out.print("你的成绩为: ");
        if (score >= 90) {
```

```
            System.out.println("A");
        } else if (score >= 80) {
            System.out.println("B");
        } else if (score >= 70) {
            System.out.println("C");
        } else if (score >= 60) {
            System.out.println("D");
        } else {
            System.out.println("E");
        }
    }
}
```

这个程序把百分制成绩转换成美国的等级制成绩。运行效果为：

你的成绩为：B

2. switch/case 语句

switch/case 语句在条件语句中特别适合做一组变量相等的判断，在结构上会比 if 语句清晰很多。

switch/case 语句的语法格式为：

```
switch(表达式) {
case 值1:
    功能代码1;
    [break;]
case 值2:
    功能代码2;
    [break;]
...
default:
    功能代码n+1;
    [break;]
}
```

使用这个语句，需要注意以下几点：

- 表达式的计算结果类型只能为 byte、short、char 和 int 这 4 种之一。
- 值1、值2、...、值 n 只能为常数或常量，不能为变量。
- 功能代码部分可以写任意多条语句。
- 每个 case 语句后面的语句块结束时的 break 用来结束该分支。该语句是可选的。
- default 语句可以放置在 switch 语句中的任意位置，它是 switch 语句中的默认选择，即在没有一个 case 语句满足条件时，就会执行 default 语句。

它的执行流程是：当表达式的值与某个 case 语句后的值相等时，就从该 case 语句开始向下执行，直到遇到 break 语句，才结束 switch 语句。

例如：

```java
/** switch/case 语句使用示例 */
public class SwitchCaseTest {
    public static void main(String[] args) {
        int num = 1;   //星期几
        switch (num) {   //一周食谱
            case 1:
                System.out.println("小鸡炖蘑菇");
                break;
            case 2:
                System.out.println("猪肉炖粉条");
                break;
            case 3:
                System.out.println("老鸭汤");
                break;
            case 4:
                System.out.println("菠菜粥");
                break;
            case 5:
                System.out.println("啤酒鸭");
                break;
            case 6:
                System.out.println("燕窝+鲍鱼");
                break;
            default:
                System.out.println("什么也不吃");
                break;
        }
    }
}
```

本例根据输入的星期数字来输出相应的食谱，运行的结果为：

小鸡炖蘑菇

如果 switch 语句中的 case 块没有以 break 结束，如下面的代码所示：

```java
/** switch/case 语句使用示例 */
public class SwitchCaseTest {
    public static void main(String[] args) {
        int num = 1;   //星期几
        switch (num) {   //一周食谱
            case 1:
                System.out.println("小鸡炖蘑菇");
            case 2:
```

```
            System.out.println("猪肉炖粉条");
        case 3:
            System.out.println("老鸭汤");
        case 4:
            System.out.println("菠菜粥");
        case 5:
            System.out.println("啤酒鸭");
        case 6:
            System.out.println("燕窝+鲍鱼");
        default:
            System.out.println("什么也不吃");
        }
    }
}
```

则它的执行结果为：

```
小鸡炖蘑菇
猪肉炖粉条
老鸭汤
菠菜粥
啤酒鸭
燕窝+鲍鱼
什么也不吃
```

这种结果根本不是我们所预想的。所以，在使用 switch/case 时，需要特别注意 case 块后面不要忘了加 break 语句。

另外，Java SE 7 中，switch 语句开始支持字符串变量了，示例如下：

```
/** switch/case 语句使用字符串变量示例 */
public class SwitchCaseTest2 {
    public static void main(String[] args) {
        String num = "星期一";   //星期几
        switch (num) {   //一周食谱
            case "星期一":
                System.out.println("小鸡炖蘑菇");
                break;
            case "星期二":
                System.out.println("猪肉炖粉条");
                break;
            case "星期三":
                System.out.println("老鸭汤");
                break;
            case "星期四":
                System.out.println("菠菜粥");
                break;
```

```
        case "星期五":
            System.out.println("啤酒鸭");
            break;
        case "星期六":
            System.out.println("燕窝+鲍鱼");
            break;
        default:
            System.out.println("什么也不吃");
            break;
    }
}
```

运行后的结果为:

小鸡炖蘑菇

2.6.3 循环语句

循环语句在程序设计中用来描述有规则重复的流程，在生活实际中也存在这样的需求，例如，要求打印 100 份试卷、对女儿说 100 遍"宝贝，我爱你"等。本小节主要讲述循环语句的三种语法格式：while 语句、do-while 语句和 for 语句。

1. while 语句

while 关键字的意思是"当……的时候"，即当条件成立时，循环执行随后代码块内的代码。while 语句是循环语句中最基本的结构，语法格式如下所示：

```
while(循环条件) {
    循环体;
}
```

在该语法中，要求循环条件的计算结果的类型必须为 boolean 类型，循环体部分就是需要重复执行的代码。

while 语句的执行流程是：首先判断循环条件，如果循环条件为不成立，则直接执行 while 语句后续的代码；如果循环条件成立，则执行循环体代码，然后再判断循环条件，一直到循环条件不成立为止。

while 循环的特点就是："先判断，再执行"。具体执行流程如图 2-8 所示。

图 2-8　while 循环流程

先来看第一个示例：用 while 语句完成对宝贝女儿说 100 遍"宝贝，我爱你"。完成这个功能需要使用一个变量来统计说这句话的次数，当说的次数不到 100 时，就需要继续说这句话，每说一次这句话，计数器就加 1，具体如代码 SayLoveTest.java 所示：

```java
/** while 语句使用示例 1 */
public class SayLoveTest {
    public static void main(String[] args) {
        int i = 1;   //定义计数器变量
        while(i <= 100) {   //如果不到100遍
            System.out.println("宝贝,我爱你!");   //说一次
            i++;   //计数器加1
        }
    }
}
```

这个程序的执行流程如下。

(1) 执行 int i = 1;。
(2) 判断 i <= 100 是否成立，如果不成立则结束，否则执行下一步。
(3) 执行循环体中的第一行代码，输出"宝贝，我爱你！"这句话。
(4) i 的值增加 1。
(5) 跳转到步骤 2 继续执行。

下面再用 while 循环来实现一个简单的数学逻辑：求 1~100 间这 100 个数的和。
示例代码如下：

```java
/** while 循环使用示例 2：求 1~100 的和 */
public class Count100Test {
    public static void main(String[] args) {
        int i = 1;     //循环变量
        int sum = 0;   //和
        while (i <= 100) {
            sum += i;   //求和
            i++;        //变量 i 增加 1
        }
    }
}
```

程序的原理是：声明一个变量 i，从 1 变化到 100，再声明变量 sum，用来统计和，每次把它和 i 的值相加以后赋值给自身，循环结束以后，得到的结果就是 1~100 之间所有整数之和。

> **注意**：使用 while 循环时，要注意死循环的情况，当循环条件永远满足时，循环体将永远执行下去，这就是死循环情况。为了防止出现死循环情况，需要在循环体中改变循环条件，让它在某种情况下不成立，这样就不会有死循环了。

2. do-while 语句

do-while 循环语句是典型的"先循环再判断"的流程控制结构,它的语法格式为:

```
do {
    循环体;
} while (循环条件);
```

在 do-while 语句中,循环体部分是重复执行的代码部分,循环条件指循环成立的条件,循环条件的计算结果必须是 boolean 类型的,当条件成立(值为 true)时,循环执行循环体,否则循环结束,整个语句以分号结束。

它的执行流程是:首先执行循环体,然后再判断循环条件,如果循环条件不成立,则循环结束;如果循环条件成立,则继续执行循环体,循环体执行完成以后再判断循环条件,依次类推。

使用 do-while 来完成求 1~100 间的整数之和,代码如 DoWhileTest.java 所示:

```java
/** 用do-while求1~100之间的和 */
public class DoWhileTest {
    public static void main(String[] args) {
        int i = 1;      //循环变量
        int result = 0; //和
        do {
            result += i;    //求和
            i++;    //变量i增加1
        } while(i <= 100);
        System.out.println(result);   //输出和
    }
}
```

3. for 语句

for 语句是实际开发中最常用的一条循环语句,其语法格式相对于前面的循环语句来说稍显复杂一些。

for 语句的语法格式为:

```
for(初始化语句; 循环条件; 更新计数器语句) {
    循环体;
}
```

这个语句的语法说明如下。

- 初始化语句:作用是在循环开始以前执行,一般书写变量初始化的代码,例如循环变量的声明、赋值等。该语句可以为空。
- 循环条件:是循环成立的条件,要求计算结果必须为 boolean 类型。如果该条件为空,则默认为 true,即条件成立。

- 更新计数器语句：是指让循环变量发生变化的语句。一般写类似 i++、i--这样的语句，当然，该语句也可以为空。
- 循环体：是需要循环执行的功能代码。

它的执行流程如下。

(1) 执行初始化语句。
(2) 判断循环条件，如果循环条件不成立(值为 false)则结束循环，否则执行下一步。
(3) 执行循环体。
(4) 执行更新计算器语句。
(5) 跳转到步骤 2 重复执行。

使用 for 语句来求 1~100 之间数的和，具体代码如 ForCount100Test.java 所示：

```java
/** 用 for 循环求 1~100 之间的数的和 */
public class ForCount100Test {
    public static void main(String[] args) {
        int sum = 0;  //和
        for(int i=1; i<=100; i++) {
            sum += i;  //求和
        }
        System.out.println(sum);
    }
}
```

用 for 循环编写一个程序，输出 1~100 之间不能被 3 整除的数。这只需要把 1~100 之间的数依次拿出来判断，如果它和 3 求余的结果不为 0，则表示它不能被 3 整除。具体实现如 ForMod3Test.java 代码所示：

```java
/** 用 for 循环求出 1~100 之间不能被 3 整除的数 */
public class ForMod3Test {
    public static void main(String[] args) {
        for(int i=1; i<=100; i++) {
            if(i%3 != 0) {
                System.out.println(i);
            }
        }
    }
}
```

注意：在 for 循环语句内定义的变量不能在循环体外使用。如上例中定义的 i 变量，出了循环体后是无法访问的。

2.6.4 使用 break 和 continue 控制循环语句

break 和 continue 是与循环语句紧密相关的两种语句。使用这两个语句，可以中断循环的执行。

1. break 语句

break 关键字的意思是中断、打断。break 语句在 switch 语句中已经介绍过了，功能是中断 switch 语句的执行。在循环语句中，break 语句的作用也是中断循环语句，也就是结束循环语句的执行。

break 语句可以用在三种循环语句的内部，功能完全相同。例如，有如下代码片段：

```
for (int i=1; i<=10; i++) {
   if (i == 5) {
      break;
   }
   System.out.print(i + "\t");
}
```

该循环在变量 i 的值等于 5 时，满足 if 条件，就会执行 break 语句，中断整个循环，接着执行 for 循环之后的代码。

在实际应用中，时常会因为业务逻辑比较复杂而需要使用循环语句的嵌套，如果 break 语句出现在嵌套循环语句的内层循环体中时，则它只能结束 break 语句所在的这个内层循环，对于其他的循环语句没有影响，例如下面的示例代码片段：

```
for(int i=1; i<10; i++) {
   for(int j=1; j<10; j++) {
      System.out.println(i * j);
      if(j == 6) {
         break;
      }
   }
}
```

该 break 语句出现在循环变量为 j 的循环内部，则执行到 break 语句时，只会中断循环变量为 j 的循环，而对循环变量为 i 的这个循环没有影响。

如果想要中断多层嵌套的循环，可以使用带标签的 break 语句。用标签语句来标识循环语句，然后用 break 跳到指定标签对应的循环体结束处。示例代码如下：

```
label:
for(int i=1; i<10; i++) {
   for(int j=1; j<10; j++) {
      System.out.println(i * j);
      if(j == 6) {
         break label;
      }
   }
}
```

这个代码片段里的 label 是标签的名称，放置在对应循环语句的上面，标签语句以冒号结束。当需要中断标签语句对应的循环时，用 break 后面跟标签名就行了。可以中断循环变量为 i 的循环。

2. continue 语句

continue 关键字的意思是继续。continue 语句只能使用在循环语句内部，功能是跳过该次循环，继续执行下一次循环语句。在 while 和 do-while 语句中，continue 语句跳转到循环条件处开始继续执行，而在 for 语句中 continue 语句跳转到更新计数器语句处开始继续执行。

对于如下代码片段：

```
for (int i=1; i<=10; i++) {
    if (i == 5) {
        continue;
    }
    System.out.print(i + "\t");
}
```

这段代码在变量 i 的值等于 5 时，会执行 continue 语句，本次循环后续未执行完成的语句将被跳过，而直接进入下一次循环。

与前面介绍的 break 语句类似，continue 语句使用在循环嵌套的内部时，也只是跳过所在循环的结构，如果需要跳过外部的循环，则需要使用标签语句标识对应的循环结构。由于这种方式不推荐使用，所以，在这就不再叙述了。

2.6.5 流程控制综合应用

学习流程控制时，不仅要掌握流程控制的相关语法，还需要通过大量的练习来锻炼自己的程序设计思维方式，逐步形成自己的一套解决问题的思路，当这些思维方式和思路积累到一定程度时，也就对编程很有感觉了，解决实际编程问题时不再会是只有想法，而没有具体的代码步骤了。

下面通过几个实际问题，来综合应用流程控制的语法。

1. 在控制台打印出数学上的九九乘法表

九九乘法表的规则是总计 9 行，每行单独输出，第一行有 1 个数，第二行有 2 个数，依次类推，数的值为行号和列号的乘积。

实现思路： 使用一个循环控制打印 9 行，在该循环的循环体中输出该行的内容，一行中输出的数字个数等于行号，数字的值等于行号和列号的乘积。

具体实现代码如 MultiplicationTableTest.java 所示：

```
/** 九九乘法表 */
public class MultiplicationTableTest {
```

```java
    public static void main(String[] args) {
        for (int i=1; i<=9; i++) {   //控制行
            for (int j=1; j<=i; j++) {   //输出每行的内容
                if (j > 1) {   //每输出一项后，添加两个空格
                    System.out.print("  ");
                }
                System.out.print(i + "*" + j + "=" + (i * j));   //输出行中每项
            }
            System.out.println();   //换行
        }
    }
}
```

程序运行的结果为：

```
1*1=1
2*1=2  2*2=4
3*1=3  3*2=6  3*3=9
4*1=4  4*2=8  4*3=12  4*4=16
5*1=5  5*2=10  5*3=15  5*4=20  5*5=25
6*1=6  6*2=12  6*3=18  6*4=24  6*5=30  6*6=36
7*1=7  7*2=14  7*3=21  7*4=28  7*5=35  7*6=42  7*7=49
8*1=8  8*2=16  8*3=24  8*4=32  8*5=40  8*6=48  8*7=56  8*8=64
9*1=9  9*2=18  9*3=27  9*4=36  9*5=45  9*6=54  9*7=63  9*8=72  9*9=81
```

2. 打印图形

需要在控制台上打印出如下图形：

```
    *
   ***
  *****
 *******
*********
```

仔细观察这个图形，找出图形的规律。发现这个图是由空格和"*"组成的。其中每一行"*"的数量与行号 i 的关系是 2i-1，*前面的空格数和总行数 count 及行号 i 的关系是 count-i。

实现思路：使用一个外层循环控制打印 5 行，在该循环的循环体中输出该行的内容，一行中输出的空格数用一个循环来控制，输出的"*"用另一个循环来控制。

具体代码如 PrintStarTest.java 所示：

```java
/** 打印*号 */
public class PrintStarTest {
    public static void main(String[] args) {
        int count = 5;   //总行数
```

```
        for (int i=1; i<=count; i++) {    //控制行数
            for (int j=1; j<=count-i; j++) {   //输出每行*前面的空格数
                System.out.print(" ");
            }
            for (int k=1; k<=2*i-1; k++) {    //输出每行的*
                System.out.print("*");
            }
            System.out.println();    //换行
        }
    }
}
```

2.7 数　　组

数组(Array)是 Java 语言中提供的一种数据存储结构，它是一组相同类型数据的集合，主要用来一次性存储多个同类型的数据。数组是程序设计中实现很多算法的基础，所以掌握好数组也是很有必要的。

Java 语言中的数组可分为一维数组和多维数组。本节将先讲解一维数组的相关知识，然后介绍多维数组的概念及相关使用。

2.7.1　一维数组

1. 数组的声明

数组在使用前也必须先进行声明，主要用来指定数组中存放的数据的类型。声明数组的语法格式有以下两种：

```
数据类型[] 数组名;
数据类型 数组名[];
```

更为形象的表示方式是第一种方式，其他面向对象编程语言也采用类似的方式。
例如：

```
int[] m;
char[] c;
double[] d;
```

2. 数组的创建

数组声明之后，需要创建才可以使用。创建数组就是指定这个数组可以存放多少个数据(也叫元素)，并分配给相应大小的内存空间。具体的语法格式为：

```
数组名 = new 数据类型[长度];
```

例如，创建上面示例中声明的数组：

```
m = new int[10];
c = new char[15];
d = new double[50];
```

当然，数组的声明和创建可以合并在一个步骤中完成，示例代码如下：

```
int[] m = new int[10];
char[] c = new char[15];
double[] d = new double[50];
```

数组创建好之后，系统都会按照数组的数据类型对数组中的每个元素赋默认值。各种数据类型的默认值如下：

- boolean 类型的默认值是 false。
- byte、short、int、long 类型的默认值是 0。
- float 和 double 类型的默认值是 0.0。
- char 类型的默认值是 '\u0000'。
- 引用类型的初始值是 null。

例如：int 类型的数组创建之后，它内部的元素全部初始化为 0。

注意：数组一旦创建之后，存放元素的个数就固定下来，以后不能再更改了。

3. 引用数组中的元素

在实际使用时，需要引用数组中的每个元素，引用数组中的元素的语法格式为：

数组名[下标]

其中的"下标"是指数组中每个元素的索引值，Java 语法规定所有的数组索引从 0 开始，即数组中的第一个元素索引值是 0、第二个是 1、第三个是 2、依次类推。下标值可以是常数也可以是变量。例如：

```
int[] m = new int[10];
System.out.println(m[5]);    //引用数组 m 中的第 6 个元素
int i = 3;
System.out.println(m[i]);    //引用数组 m 中的第 4 个元素
```

因为数组的下标是从 0 开始的，所以数组的有效下标区间是 0 到数组的长度减 1，其他的下标值都是非法的。在编写代码时，如果使用非法的下标来引用数组中的元素，并不会引起语法错误(即编译错误)，但是在运行时却会抛出异常。因此，在引用数组的元素时，一定要使用正确的下标值。

4. 数组的初始化

数组的初始化就是对数组中的元素进行赋值。数组的初始化分为两种：动态初始化和静态初始化。

(1) 动态初始化是指为已经创建好的数组的每个元素赋值。例如：

```
int[] m = new int[10];
m[0] = 1;
m[1] = 2;
m[2] = 3;
...
```

(2) 静态初始化是指在声明数组的同时就创建数组并对每个元素进行赋值。它会一次性初始化所有元素。语法格式为：

```
数据类型[] 数组名 = { 值1, 值2, ..., 值n };
数据类型[] 数组名 = new 数组类型[] { 值1, 值2, ..., 值n };
```

例如：

```
int[] m = { 1, 2, 3, 4, 5 };
char[] c = new char[] { 'j', 'a', 'v', 'a' };
```

实际使用数组的静态初始化方式时，值的类型必须与数组声明时的类型匹配，或者可以自动进行转换。

5. 获取数组长度

为了方便操作数组，Java 为数组提供了 length 属性，用来获取数组的长度。获得数组长度的语法格式为：

```
数组名.length
```

示例代码如下：

```
int[] array = { 1, 2, 3, 4, 6 };
int len = array.length;
```

综合前面介绍的使用下标来引用数组元素的语法和获取数组长度的语法，可以使用循环语句来访问数组中的所有元素。具体代码为：

```
int[] array = { 1, 2, 3, 4, 6 };
int len = array.length;
for(int i=0; i<len; i++) {
    System.out.println(array[i]);
}
```

这种从前到后访问数组元素的方式被称作数组的遍历，也叫迭代。

6. 用 for-each 遍历数组

在 Java SE 5.0 平台上新增了"增强型 for 循环"语法，也被叫称为 for-each 循环，利用这个语法来遍历数组更加容易。它的语法如下：

```
for(数据类型 变量名 : 数组或集合变量名) {
    //通过"变量名"就可以访问数组或集合中的每个元素的值
}
```

具体的使用代码如下所示:

```
int[] array = { 1, 2, 3, 4, 6 };
for(int element : array) {    //访问数组 array 中的每个元素 element
    System.out.println(element);
}
```

使用 for-each 时需要注意,它只能用于访问数组元素,无法用于更新数组元素的值。另外,它还可以遍历集合中的元素,具体内容可以查看第 9 章集合框架的相关内容。

7. Java 程序入口方法的参数

通过前面的介绍,我们知道可运行的程序都有一个 main 方法,这个方法带有 String[] args 参数,这个参数表示 main 方法接收了一个字符串数组,这个字符串数组被称为命令行参数,即通过命令提示符执行这个程序时,可以传一些字符串参数给 main 方法,main 方法会用 args 这个数组来接收。

例如,有如下程序 CmdParamTest.java:

```
/** 命令行参数使用示例 */
public class CmdParamTest {
    public static void main(String[] args) {
        System.out.println("命令行参数列表");
        for(int i=0; i<args.length; i++) {
            System.out.println("args[" + i + "]: " + args[i]);
        }
    }
}
```

在命令行提示符下,使用如下方式来执行这个程序:

```
java CmdParamTest hello Java 你好
```

此程序运行后,在命令行输出的内容为:

```
命令行参数列表
args[0]: "hello"
args[1]: "Java"
args[2]: "你好"
```

2.7.2 多维数组

多维数组是指二维及二维以上的数组。二维数组有两个层次,三维数组有三个层次,依次类推。每个层次对应一个下标。在实际应用中,最多会用到二维数组,本小节以二维数组为例来介绍多维数组的使用。

Java 语言提供多维数组的方式与其他语言不同，因为可以将数组声明为任何数据类型的，所以可以创建数组的数组，即二维数组。

1. 多维数组的声明和创建

二维数组的声明格式有如下 3 种：

```
数据类型[][] 数组名;
数据类型[] 数组名[];
数据类型 数组名[][];
```

一般常用第一种格式来声明二维数组，例如：

```
int[][] table;
```

与一维数组一样，多维数组的创建也是使用 new 关键字，语法如下：

```
数组名 = new 数据类型[第一维的长度][第二维的长度];
```

例如，创建上一示例中声明的二维数组 table 的代码为：

```
table = new int[4][5];
```

这表示数组 table 的第一维可以存放 4 个 int 类型的元素，这 4 个元素的类型是 int 类型的数组，分别又可以存放 5 个元素，因此这个二维数组总共可以存放 4×5=20 个 int 类型的元素。另外，多维数组的声明和创建也可以在一步完成。代码如下所示：

```
int[][] table = new int[4][5];
```

更为特殊的是，在创建多维数组时，可以只指定第一维的长度，而不指定其他维的长度。这也是合法的。如下：

```
int[] table = new int[4][];
```

这表示数组 table 的第一维可以存入 4 个元素，而这 4 个元素的类型是 int 类型的数组，至于能存放多少个元素并没有确定。

2. 引用多维数组中的元素

对于二维数组来说，由于它有两个下标，所以引用数组元素值的格式为：

```
数组名[第一维下标][第二维下标]
```

例如，引用二维数组 table 中的元素时，使用 table[0][0]引用数组中第一维下标为 0，第二维下标也为 0 的元素。这里第一维下标的区间值是 0 到第一维的长度减 1，第二维下标的区间值是 0 到第二维的长度减 1。

3. 多维数组的初始化

多维数组的初始化也可以分为动态初始化和静态初始化两种。

(1) 动态初始化是指为已经创建好的多维数组的每个元素赋值。例如：

```
int[][] table = new int[4][];
table[0] = new int[2];
table[1] = new int[3];
table[0][0] = 1;
table[0][1] = 3;
table[1][0] = 2;
table[1][1] = 4;
table[1][2] = 6;
```

(2) 静态初始化是指在声明数组的同时就创建数组并对每个元素进行赋值。它会一次性初始化所有元素。例如，对二维数组进行静态初始化：

```
int[][] table = {
    {1, 3},
    {2, 4, 6}};
```

4. 获取数组的长度

对于多维数组来说，也可以获得数组的长度。但是，使用"数组名.length"获得的是数组第一维的长度。如果需要获得二维数组中总的元素个数，可以使用如下代码：

```
int[][] m = {
    {1, 3, 5},
    {2, 4},
    {1,5,7, 9}};
int count = 0;
for(int i=0; i<m.length; i++) {    //循环第一维下标
    count += m[i].length;           //第二维的长度相加
}
System.out.println(count);
```

在这段代码中，m.length 获取的是 m 数组第一维的长度，循环体内的 m[i]指每个一维数组元素，m[i].length 是 m[i]数组的长度，把这些长度相加，就是数组 m 中总的元素个数。如想遍历这个二维数组的所有元素，可以使用循环嵌套，如代码 ArrayArrayTest.java 所示：

```
/** 二维数组的遍历 */
public class ArrayArrayTest {
    public static void main(String[] args) {
        int[][] m = {
            {1, 3, 5},
            {2, 4},
            {1, 5, 7, 9}
        };
        for (int i=0; i<m.length; i++) {    //循环数组的第一维
```

```
        int[] temp = m[i]; //获取数组的第一维元素
        for (int j=0; j<temp.length; j++) {
            System.out.println("m[" + i + "][" + j + "]=" + m[i][j]);
        }
    }
}
```

当然，也可以使用 for-each 来进行遍历，代码如下所示：

```
int[][] m = {
    {1, 3, 5},
    {2, 4},
    {1, 5, 7, 9}};

for(int[] temp : m) {
    for(int result : temp) {
        System.out.println(result);
    }
}
```

2.8 上机实训

1. 实训目的

(1) 掌握基本数据类型的使用。
(2) 熟练运用运算符进行表达式计算。
(3) 掌握流程控制语句。
(4) 掌握数组的运用。

2. 实训内容

(1) 判断一个自然数是否为质数(素数)。所谓质数，就是指只能被 1 和自身整除的自然数。

(2) 计算 30 的阶乘(即 30×29×28×...×1 的结果)。

(3) 输出 20 个如下规律的数列：1 1 2 3 5 8 13 ...。

(4) 在控制台中输出如下图形：

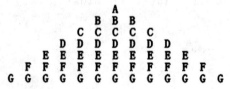

(5) 在控制台中输出如下数字：

```
1
2 3
4 5 6
7 8 9 10
```

(6) 有一列乱序的字符'a', 'c', 'u', 'b', 'e', 'p', 'f', 'z', 按字典顺序排好并输出到控制台。

本 章 习 题

选择题

(1) 下列有关类型转换正确的有：(多选)

    A. double d = 5.9;   B. float f = 5.9;

    C. int b = 99999L;   D. int b = 99999;

(2) 下列有关运算符的叙述，哪些是错误的？(多选)

    A. 求余数用%运算符

    B. 判断两个值是否相等用=运算符

    C. 计算字符右移必须用>>

    D. 逻辑判断与(and)必须用&运算符

(3) 有如下代码片段：

```
int a = 6;
System.out.println(a--);
```

这个小程序打印 a 的值是多少？

    A. 5   B. 6   C. 7   D. 报错，因为 println 不能用--运算符

(4) 对于 switch (变量) { }语句，其中的变量可以是什么类型？(多选)

    A. double   B. char   C. int   D. long

(5) 对于 for (int i=1 ; i <=10 ; i +=2) { }这个循环，下列哪些叙述正确？(多选)

    A. 这个循环执行 5 次，i 值分别是 1、3、5、7、9

    B. 变量 i 声明后，循环结束仍可以使用变量 i

    C. 这个循环改成 while 写法为：

```
int i = 1;
while (i <= 10) {
    i += 2;
}
```

(6) 有关 break 语句可以用在哪些语句中？(多选)

    A. for()循环   B. if()语句中

    C. switch()语句中   D. while()语句中

(7) 有如下代码片段：

```
int i = 20;
do {
   System.out.println(i);
   i++;
} while(i<10);
```

试问这个 do-while 循环的执行结果是什么？

    A. 没有打印出任何答案   B. 出现编译错误   C. 打印出 20

(8) 下列有关数组的声明，哪个错误？

    A. int a[];   B. int[] a;   C. int a[5];   D. int a[] = new int[5];

(9) 有关多维数组的声明，下列哪些正确？(多选)

    A. int[][] twoDim = new int[4][];

    B. 二维数组的第一维元素可声明成不同长度的数组，如下：

```
int[][] twoDim = new int[4][];
twoDim[0] = new int[5];
twoDim[1] = new int[8];
```

    C. int[][] twoDim = new int[][4];

(10) 下列有关数组的概念，哪些正确？(多选)

    A. 声明 double d[] = new double[10];利用 d.length()可以知道 d 数组的长度

    B. 声明 int p[] = new int[50]; 可以利用 for(int i : p)循环读取数组值

    C. 数组声明必须用 new 分配内存

    D. int[] myArray = new int[6]; myArray = new int[10]; myArray 数组重新声明 10 个空间，系统只是再配置 4 个空间给 myArray 数组

(11) String x[] = new String[5];声明一个字符串数组后，这个数组的初始值是什么？

    A. \u0000   B. 空白   C. null

第 3 章
面向对象编程(上)

学习目的与要求:

本章主要介绍 Java 中面向对象编程的一些语法,主要包括类的封装、对象的创建和使用、方法的使用、this 关键字的使用、包的使用以及文档注释。

通过本章的学习,读者应该掌握类的定义,对象的使用、方法的重载、this 关键字的使用以及包的使用。

3.1 面向对象编程概述

面向对象程序设计(Object Oriented Programming，OOP)是当前最为流行的程序设计方法，它已逐步取代基于过程的程序设计技术。在面向对象程序设计中，程序由对象组成，这些对象具有某种特征及某些特定的功能。面向对象程序设计把数据放置在首位，然后才考虑在数据上操作的算法。

然而，大多数人都觉得面向对象是只可意会，难以言传的概念。下面主要以举例的方式来帮助读者理解面向对象的概念和语法知识。

3.1.1 面向过程的设计思想

以面向过程的思想考虑问题时，是以一个具体的流程为单位，考虑它的实现办法。关心的是功能的实现。在程序设计过程中一般由各个相关联的函数实现，耦合性比较强。在程序设计过程中，程序有一个明显的开始、明显的中间过程、明显的结束，程序的编制以这个预定好的过程为中心，设计好了开始子程序、中间子程序、结尾子程序，然后按顺序把这些子程序连接起来，一旦程序编制好，这个过程就确定了，程序按顺序执行，如果在执行过程中，用户需要输入什么参数或用户做出选择，程序将等待用户的输入。只有用户提供足够的数据，程序才能继续执行下去。

我们来看一个简单的面向过程的例子。在洗衣机的工作过程中，一般要经过以下几个过程。

(1) 接通电源，按下洗衣机的"启动"按钮后开始供水。
(2) 当水满到"水满传感器"时就停止供水。
(3) 水满之后，洗衣机开始执行漂洗过程，正转 5 秒，然后倒转 5 秒，执行此循环动作 10 分钟。
(4) 漂洗结束之后，出水阀开始放水。
(5) 放水 30 秒后结束放水。
(6) 开始脱水操作，脱水持续 5 分钟。
(7) 脱水结束后"声光报警器"报警，呼叫工作人员来取衣服。
(8) 按"停止"按钮(或 10 秒报警超时到)，声光报警器停止，并结束整个工作过程。

按照该洗衣机的工作流程，可以画出它的状态图来描述其状态转化过程，了解了该洗衣机的状态转化过程后，根据其状态转化图，就可以很容易地为其进行软件设计，并写出相应的程序实现代码。

但是这样的设计，每一个环节只关注行为动作、功能实现，没有考虑数据的状态，而且各个行为间的耦合性比较强。不利于程序的扩展和模块化。

3.1.2 面向对象的设计思想

以面向对象的思想考虑问题时，以具体的事物(对象)为单位，考虑它的属性(特征)及动作(行为)，关注整体。就好比找对象一样，不仅要关注她怎么说话、怎么走路，还要关注她的身高、体重、长相等属性特征。又例如：用程序来模拟对窗体的操作。使用面向过程的设计思想时，主要就是定义针对窗口的各种操作：隐藏窗口、移动窗口、关闭窗口等功能。而使用面向对象的设计思想时，却是把窗口当作主体看待，定义它的大小、位置、颜色等属性，同时定义好对应的动作，例如隐藏、移动、关闭。

面向对象的编程思想更加接近现实的事物。有如下几点好处。

(1) 使编程更加容易。因为面向对象更接近于现实，所以可以从现实的东西出发，进行适当的抽象。

(2) 从软件工程角度考虑，面向对象可以使工程更加模块化，实现更低的耦合和更高的内聚。

(3) 在设计模式上(似乎只有面向对象才涉及到设计模式)，面向对象可以更好地实现"开-闭"原则。也使代码更易阅读。

相对而言，面向过程的程序设计是面向对象程序设计的基础。面向对象的程序里面一定会有面向过程的程序片段的！在程序中，面向过程程序设计通过函数来实现。而面向对象的程序设计，是通过对象来封装函数、数据等。

总地来说，面向对象编程是一种计算机编程架构。OOP 具有这些优点：使人们的编程与实际的世界更加接近，所有的对象被赋予属性和方法，结果编程就更加人性化；其宗旨在于模拟现实世界中的概念；把现实生活中的所有事物全都视为对象；能够在计算机程序中用类似的实体模拟现实世界的实体(实体即实实在在的物体)；是一种设计和实现软件系统的方法。

OOP 主要有三大特征：

- 封装(Encapsulation)。
- 继承(Inheritance)。
- 多态(Polymorphism)。

要想领悟面向对象的思想，不能把学习重点放在术语的死记硬背上，而应该把精力主要放在实践和思考上，通过大量的实践去理解和掌握。

3.1.3 类和对象

1. 类

类是对一组具有相同特性(属性)和相同行为(方法)的事物的概括，它是 Java 语言的最小编程单位，也是设计和实现 Java 程序的基础。它是抽象层面上的一个概念，类似于建筑设计中的图纸，是对于现实要代表的具体内容的抽象。类代表的是总体，而不代表某个特定的个体。

例如，设计人(Person)这个类，人这组事物具有的相同特征常见的有：
- 姓名(name)。
- 年龄(age)。
- 性别(gender)。
- 身高(height)。
- 体重(weight)。

对于每一个具体的人来说，每个特征都有自己具体的数值。而类需要代表的是总体特征，它只描述特征的类型和结构，不指定具体的数值。

上面是对于类结构的具体特征的描述，其实，类中除了包含特征的描述以外，还可以包含该类事物共有的功能(行为)，这些功能也是类的核心内容。例如，人这个类，包含的基本功能有：
- 说话(speak)。
- 行走(tread)。
- 吃食物(eat)。
- 睡觉(sleep)。

这就是面向对象技术中类的概念的基本描述，每个类代表了某一类型的事物，通过基本的特征和功能实现该类型事物在程序内部的表达。

从语法角度理解类的概念也很简单，在程序中，类实际上也就是一种数据类型，使用起来与基本类型一样。为了模拟真实世界，为了更好地解决问题，往往需要自己创建解决问题所必需的数据类型，也就是需要自定义类。

2. 对象

以面向对象的编程思想来看客观世界的话，客观世界是由事物组成的，每一个实际存在的事物都是一个对象，即"万事万物皆对象"。

例如，"张三"这个人就是一个具体的对象，他有人这类事物的共同特征，并有确切的值——姓名叫张三、年龄 23 岁、身高 170cm、体重 64kg 等，他也有作为人这类事物的共同行为并有明确的实现：说的是普通话、用两只脚小步走路、爱吃素食、睡觉时会发出轻微的呼噜声等。

在 OOP 中，对象是用类来创建的，也就是说，类是对象的模板，对象是类的实例。所以，面向对象的编程，其实就是通过封装各种各样的类，然后利用类来创建出一个个对象，通过对象和对象之间的功能协作来完成任务。

3.2 封 装 类

在 Java 语言中，封装类，其实就是把现实世界中某一类型事物的共同特征和相同行为用 Java 语言的语法模拟包装到一个程序单元中，并隐藏行为的实现过程。这个程序单元以类的形式体现。也就是说，封装一个类，就是根据实际应用从同一类型事物中抽象出相关的共同特征和行为。在 Java 语言中，所有 Java 程序都以类为组织单元，构成 Java 面向对象编程的最小封装单元。

在封装类的过程中，通常都会采用抽象的手段，即忽略一个主题中与当前目标无关的那些方面，以便更充分地注意与当前目标有关的方面。这样封装出来的类会更具有针对性，更专注于当前的问题域。

在 Java 语法中，通过关键字 class 可以定义一个类。具体语法格式如下：

```
访问控制符 [修饰符] class 类名 {
    [属性声明]
    [方法声明]
    [构造器声明]
}
```

对这个语法格式，需要进行以下几项说明。

(1) "访问控制符"用于限定声明的类在多大范围内可以被其他的类访问，当前可以使用公有的(public 关键字)或使用默认的(无关键字)，在第 4 章会做进一步解释。

(2) "修饰符"用于增强类的功能，使声明的类具备某种特定的能力。如果对某个类没有特殊要求，可以不添加修饰符。具体的修饰符在后续会有详细说明。

(3) class 是声明类时使用的关键字，后面紧跟类名。

(4) 类名是一个标识符，必须符合标识符的命名规范。Java 语言的编码规范要求类名可以由一个或多个英文单词构成，每个单词的首字母要求大写。例如：

```
public class Person {}
class MyStudent {}
```

(5) 花括号部分是类的主体，用于声明类的内部结构。类体中一般包含三个组成部分的声明，且这三个组成部分的声明都是可选的。具体说明如下。

- 属性声明：用于声明这一类型事物的共有特征。有些人把属性翻译为字段、域等，也有人称其为成员变量。
- 方法声明：用于声明这一类型事物的共有功能。方法也有人称为成员方法。
- 构造器声明：一种专门的方法，用于创建和初始化类的对象。构造器也常称为构造方法。

3.2.1 定义属性

属性(attribute)定义在类的主体中，用来代表这一类型事物共有特征的结构，也可以把属性理解为类的某个具体特征。在类体中定义属性的语法格式如下：

```
访问控制符 [修饰符] 数据类型 属性名[=值];
```

具体说明如下。

(1) 访问控制符用于限定该属性被访问的范围，包含如下四种：public、protected、默认的(无关键字)和 private，分别代表不同的访问限制。具体的限制范围后续将有详细说明。对于修饰类的属性，一般建议使用 private。

(2) 修饰符用于声明属性具备某种特定的功能。同类定义时的修饰符。

(3) 数据类型就是该属性的类型，可以是 Java 语言中的任意数据类型，也就是说，可以是基本类型也可以是类类型。

(4) 属性名是一个标识符，用于代表该属性的名称。属性名也是一个标识符，必须符合标识的命名规范。Java 语言的编码规范要求属性名可以由一个或多个英文单词构成，首单词的首字母要求小写，其他单词的首字母要求大写。例如：

```
public String name;
private int ageOfPerson;
```

(5) 在定义属性时的同时，可以为该属性进行赋值。这一步骤是可选的。

在类中定义属性的示例如下：

```
public class Person {
    public String name;
    private int age;
    char gender = '男';
}
```

3.2.2 定义方法

方法(Method)在面向过程的编程语言中称作函数(Function)，它是一段代码的集合，用来实现某个特定的功能。

方法在类的内部代表该类具有的共有功能，将这些功能以方法的形式放置在类的内部，可以在需要时进行调用。在类中定义方法的语法格式如下：

```
访问控制符 [修饰符] 返回值类型 方法名(参数列表) {
    方法体
}
```

具体说明如下。

(1) 访问控制符：用于限定该方法被访问的范围。

(2) 修饰符：用于声明方法具备某种特定的功能。

(3) 返回值类型：是方法功能实现以后需要得到的结果类型，该类型可以是 Java 语言中的任意数据类型，包括基本类型和引用类型。如果方法功能实现以后不需要反馈结果，则返回值类型要写为 void 关键字。

(4) 方法名：是一个标识符，用来标识该功能块。在方法调用时，需要通过方法名来引用。Java 语言的编码规范要求方法名可以由一个或多个英文单词构成，首单词的首字母要求小写，其他单词的首字母要求大写。为了增强代码的可读性，方法名还应该"见名知意"。例如：

```
public void printInfo() { ... }
```

(5) 参数列表：声明方法需要从外部传入的数据类型及个数。声明的语法格式为：

数据类型 参数名1[,数据类型 参数名2]...

声明参数时，类型在前，名称在后，如果有多个参数，参数和参数之间使用逗号进行分隔。参数的值在方法调用时进行指定，而在方法内部，可以把参数看作是已经初始化完成的变量，可以直接进行使用。

(6) 方法体：是方法的功能实现代码段。方法体部分在逻辑上实现了方法的功能，该部分都是具体的实现代码。在方法体部分，如果需要返回结果值，可以使用 return 语句，其语法格式为"return 结果值;"。当方法的返回值类型不是 void 时，必须使用 return 返回结果值，要求结果值的类型和方法所声明的返回值类型一致。如果返回值类型是 void，就不需要返回值语句了，当然，也可用"return;"实现方法的无返回值返回。

在类中定义方法的示例如下：

```java
public class Person {
    public String name;
    private int age;
    char gender = '男';
    public void speak(String word) {    //无返回值的方法
        System.out.println(name + "说：" + word);  //在方法中使用类的属性
        //return;
    }
    public int add(int a, int b) {    //有返回值的方法
        int c = a + b;
        return c;
    }
}
```

3.2.3 定义构造器

构造器(Constructor)，也称作构造方法，其作用在于构建并初始化对象。在类中定义构造器的语法格式为：

访问控制符构造器名称 (参数列表) {
    构造方法体；
}

在该语法中，访问控制符指该构造器被访问的权限；构造器名必须与类名相同；参数

列表的语法格式和方法的参数列表的语法格式相同。

在类中定义构造器的示例如下：

```java
public class Person {
    public String name;
    private int age;
    char gender = '男';

    public Person() {   //无参数的构造器
    }
    public Person(String n, int a, char g){   //带参数的构造器
        name = n;        //把参数的值赋给属性
        age = a;
        gender = g;
    }

    public void speak(String word) {   //无返回值的方法
        System.out.println(name + "说：" + word);  //在方法中使用类的属性
        //return;
    }
    public int add(int a, int b) {    //有返回值的方法
        int c = a + b;
        return c;
    }
}
```

定义和使用构造器时，需要注意以下问题：
- 一个类中的构造器可以有任意多个，只是它们的参数列表不同。
- 构造器是没有返回值的，定义时也不要用 void 来声明。
- 如果在一个类中没有定义一个构造器，则系统会自动为该类添加一个不带参数的构造器，这个系统自动添加的构造器一般被称为默认构造器。当然，如果类中已经定义了构造器，则系统就不再添加这个默认构造器了。

例如，以下两种代码是相同的：

```java
public class DefaultConstructor {
    int i;
}
public class DefaultConstructor {
    int i;
    public DefaultConstructor() {}
}
```

在第一段代码中，没有为类定义构造器，则系统会自动添加默认构造器；而第二段代码中所定义的构造器与默认构造器的结构一致，所以，两个代码在功能上是完全相同的。

总之，构造器是系统用来构建类的对象并对其属性进行初始化的特殊方法，可以根据具体业务的需要，为类定义对应的构造器，并在构造器内部进行具体的初始化操作。

至此，封装类的完整语法就介绍完毕了，根据这个语法，就可以定义出"人"这个类，完整代码如下所示(Person.java)：

```java
/** 封装"人"类 */
public class Person {
    //////////////属性的定义
    private String name;            //姓名
    private int age;                //年龄
    private char gender;            //性别
    private double height;          //身高
    private double weight;          //体重

    //////////////构造器的定义
    public Person() {               //无参构造器
    }
    public Person(String n, int a, char g,
      double h, double w) {         //带参构造器
        name = n;
        age = a;
        gender = g;
        height = h;
        weight = w;
    }

    /////////////////////方法的定义
    public void speak() {           //说话
        System.out.println(name + "经常自言自语");
    }
    public void tread() {           //行走
        System.out.println(name + "每小时可以走 5 公里地");
    }
    public void eat() {             //吃食物
        System.out.println(name + "一日三餐都得吃");
    }
    public void sleep() {           //睡觉
        System.out.println(name + "每天的睡眠时间不能少于 8 小时");
    }
    public String info() {          //返回对象的详细信息
        return "姓名:" + name +",年龄:" + age + ",性别:" + gender
            + ",身高:" + height + "CM,体重:" + weight + "KG";
    }
}
```

3.3 对象的创建和使用

封装好类之后,就可以用类来创建出对象,并使用对象上的属性值和方法。

3.3.1 对象的创建

创建一个新对象的语法是使用 new 关键字来调用类的构造器,如下:

```
new 构造器(参数值列表);
```

其中的参数值是根据类的构造器定义来确定的,如果要调用的是无参的默认构造器,则不需要传递参数值;如果要调用的是带参数的构造器,就需要根据构造器的参数列表声明顺序传入对应的参数值。使用示例如下:

```
new Person();
new Person("张三", 26, '男', 175.0, 64.5);
```

第一行代码调用 Person 类的无参构造器创建了一个对象。第二行代码调用 Person 类的带参数构造器创建出一个对象,这个对象的属性值使用构造器传入的参数的值。这两行创建的对象只能使用一次。通常,我们希望创建的对象可以被多次使用,这时需要把对象存储在一个变量中,如下:

```
Person person;
person = new Person("张三", 26, '男', 175.0, 64.5 );
```

这两行代码先用自定义的 Person 类型声明了一个对象变量 person,然后这个变量 person 指向了新创建的 Person 对象,如图 3-1 所示。

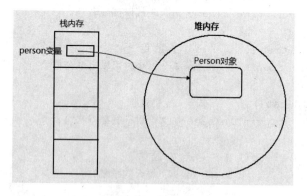

图 3-1 创建对象时的内存情况

在这里要分清楚对象变量和对象:对象变量只是一个变量,只是数据类型比较特殊些,是自定义的类类型;对象变量并不包含对象。它只是指向一个对象,或者说引用自一个对象,所以,对象变量也被称为对象的引用。

3.3.2 属性的初始化

利用类来创建对象时,如果调用的构造器没有显式地给某个属性赋值,那么它会被自动赋为默认值:即数字变量为 0、布尔变量为 false、对象变量为 null(表示这个变量没有引用到任何一个对象)。这也就是系统对对象的属性进行的默认初始化操作。

例如,对于如下代码:

```
Person person = new Person();
```

这里调用了无参数的构造器来创建出一个对象,由于在无参数的构造器中没有给任何一个属性赋值,所以,person 变量指向的对象的 name 属性值为 null、age 属性值为 0、gender 属性值为'\u0000'、height 属性值为 0.0、weight 属性值为 0.0。

当然,我们也可以对对象的属性进行显式初始化,即可以在构造器中给某个属性显式地赋值,而更为常见的做法是在定义属性时就为它指定值。例如:

```
public class Person {
    private String name = "无名氏";  //定义 name 属性时就显式初始化
    ...
}
```

这样,在使用构造器创建对象时,这些赋值操作都会先被执行,从而保证属性能被正确地赋予值。

3.3.3 对象的使用

对象创建好之后,就可拿来使用了,使用对象的操作不外乎两种方式:引用对象的属性和引用对象的方法。

1. 引用对象的属性

引用对象内部的某一个属性的语法格式为:

```
对象变量名.属性名
```

例如:

```
person.age = 24;
char c = person.gender;
System.out.println(c);
```

第一行代码是通过 person 变量来引用它所指向的对象的 age 属性,给它的 age 属性赋值为 24。第二行代码把 person 变量指向的对象的 gender 属性的值赋值给新定义的 c 变量,第三行代码把这个值输出。

而在实际的程序开发中,一般都避免使用对象直接引用属性,因为属性一般会限制它的直接访问(用访问控制符 private 修饰),而替代的为属性提供 getter 和 setter 方法进行访问和操作。

2. 引用对象的方法

经常,需要执行某个对象内部的功能,则需要引用对象中的方法,也就是面向对象术语中的"消息传递",其语法格式如下:

```
对象变量名.方法名(参数值列表)
```

这里的"参数值列表"必须与该方法的声明结构相匹配。如果所引用的方法有返回值,可以定义一个同类型的变量来接收它的返回值。

引用对象的方法的示例代码如下:

```
person.speak();
String temp = person.info();
System.out.println(temp);
```

这里第一行代码引用 person 对象中的 speak 方法,它没有返回值,所以没有用变量来接收;第二行代码引用 person 对象的 info 方法,这个方法会返回字符串类型的对象详细信息,所以,可以定义一个字符串类型的变量来接收它的返回值。最后把它输出到控制台。

在实际的程序开发中,通过引用对象中的方法来实现程序中对象和对象之间的信息传递以及功能,通过对象和对象之间的关联,构造成一个有机的系统,从而完成实际程序中指定的各种任务。

3.3.4 对象的回收

在 Java 程序中,不使用的对象会由系统内置的垃圾收集器自动回收,根本不需要程序开发人员来处理对象的回收问题,但 Java 语法为每个类提供了一个"void finalize()"方法,这个方法会在垃圾收集器清除这个对象之前被调用。但是,垃圾收集器并不能由程序员控制,根本无法确定这个方法在什么时候被调用到,所以,不建议使用 finalize 方法来回收对象的资源。

3.4 深入理解方法

3.4.1 方法的参数传递

在引用对象的方法时,需要根据方法声明的参数列表传入适当的参数值列表,通过在每次调用方法时给它传递参数,极大地增强了方法的统一性,避免了方法内部功能代码的重复。Java 语言中的方法参数传递使用的是传值调用,即方法得到的只是所有参数值的一份拷贝。

来看下面这段代码 PassValueTest.java：

```java
/** 方法的参数传递问题 */
public class PassValueTest {
   private int i = 100;

   public void test1(int b) {    //参数为基本类型的方法
      b *= 2;
   }
   public void test2(PassValueTest b) {    //参数为引用类型的方法
      b.i *= 2;
   }

   public static void main(String[] args) {
      PassValueTest pvt = new PassValueTest();
      int temp = 100;
      pvt.test1(temp);
      System.out.println(temp);
      pvt.test2(pvt);
      System.out.println(pvt.i);
   }
}
```

在这个类中定义的 test1 方法的参数是基本类型的，test2 方法的参数是引用类型的。在 main 方法中引用对象的 test1 方法时，这个方法的参数变量 b 被初始化为 temp 变量的值的一份拷贝。在方法体中，把 b 的值变为原来的 2 倍，即 200 了，但 temp 的值没有得到改变，仍然是 100。方法结束后，参数变量 b 不再使用了。如图 3-2 所示。

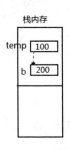

图 3-2 基本类型参数的值传递

从这可以看出，方法是不能修改基本类型参数的值的。但对于引用类型的参数，情况就有所不同了。来看 test2 方法的引用，test2 方法中的参数变量 b 被初始化为 pvt 这个对象变量的值的一个拷贝，而变量 pvt 的值是堆内存中一个 PassValueTest 对象的引用，也即变量 b 的值也是这个对象的引用。这时，参数变量 b 和变量 pvt 都指向的那个 PassValueTest 对象的属性 i 被修改为原来的 2 倍了，test2 方法结束后，参数变量 b 不再使用，但对象变量 pvt 仍然指向属性 i 被修改为原来 2 倍的那个对象。也即对象引用也是通过值来传递的。如图 3-3 所示。

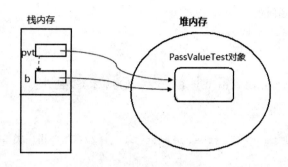

图 3-3 引用类型参数的值传递

可以看出，方法可以修改引用类型参数的状态。但方法还是不能让引用类型参数指向新的对象。

3.4.2 方法重载

方法重载(overload)是一种 Java 语法现象，指在一个类内部出现了多个方法名相同、但参数列表(参数的类型、个数、顺序)不同的方法。

方法重载的作用是使功能相同、但参数列表不同的方法采用相同的方法名称，便于程序员使用。调用被重载的某个方法时，系统会根据参数表的不同，来选择对应的方法。类中定义的普通方法和构造方法(构造器)都可以重载。例如下面的 Person.java：

```java
public class Person {
    private String name;            //姓名
    private char gender;            //性别
    private int age;                //年龄
    public Person(String n, char g, int a) {    //带参数的构造方法
        name = n;
        gender = g;
        age = a;
    }
    public Person() {   //不带参数的构造方法
    }
    public void speak(String word) {  //说话
        System.out.println(name + "说：" + word);
    }
    public void speak() {
        System.out.println("无语...");
    }
    public static void main(String[] args) {
        Person person = new Person();
        person.speak("你好");
```

```
        person.speak();
    }
}
```

在这段代码中，构造方法定义了两个，一个带参数，一个不带参数，它们构成了重载；另外，speak 方法也定义了两个，但它们的参数列表不同，也构成了重载。在具体调用时，系统会根据传递的参数值的类型来选择对应的具体方法。

重载方法必须遵守两个规则。

- 参数列表必须不同：这是因为调用方法的语句必须要有足够的相异参数才能确定调用对应的方法。
- 返回值类型可以不同：重载的方法是可以返回不同类型的值的。

编写 Java 代码时，恰当地使用重载，可以增强代码的可维护性，为使用者带来方便。

3.4.3 方法的可变参数

方法重载的一种特殊情况是：需要定义一组方法，这组方法有相同类型的参数，但参数个数却不同。例如，需要创建一个计算一组整数和的方法，可能会编写出下列代码：

```java
public class VarargsTest {
    public int sum(int a, int b) {
        return a + b;
    }
    public int sum(int a, int b, int c) {
        return a + b + c;
    }
    public int sum(int a, int b, int c, int d) {
        return a + b + c + d;
    }

    public static void main(String[] args) {
        VarargsTest vt = new VarargsTest();
        System.out.println(vt.sum(10, 9, 8));
        System.out.println(vt.sum(12, 32, 324, 89));
    }
}
```

这里的三个重载的方法有相同的功能。如果能将三个方法压缩为一个方法，定义起来就更方便了。Java SE 5.0 以上版本开始提供了一个新功能，称为可变参数(Varargs)，利用可变参数，可以写出更为简洁、更为通用的方法：

```java
/** 可变参数使用示例 */
public class VarargsTest {
    public int sum(int... nums) {    //带可变参数的方法
        int result = 0;
```

```java
        for(int n : nums) {
            result += n;
        }
        return result;
    }
    public static void main(String[] args) {
        VarargsTest vt = new VarargsTest();
        System.out.println(vt.sum(10, 9, 8));
        System.out.println(vt.sum(12, 32, 324, 89));
    }
}
```

这个可变参数用来代表个数可伸缩的数据类型相同的参数列表，它在方法体内部表示为一个数组，所以在方法体中完全可以使用数组的操作方法来操作这个可变参数。

注意：如果某个方法的参数除了有可变参数，还有其他类型的参数，可变参数要定义在参数列表的最后。例如：
```
public void test(String str, double d, char... c) { ... }
```

3.4.4 递归方法

一个方法体内部调用到它自身，就叫方法的递归。方法递归包含了一种隐式的循环，它会重复执行某段代码，但这种重复执行却不需要用循环语句来完成。

例如，封装一个计算 n 的阶乘的方法，就可以使用递归方法来完成。具体地说，要计算出 5!，可以用 5×4!，这就要求先计算出 4!，而 4!=4×3!，这就又要求先计算出 3!，依次类推，最先得计算出 1!，而 1!=1，这样就可以计算出结果了。具体的计算方法如下：

```java
public int factorial(int n) {
    int res = 0;
    res = factorial(n-1) * n;
    return res;
}
```

读者是否已明白？如果一个方法调用了其本身，那么这个方法就是递归的。

在执行主程序语句 result = factorial(5)时，就会执行 factorial(5)，但执行 factorial(5)又会调用 factorial(4)，这时要注意，factorial(5)和 factorial(4)虽然是同一个代码段，但在内存中它的数据区是两份！而执行 factorial(4)时又会调用 factorial(3)，执行 factorial(3)时又会调用 factorial(2)，每调用一次 factorial 函数，它就会在内存中新增一个数据区，那么这些复制了多份的函数我们可以看成是多个不同名的函数。

但上面这个函数有点问题，在执行 factorial(0)时，它又会调用 factorial(-1)，造成死循环，也就是说，在 factorial 函数中，需要在适当的时候保证不再调用该函数，也就是不执行 result = factorial(n-1)*n;这条调用语句。把上例补充完整，如下所示：

```java
public class RecursionTest {
    public static void main(String[] args) {
        RecursionTest rt = new RecursionTest();
        int i = 5;
        int result = rt.factorial(i);
        System.out.println("运算的结果为: " + result);
    }
    public int factorial(int n) {
        if(n < 0) {   //参数不合法
            return -1;
        }
        if(n <= 1) {  //递归的出口
            return 1;
        }
        return factorial(n-1)*n;  //递归调用
    }
}
```

递归方法使用时要注意两点：一是在该方法体内需要出现自身调用；二是方法体内一定要有条件出口来终止死循环调用。

递归方法是非常常用和有用的，例如我们希望遍历某个路径下的所有子孙文件，而这个路径下的目录深度是未知的，那么就可以使用递归来实现这个需求，可以定义一个方法，该方法接受一个文件路径作为参数，该方法可遍历出当前路径下的所有子文件，该方法里再次调用该方法本身来处理该路径下的所有文件路径。

3.5 this 关键字

类的每个非静态方法(没有被 static 修饰的)都会隐含一个 this 引用名称，它指向调用这个方法的对象。当在方法中使用本类的属性时，都会隐含地使用 this 名称，当然也可以明确指定。this 可以看作是一个变量，它的值就是当前对象的引用，可以通过 this 关键字来显式访问类的成员(变量成员和方法成员)。

例如，以下两段代码是等效的：

```java
//Person 类的构造器
public Person(String n, char g, int a) {
    name = n;
    gender = g;
    age = a;
}
```

以及：

```
//Person 类的构造器
public Person(String n, char g, int a) {
    this.name = n;
    this.gender = g;
    this.age = a;
}
```

this 的真正作用在于解决成员变量与参数的模糊性,即当局部变量(方法的参数或方法体中定义的变量)和成员变量(类的属性)重名时,可以显式地访问成员变量。

使用方式如下:

```
public Person(String name, char gender, int age) {
    this.name = name;
    this.gender = gender;
    this.age = age;
}
```

从总体上看,this 有两种用法。

(1) 在类的非静态方法中显式访问其他成员。特别是在方法的参数名和类的某个成员变量名相同时,为了避免参数的作用范围覆盖了成员变量的作用范围,必须明确地使用 this 名称来指定。

(2) 如果某个构造器的第一条语句具有形式 this(...),那么这个构造器将调用本类中的其他构造器。具体示例代码如下:

```
public class Person {
    private String name;             //姓名
    private char gender;             //性别
    private int age;                 //年龄
    public Person(String name, char gender, int age) {  //带参数的构造器
        this.name = name;
        this.gender = gender;
        this.age = age;
    }
    public Person() {   //不带参数的构造器
        //在构造器的第一行用 this 来调用本类的其他构造器
        this("无名氏", '男', 22);
    }
    public void speak(String word) {  //说话
        System.out.println(name + "说: " + word);
    }
    public void speak() {
        System.out.println("无语...");
    }

    public static void main(String[] args) {
```

```
        Person person = new Person();
        person.speak("你好");
        person.speak();
    }
}
```

3.6 属性、参数和局部变量的关系

属性、参数、局部变量都是数据的载体，它们的作用、使用方式和作用域都有所不同，下面做个比较，便于读者的理解和区分。

(1) 属性作为类的一个成员，经常也被称为成员变量，它的作用是用来保存对象的属性值；定义在类的主体里、方法之外；它的作用域在类的主体里，即可以被本类的所有方法访问到。

(2) 参数作为方法的一部分，用来将输入值传递给方法；它定义在方法的签名中；它只能在本方法体内使用。

(3) 局部变量是定义在方法体内的一个临时变量，用来临时存储数据，它的作用域是从它声明的位置开始到本方法的结束为止。在其他方法中是不能访问到的。

它们的使用示例如下(VariableScopeTest.java)：

```
public class VariableScopeTest {
    private String attr;     //属性，本类的所有方法都可以访问
    public void test(int a) {  //a 是 test 方法的参数，在本方法体内使用
        int b = a + 100;     //b 是局部变量，从本行的声明开始到本方法结束均可以使用
        System.out.println(b);
    }
}
```

3.7 JavaBean

JavaBean 是一个可重复使用的软件组件。实际上，JavaBean 是一种 Java 类，通过封装属性和方法，成为具有某种功能或者处理某个业务的对象，简称 Bean。

JavaBean 它具有以下特点：
- 可以实现代码的重复利用。
- 易编写、易维护、易使用。
- 可以在任何安装了 Java 运行环境的平台上的使用，而不需要重新编译。

编写 JavaBean 就是编写一个 Java 的类，利用这个类创建的一个对象称为一个 Bean。为了能让使用这个 Bean 的应用程序构建工具知道这个 Bean 的属性和方法，只需在类的方法命名上遵守以下规则。

(1) 为这个类提供一个公有的(public 修饰)的无参数构造方法。
(2) 把所有的属性定义成私有的(即用 private 访问控制符修饰)。
(3) 为每个属性提供公有的 getter 和 setter 方法。getter 方法用来获取属性的值，setter 方法用来修改属性的值。

一个典型的 JavaBean 定义如下：

```java
/** 定义 JavaBean 类的示例 */
public class JavaBeanTest {
    private String name;   //属性一般定义为 private
    private int age;
    public JavaBeanTest() {   //不带参数的构造方法
    }
    //每个属性的公有 getter 和 setter 方法
    public String getName() {
        return name;
    }
    public void setName(String name) {
        this.name = name;
    }
    public int getAge() {
        return age;
    }
    public void setAge(int age) {
        this.age = age;
    }
}
```

3.8 包

为了便于管理大型软件系统中数目众多的类，解决类命名冲突的问题，Java 中引入了包(package)。在定义和使用许多类时，类和方法的名称很难决定，有时，多个开发人员合作开发一个项目时，难免会定义重名的类，这时，需要他们把自己的类放入不同的包中，才不会产生重名的冲突。

3.8.1 声明包

Java 程序中使用关键字 package 来定义包。具体的语法格式为：

```
package 包名1[.包名2]...;
```

其中，包名可以设置多个层次，层次之间使用"."进行分隔，包层次的数量没有限制。按照 Java 语言的编码规范，包名所有字母都应该使用小写，由于包层次在编译时将转换为目录层次，所以，包名中不要包含特殊字符。

为了保证包名的绝对唯一性，Sun 公司建议使用开发者自己公司 Internet 域名的倒写来作为包名，对于同一公司的不同项目，则可以进行一步使用项目名作为子孙包名进行区分。例如，下面声明了一个带包结构的类：

```
package com.qiujy.corejava.ch03;
public class Student {
    ...
}
```

> 注意：package 语句必须是源代码文件中的第一行，且只能出现一句。
> 如果一个类中没有书写 package 语句，则该类将属于默认包(也叫无名包)，默认包中的类无法被其他包中的类引用。

3.8.2 编译带包的类

带有包的类的源代码，在编译成字节码时，不能直接用 javac 编译，而需要带 "-d" 这个参数来编译。以下是几个编译带包的类时常用的编译命令。

(1) 在当前目录下生成包：

```
javac -d . Student.java
```

(2) 在指定目录下生成包：

```
javac -d D:\corejava\ch03 Student.java
```

使用这两种方式编译带包的类源代码文件后，会在指定的目录下生成和包层次相对应的目录层次结构。如上例 Student.java，编译后形成的目录层次结构如图 3-4 所示。

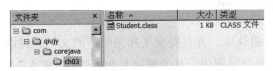

图 3-4　带包的类编译生成的目录层次结构

带有包的类，在运行它时，需要指定它的完整名，即"包名.类名"，也就是通常所说的使用全限定名，如下所示：

```
java com.qiujy.corejava.ch03.Student
```

3.8.3 使用带包的类

当类声明了包之后，同一个包内部的类默认引入，当需要使用其他包中的类时，则必须首先引入对应的类，然后才可以使用该类。引入其他包中的类有两种方式。

第一方式是在每个类名前加上完整的包名,例如:

```
package com.qiujy.corejava.ch00;
public class StudentTest {
    public static void main(String[] args) {
        com.qiujy.corejava.ch03.Student stu =
          new com.qiujy.corejava.ch03.Student();
        ...
    }
}
```

很显然,这种做法很拖沓,更简单常用的方式是第二种方式,即使用 import 关键字。import 语句的使用语法格式有两种:

```
import 包层次名.类名;
import 包层次名.*;
```

第一行的使用方式是引入指定包层次结构下指定名称的类,而第二行是引用指定包层次结构下的所有类,这两种使用方式都是合法的,可以根据需要选用。引入包中的类的语句应该放置在 package 语句和 class 语句之间,示例如下:

```
package com.qiujy.corejava.ch00;
import com.qiujy.corejava.ch03.Student;
public class StudentTest {
    public static void main(String[] args) {
        Student stu = new Student();
        //...
    }
}
```

3.8.4 JDK 中的常用包

JDK 中提供了丰富的类库,并且提供了相关的帮助文档。借助于帮助文档,开发人员可以方便地使用这个类来编写程序,从而解决复杂问题。JDK 1.7 中常用的包如下。

- java.lang:包含一些 Java 语言的核心类。如 String、Math、Integer、System 和 Thread 类等,是最为常用的一个包。此包因为非常常用,系统默认时为所有类都自动导入这个包下的所有类。所以,在自定义类时无需导入 java.lang 包就可以直接使用此包中的类。
- java.util:包含一些实用工具类,如定义系统特性、日期时间、日历、集合类等。也是常用包之一。
- java.io:包含能提供多种输入输出的流类。用于流编程。
- java.net:包含执行网络相关操作的类。用于网络通信编程。
- java.sql:包含 Java 操作数据库的一些 API。用于数据库编程。

- java.text：包含一些用来处理文本、日期、数字和消息的类和接口。
- javax.swing：包含构成"轻量级"窗口的组件。

在后面的章节中将陆续学习上面提到的包以及其中的类。

3.9 文档注释

一个 Java 程序是由许许多多的类组成的，而且一个程序会由多个程序开发人员共同合作开发而成，这就免不了要引用到别人定义的类，怎么才能让这些程序开发人员很容易就明白别人写的类的用途，以及了解方法的使用呢？这就需要用到文档注释了。

文档注释是一类特殊的注释，它书写在源代码文件中，用来对程序中的各个组成部分(如包、类、方法、属性等)进行说明和解释，它不会影响源代码的执行效果。而且，使用 JDK 提供的文档生成工具 javadoc.exe，还能生成专业的帮助文档。

3.9.1 在源代码中插入文档注释

文档注释以"/**"开始，以"*/"结束。每个文档注释标注在源代码的各个组成部分之上。在文档注释里包括两部分内容：第一部分是采用任意格式的描述文本；另一部分是具有特殊用意的标记。

任意格式的描述文本可以使用一些 HTML 的记号。例如，用<i>...</i>表示斜体；用<tt>...</tt>表示等宽的"打印机"字体；用...表示粗体；甚至用<img...>包括一副图像等(但不要使用类似于<h1>的标题格式的标记，或水平分隔线<hr>等，它们会与文档自己的格式发生冲突)。

而标记是系统内置的一些符号，以@开始，标记的使用会起到特定的用途，在后续内容中会介绍到。

可以在源代码的下列位置插入文档注释：

- 包。
- 公有的类或接口。
- 公有的或受保护的方法。
- 公共的或受保护的属性。

3.9.2 常规标记

在使用各类型的文档注释前，先来介绍一些常规标记的使用。下面这些标记可以在所有文档注释中使用。

(1) @since 版本号

该标记用来生成一个"从以下版本开始"项。用来指明这个组件(类、接口、属性或者方法等)是在软件的哪个版本之后开始提供的。

(2) @deprecated 过时原因说明

这个标记用来生成一个"已过时"项。用来指出相应的类、方法或者属性已经过时了，不应该再使用。"过时原因说明"用来解释为什么不鼓励使用它，也推荐在这个原因说明中给出替代建议，例如@deprecated Use <tt>theAnotherMethod</tt>，或者使用@see 标记或@link 标记给一个推荐的链接。

(3) @see 链接

这个标记生成一个"另请参见"项。这里的链接可以是下面几项内容。

- 包名.类名#成员签名文字说明：用来添加一个指向成员的锚链接，空格前面是超链接的目标，后面是要显示的文字说明。注意分隔类和它的成员用的是#。如果是本类的其他成员，可以省略包名.类名。文字说明也可以省略。
- <a href="...">label</a>：这是超链接方式。
- 文本：这直接在"另请参见"中添加一段没有链接的文字。

(4) {@link 链接目标显示文字}

其实准确地说，link 的用法与 see 的用法是一样的，see 是把链接单列在参见项里，而 link 是在当前的注释中的任意位置直接嵌入一段带有超级链接的文字。

3.9.3 类或接口注释

类或接口的注释必须在所有 import 语句的后面，同时又要位于 class 定义的前面。除了上面所说的常规标记外，还可以在类或接口的文档注释中使用下列标记。

(1) @author 作者名

该标记用来生成一个"作者"项。文档注释可以包含多个@author 标记。可以对每个@author 指定一个或者多个名字。

(2) @version 版本号

这个标记用来生成一个"版本"项。

下面是类注释的一个例子：

```
package com.qiujy.corejava.ch03;
/**
  这是文档注释使用的一个示例代码,演示源文件中各种文档注释的使用方式
  @author qiujy
  @version 1.2
  @since 0.9
*/
public class DocCommentTest {
    //...
}
```

利用这个文档注释生成的类帮助文档内容如图 3-5 所示。

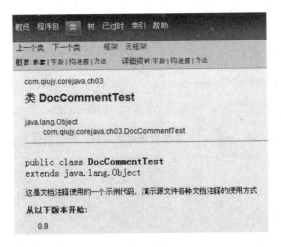

图 3-5 类的文档注释生成的帮助文档

3.9.4 方法注释

方法注释必须紧靠在每个方法签名的前面。除了使用常规用途的标记外，还可以使用如下针对方法的注释。

(1) @param 变量名具体描述

这个标记给当前方法的"参数"项添加一个条目。当前方法的所有参数都需要用这个标记进行解释，并且这些标记都应该放在一起。具体的描述(说明)可以跨越多行，并且可以使用 HTML 标记。

(2) @return 返回值的说明

这个标记为当前方法添加一个"返回"项。具体的描述也支持 HTML 并可跨多行。

(3) @throws 可能会抛出的异常名描述

这个标记为当前方法的"抛出"项添加一个条目，并会自动创建一个超级链接。具体的描述可以跨越多行，同样可以包括 HTML 标记。当前方法的所有可能会抛出的异常都需要用这个标记进行解释。并且这些标记都必须放在一起。

下面是方法注释的示例代码：

```
/**
  整型数字的加法运算
  @param a 整型的加数
  @param b 整型的被加数
  @return 两个数相加后的和
  @since 0.9
  @deprecated 该方法可以存在一些潜在问题
  @see #add(int, int)
*/
public int test(int a, int b) {
    return a + b;
```

```
}
/**
 整型数字的加法运算
 @param a 整型的加数
 @param b 整型的被加数
 @return 两个数相加后的和
 @throws RuntimeException 如果参数使用泛型值,但泛型值是 null
 @since 1.0
*/
public int add(int a, int b) throws RuntimeException {
    return a + b;
}
```

这两个方法注释生成的方法帮助文档内容如图 3-6 所示。

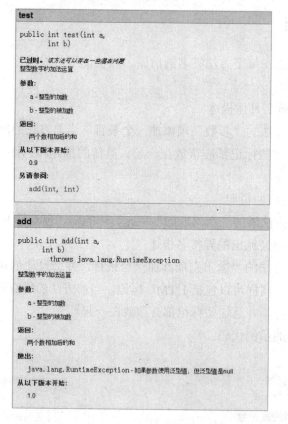

图 3-6 方法的文档注释生成的帮助文档

3.9.5 属性注释

一般只要对公有属性添加文档注释就可以了,更为常见的是只为静态常量添加文档注释。例如,为 DocCommentTest 类中的常量添加文档注释:

```
/**
 "激活"状态
 */
public static final int STATUS_ACTIVE = 1;
```

这个属性的文档注释生成的帮助文档如图 3-7 所示。

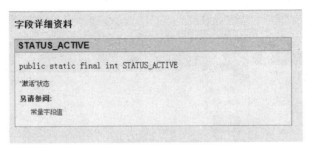

图 3-7　属性的文档注释生成的帮助文档

3.9.6　包和概述注释

前面都是针对某一个类或接口、方法等的注释，都是直接放在 Java 源文件中。然而为了生成一个包的注释，必须在每个包的目录下放置一个名为 package.html 的文件来对包进行描述。在页面标签\<body>...\</body>之间的文字会被提取出来生成包注释。

也可以为所有源文件提供一个概述注释，概述注释写入名为 overview.html 的文件中，将其放在所有源文件所在的父目录下面。页面标签\<body>...\</body>之间的文字会被提取出来，生成整个帮助文档的 Overview。

3.9.7　提取注释生成帮助文档

JDK 提供的 javadoc.exe 就是专门用来从源文件中提取注释生成帮助文档的。这个命令工具的使用可以通过在命令行中执行"javadoc -help"来获得它当前版本的具体用法说明，格式大致如下：

```
javadoc [选项] [软件包名称] [源文件] [@file]
```

它的常用选项有如下几个。

- -overview \<html 文件>：指定概述文件。
- -encoding \<name>：指定源文件的编码名称(默认会使用当前操作系统的默认编码名称作为源文件的编码名)。
- -d \<directory>：指定输出文件的目标目录。
- -charset \<charsetname>：指定生成 HTML 文件时采用的编码形式。

下面来看一个具体的示例：假设需要对 D:\corejava\ch03 里的 DocCommentTest.java 源文件生成程序帮助文档，生成的文档存放在当前目录的 docs 目录下。那么，我们需要在命令提示符下进入 D:\corejava\ch03(即包含 overview.html 的目录)。然后运行如下命令：

```
javadoc -d .\docs -overview overview.html DocCommentTest.java
```

之后就会生成帮助文档了。打开 D:\doc_test\doc\index.html，就可看到如图 3-8 所示的帮助文档首页了。

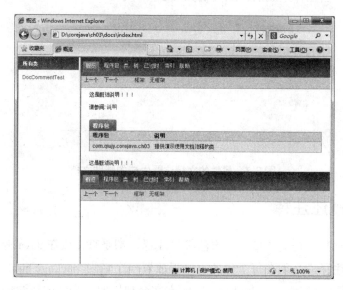

图 3-8　javadoc 生成的帮助文档

最后说一点，现在很多的 IDE 工具都可以使用图形向导方式带领开发者一步一步地完成帮助文档的生成，如 Eclipse、NetBeans 等。

3.10　上机实训

1. 实训目的

(1) 掌握类的定义、属性的定义、方法的定义及构造器的定义。
(2) 掌握对象的创建及使用。
(3) 理解方法的参数传递机制及方法的重载。
(4) 掌握 this 关键字的使用。
(5) 理解包的使用。

2. 实训内容

(1) 封装一个 Student 类的对象。其中定义一个表示学生的类 Student，含"学号"、"班级"、"性别"、"年龄"域，以及"获得学号"、"获得性别"、"获得姓名"、"获得年龄"、"修改年龄"方法。另加一个方法 public String toString()，把 Student 类对象的所有属性信息组合成一个字符串。并有检验功能的程序实现。

(2) 编写一个计数器类。其中包含属性 count，用来保存计数器的当前值；包含方法 increment()，用来实现计数器加 1；包含方法 decrement()，用来实现计数器减 1；用方法 reset()来清零。

(3) 编程实现矩形类，其中包含计算矩形周长和面积的方法，并测试方法的正确性。

本 章 习 题

选择题

(1) 自定义一个 Rectangle 类，代码如下：

```java
public class Rectangle {
   double l, w;
   Rectangle(double len, double width) {
      l = len;
      w = width;
   }
   double area() { return l*w; }
}
```

下列哪个正确？

    A. 创建 Rectangle 对象必须使用 Rectangle r;

    B. 调用方法必须用 r->area();

    C. 这个类包含两个属性，分别是 l 和 w

(2) 同上题的代码，下列哪个正确？(多选)

    A. 声明 Rectangle a = new Rectangle(7.0, 6.0);

       Rectangle b; b = a;

       是指 b 对象参考到 a 对象，两对象共用同一块内存值

    B. 声明 Rectangle a = new Rectangle(7.0, 6.0);

       Rectangle b = new Rectangle(7.0, 6.0);

       两个对象声明是一样的，因此会共用同一块内存值

    C. 声明 Rectangle a = new Rectangle(7.0, 6.0);

       Rectangle b; b = a;

       则调用 b.area()时，面积是 42.0

(3) 在 Java 程序中，声明一个 Circle 圆形类，而创建的对象如下：

```
1 Circle c = new Circle(10);
2 Circle a;
3 a = c;
4 a = new Circle(20);
5 c = new Circle(10);
```

请问下列何者正确？

　　A. 第 1 行所创建的圆形对象值残留在内存中，等待 Java 回收

　　B. 第 5 行创建的 c 对象与第 1 行创建的 c 对象参考到同一个对象

　　C. 第 3 行 a = c 是将 c 对象的数据给 a 对象，两对象有各自的内存空间值

(4) package 语句的用法下列何者错误？(多选)

　　A. 每一个 Java 程序都必须定义 package

　　B. package 语句必须写在程序的第一句

　　C. 一个 Java 程序可以定义多个 package

(5) 有关 import 语句的用法下列何者错误？(多选)

　　A. 一个 Java 程序可以有多个 import 语句

　　B. 若要引用 util 包下所有类，必须声明 import java.util

　　C. import 语句必须写在 package 语句之上

(6) 下列有关类的说法何者正确？(多选)

　　A. 类的字段声明可以是：类型 字段 = 值；

　　B. 构造器主要是定义类执行的功能

　　C. 类中的方法不能声明返回类型

　　D. 构造器可以声明多个

(7) 下列哪些名称是不合法的？(多选)

　　A. 7qty　　　　B. _100price　　　C. x8　　　　D. package

(8) 下列有关基本类型默认值何者错误？

　　A. long 默认值是 0L　　　　　　B. char 默认值是 '\u'

　　C. boolean 默认值是 true　　　　D. float 默认值是 0.0f

(9) 下列哪些不是 Java 的关键字？(多选)

　　A. byte　　　　B. Null　　　　C. new　　　　D. sizeof

(10) 编译 Java 源文件时，希望编译后生成的 .class 文件可以在指定目录下，必须加哪一个参数？

　　A. -ea　　　　B. -X　　　　C. -d　　　　D. -classpath

(11) 有关方法重载，下列哪些正确？(多选)

　　A. 编写重载方法时，可以同时声明以下两个 area 方法：
　　　　public int area(int a, int b, int c) 和 public int area(int x, int y, int z)

　　B. 编写方法重载时，可以同时声明以下两个 area 方法：
　　　　public int area(int a, double b) 和 public int area(double x, int b)

　　C. 方法重载的声明方式需具有不同的参数，返回类型不同

　　D. Java SE 5.0 版本后可以使用可变参数，例如：
　　　　public float areage(int... nums) {...}，其中 nums 变量可以接受多个参数

第 4 章
面向对象编程(下)

学习目的与要求：

本章着重介绍面向对象编程的继承和多态特性，以及几个关键字 super、static、final 的使用，还将讲解抽象类、接口、嵌套类的语法等。

通过本章的学习，读者应该进一步掌握类的各种用法。

4.1 类的继承

在第 3 章中介绍了封装的相关概念，本节将介绍面向对象程序设计领域的另一个基本概念——继承(Inheritance)。继承是一种由已存在的类型创建一个或多个子类型的机制，即在现有类的基础上构建子类。

在编程过程中，常常会创建出一些模型类，接着又会需要比原来更特殊的模型类。例如，为某个公司开发一套员工工资管理软件时，需要使用到员工类(Employee)，但同样也需要使用到经理类(Manager)，经理在有些相关属性和方法方面跟员工是一样的，他们也需要领取薪水，即经理也是员工的一种，只是经理可能每个月还会有奖金，也就是说，经理是一个有更多特征的员工。在定义这两个类时，就可以使用继承。只要让经理类继承员工类，就可以重用员工类中定义的所有属性和方法，而且，要让经理类具有自己独特的属性和方法，只需要把新定义添加到经理类中即可。

在 Java 中，用 extends 关键字来定义继承关系。例如 Employee.java 和 Manager.java 源代码：

```java
class Employee {                          //员工类

    private String name;                  //姓名
    private int age;                      //年龄
    private double salary = 3000.0;       //月薪

    public Employee(String name, int age, double salary) {   //构造器
        this.name = name;
        this.age = age;
        this.salary = salary;
    }
    public Employee() {          //构造器
    }

    public double getSalary() {           //获取月薪
        return salary;
    }
    public double getMothlyIncome() {     //月总收入
        return salary;
    }
}

class Manager extends Employee {          //经理类继承员工类
    private double bonus = 1500.0;        //奖金

    public Manager() {                    //构造器
```

```java
    }
    public void setBonus(double bonus) {    //设置奖金
        this.bonus = bonus;
    }
    public double getBonus() {              //获取奖金数
        return bonus;
    }
}
public class InheritanceTest {   //测试类
    public static void main(String[] args) {
        Manager manager = new Manager();
        double sal = manager.getSalary();
        System.out.println("经理的月薪为" + sal);
        System.out.println("经理的奖金为" + manager.getBonus());
    }
}
```

这里，关键字 extends 表明要定义的新类是从一个现有类衍生出来的。现有类被称为父类、超类或基类，而新类被称为子类或派生类。

Manager 类中增加了新的属性，用于存储奖金，并添加了两个新方法，一个用来设置奖金的值，一个用来获取奖金的值。这样，子类 Manager 就比它的父类 Employee 封装了更多的数据和行为，它比父类的功能更多。

在测试类中，子类对象(manager)可以使用父类提供的方法 getSalary()来获取月薪值，可以使用自己独有的 getBonus()方法来获取自己的奖金。同样，父类的所有属性 name、age、salary 也被子类继承了。这就是继承带来的好处，提高了代码的重用性。

4.1.1 继承说明

从上面的示例可以看出，继承的使用也很简单，具体语法格式如下：

```
访问控制符 [修饰符] class 类名 extends 父类名 {
    ...
}
```

需要注意的是，Java 语言采用的是单重继承，也就是说，一个类只能有一个直接父类。继承的子父类之间有"is-a"的关系。例如，经理类继承员工类，是因为每个经理都是一个员工。可以用"is-a"规则来判断两个类是否有继承关系。

满足继承关系的两个类，具有以下几个特点。

(1) 子类拥有父类的所有属性

子类中继承了父类所有的属性。在访问控制符允许范围内，父类中声明的属性在子类内部可以直接使用。关于访问控制符，在本章的第 4.3 节将做详细的介绍。

(2) 子类拥有父类的所有方法

子类中继承了父类中所有的方法。在访问控制符允许范围内，父类中声明的方法在子类内部可以直接调用。

(3) 子类不拥有父类的构造器

构造器是不能被继承的。如果需要在子类中使用与父类传入相同参数列表的构造器，则需要在子类里重新声明这些构造器。

(4) 父类不拥有子类所特有的属性和方法

父类中不能使用子类里定义的属性和方法。因为子类是父类的特殊化。

4.1.2 继承的优点

继承具有以下优点。

(1) 可以创建更为特殊的类型

可以在父类型的基础上，添加自己所特有的属性和方法。

(2) 可提高代码的重用性

使用继承，减少了为了创建现有类型的特殊版本而重复编写的程序代码。最大程度地提高了代码的重用性。

(3) 可以提高程序的可维护性

创建类型的继承层次结构，可以具有"单点接触"方式的维护性。由于外部因素的变化，受影响的是子类，则只需要更新子类；若受影响的是共同的父类，也只有父类需要更新，这个更新也同样会传播到所有的子类。

4.1.3 继承设计

在实际的程序设计中，继承的设计需要记住以下几个原则。

(1) 使用"is-a"规则来判断继承关系

在有继承关系的两个类之间，使用"is-a"来仔细衡量。如果不满足"is-a"，就不能用继承。

(2) 只把通用的属性和操作放置到超类中

把那些最通用的方法放在父类中，把更专门的方法放在子类中。这样会使我们的设计显得灵活、实用。

(3) 除非所有继承的方法都有意义，否则不要使用继承

继承会把父类的所有功能都传播给子类，如果父类的中方法没有设计好，就会影响所有的子类。所以，一定要认真考虑是不是所有继承的方法都有意义，否则就不要使用。

4.2 super 关键字

当使用子类中的构造器来创建一个它的对象时,子类构造器要负责调用适当的父类构造器来先对父类的属性进行初始化,然后才对自己的属性进行初始化。

在默认情况下,子类构造器会调用父类的无参数构造器(默认构造器),但是如果父类没有定义默认构造器,就需要在子类的构造方法中显式地调用父类中的其他有参数构造器。否则,代码编译将报语法错误。这时就需要使用到 super 关键字。

在子类构造器中的第一条语句用关键字 super 可以显式调用父类的构造器。

具体语法为:

```
super([参数值列表]);
```

例如,把前面示例中的 Manager.java 改成如下所示:

```
class Manager extends Employee {     //经理类继承自员工类
    private double bonus = 1500.0;    //奖金

    public Manager(String name, int age, double salary, double bonus) {
        super(name, age, salary);    //显式调用父类的带参数构造器
        this.bonus = bonus;
    }
    public void setBonus(double bonus) {    //设置奖金
        this.bonus = bonus;
    }
    public double getBonus() {    //获取奖金数
        return bonus;
    }
}
```

由于父类 Employee 中的属性 name、age、salary 都用 private 修饰了,虽然子类 Manager 拥有了这些属性,但没有访问权限,不能对它们进行访问。为了对它们进行初始化操作,只能通过调用父类的带参数构造器了。因此,在子类构造器中的第一条语句使用了 super 关键字。

super 关键字还可以用来显式调用父类中有访问权限的属性和方法。特别是用于调用被覆盖的父类方法的情况。这一点在本章 4.5 节中再做介绍。

4.3 访问控制符

访问控制符的作用是说明被声明的内容(类、属性、方法和构造器)的访问权限。在 Java 语言中,访问控制权限有 4 种,有 3 个关键字,可以用表 4-1 来表示。

表 4-1 访问控制权限

访问控制权限 关键字 是否可访问 位置	私有的 private	默认的 无	受保护的 protected	公共的 public
同一个类	是	是	是	是
同一个包内的类		是	是	是
不同包内的子类			是	是
不同包并且不是子类				是

(1) 私有的：用关键字 private 修饰。只有本类里可见。

(2) 默认的：不用访问控制符关键字修饰。在本类、本包可见。对于不同包的子类都不可见。

(3) 受保护的：用关键字 protected 修饰。对本类、本包、所有子类可见。

(4) 公共的：用关键字 public 修饰。对一切皆可见。

在这几种访问控制中，public 修饰的内容限制最小，也可以说是没有限制，可以在其他任何位置访问，在实际项目开发中，一般用来修饰类、方法和构造器；protected 修饰的内容可以被同一个包中的其他类访问到，也可以被不同包中的子类访问，在实际项目开发中，一般用来修饰只开放给子类使用的属性、方法和构造方法；无访问控制符修饰的内容可以被同一个包中的类访问，在实际项目开发中，一般用于修饰一个包内部的功能类，这些类的功能只能辅助本包中的其他类，其他情况都要不使用这个访问控制符；private 修饰的内容是私有的，限制最大，只能在本类中访问，而不能被类外部的任何类访问，在实际项目开发中，一般用来修饰类的属性或只在本类内部使用的方法。在具体选用访问控制符时，一般可以遵照"私有属性，公开方法，不用默认"这句口诀。

下面以一个例子来全面演示访问控制符的使用。

在 com.qiujy.corejava.ch04 下有 T、OtherT 和 T 的一个子类 SubT：

```
package com.qiujy.corejava.ch04;
/** 在本类中使用各种访问控制符修饰成员变量 */
public class T {
    private int i = 10;         //私有的：只有本类可见
    int j = 1000;               //默认的：本类、本包可见
    protected int k = 100;      //受保护的：本类、本包、子类可见
    public int m = 10000;       //公共的：一切皆可见

    public void myMethod() {
```

```java
        System.out.println(i);    //本类中可以访问所有访问控制权限的成员
        System.out.println(j);
        System.out.println(k);
        System.out.println(m);
    }
}
/** 访问控制权限在本包非子类中的使用 */
class OtherT {
    public void test() {
        T t = new T();
        //System.out.println(t.i);   //本包非子类中可以访问非私有的成员
        System.out.println(t.j);
        System.out.println(t.k);
        System.out.println(t.m);
    }
}
/** 访问控制权限在本包子类中的使用 */
class SubT extends T {
    public void test() {
        //System.out.println(i);   //本包子类中可以访问非私有的成员
        System.out.println(j);
        System.out.println(k);
        System.out.println(m);
    }
}
```

在 com.qiujy.corejava.access 包中有 TT 类：

```java
package com.qiujy.corejava.access;
import com.qiujy.corejava.ch04.T;
/** 访问控制权限在不同包非子类中的使用 */
public class TT {
    public void test() {
        T t = new T();
        //System.out.println(t.i);
        //System.out.println(t.j);
        //System.out.println(t.k);
        System.out.println(t.m);   //不同包非子类中只能访问公有的成员
    }
}
```

还有一个 T 类的子类 TTT：

```java
package com.qiujy.corejava.access;
import com.qiujy.corejava.ch04.T;
/** 访问控制权限在不同包的子类中的使用 */
public class TTT extends T {
```

```
    public void test() {
      T t = new T();
      //System.out.println(i);
      //System.out.println(j);
      System.out.println(k);   //不同包的子类中可以访问受保护的和公共的成员
      System.out.println(m);
    }
}
```

以上被"//"注释的代码表示不可访问,具体的规则在每个代码中都有详细说明。

4.4 常用修饰符

修饰符的作用是让被修饰的内容具有特定的功能,在定义类时会使用到一些修饰符来达到所需要的特定效果。下面就来介绍 static 和 final 这两个常用的修饰符。

4.4.1 static

static 关键字是"静态的"的意思,它用来修饰与类而不是与对象相关的成员。最常见的用法是修饰属性和修饰方法。

1. 类属性

有时候需要让类的所有对象都共享某一个属性,例如,需要用一个属性来统计这个类所创建对象的数量时。此时,可以用 static 关键字修饰这个属性,这个属性称为类属性,也叫静态属性、静态字段。相反地,把没有使用 static 修饰的属性叫实例属性、实例字段、实例变量。

类属性与一般的属性不同。JVM 加载一个类到内存中时,会先对类属性进行初始化,且只初始化一次,这个步骤完成之后才会用它来创建对象。也就是说,这个类属性在内存中只有一个存储位置,这个类的所有对象都共享这一份。因此,类属性是直接使用类名来引用的。

以下程序演示了类属性的使用示例:

```
/** 静态属性的使用示例 */
public class StaticFieldTest {
    public static void main(String[] args) {
        System.out.println("当前编号是" + Tiger.count);
        Tiger tiger = new Tiger("东北虎 1 号");
        tiger.displayInfo();
        Tiger tiger2 = new Tiger("华南虎 2 号");
        tiger2.displayInfo();
        System.out.println("当前编号是" + Tiger.count);
    }
```

```
}
class Tiger {
    public static int count = 100;   //静态属性
    private int id;
    private String name;
    public Tiger(String name) {
        this.name = name;
        count++;
        id = count;
    }
    public void displayInfo() {
        System.out.println(name + "的编号是" + id);
    }
}
```

用 Tiger 类创建的每个对象都会被赋予一个唯一的编号,从 100 开始递增,count 属性被所有的对象共同拥有。这个程序的运行结果如下:

```
当前编号是100
东北虎1号的编号是101
华南虎2号的编号是102
当前编号是102
```

类属性的存储和一般属性在内存中的存储方式是不同的。在 JVM 内部,会为每个类的类属性分配单独的存储空间,第一次使用类时初始化该类中的所有类属性,以后就不再进行初始化,而且无论创建多少个该类的对象,类属性也只有这一份。这样,使用任何一个对象对该值的修改都是使该存储空间中的值发生改变,而其他对象在后续引用时就跟着发生了变化。类属性就是使用这样的方式在所有对象之间进行数值共享的。

注意:类属性也可以用该类的对象名来访问,但从语义上是不建议这么做的。

2. 类方法

static 修饰的方法称作类方法,也叫静态方法。相反,没有用 static 修饰的方法叫实例方法。类方法和一般的成员方法也有所不同,类方法使用类名来直接引用。

在 Tiger 类中添加如下方法:

```
public static void currentCount() {
    System.out.println("当前编号是: " + count);
}
```

那么要访问该类的类属性 count 时,还可以使用"Tiger.currentCount()"。

另外,类方法不需要所属类的任何对象就可以直接使用。因此,在类方法内部不能使用 this,不能引用其他非静态成员。例如,在 currentCount()方法中不能进行如下操作:

```java
public static void currentCount() {
    System.out.println(this.name);    //编译报错：静态方法内不能使用this
    displayInfo();                    //编译报错：静态方法内不能访问非静态成员
    System.out.println("当前编号是: " + count);
}
```

所以，类方法一般都是作为类内部独立的功能方法，它不需要访问对象状态，所需要操作的数据都是通过参数来提供。

> **注意**：Java 程序的入口方法 main() 是静态方法。因此，当 JVM 执行 main() 方法时，并不会创建本类的对象。在 main() 方法中要引用本类的非静态成员，也必须通过创建其对象才能访问。

实际开发中经常会通过类方法返回本类的对象，而不是用构造器。例如下面的代码：

```java
/** 单例模式的使用示例 */
public class SingletonTest {
    public static void main(String[] args) {
        Singleton instance = Singleton.getInstance();
        instance.test();
    }
}
/** 单例类 */
class Singleton {
    private static Singleton sing = new Singleton();
    private Singleton() {
    }
    public static Singleton getInstance() {
        return sing;
    }
    public void test() {
        System.out.println("test");
    }
}
```

在 Singleton 类中，它的构造器修饰为私有的，即只能在本类内部才能创建它的对象；还定义一个本类类型的类属性 sing，同时对它进行了显式初始化；提供类方法 getInstance() 返回这个对象。在这个类的外部，只能通过 getInstance() 方法才能获取它的对象，获取的对象永远是类属性 sing 所引用的那个对象，也就是，这个类在整个程序中使用时只有一个实例。这也是所谓的"单例模式"。

3. 静态初始化块

静态初始化块是指位于类内部的并且用 static 修饰的代码块，这个代码块会在该类被 JVM 第一次加载到内存中时执行一次，以后不再被执行。所以，这个代码块被称为静态初始化块。静态初始化块经常用来显式初始化类属性。例如：

```java
/** 静态初始化块的使用示例 */
public class StaticBlockTest {
    private static String country;
    private String name;

    static {      //静态初始化块
        country = "中国";
        System.out.println("StaticBlockTest类已经加载");
        System.out.println(
          "StaticBlockTest.country=" + StaticBlockTest.country);
    }

    public StaticBlockTest(String name) {
        this.name = name;
    }
    public void displayInfo() {
        System.out.println("我的名字是:" + name + ",国家是:" + country);
    }
    public static void main(String[] args) {
    }
}
```

程序运行后的结果为：

```
StaticBlockTest 类已经加载
StaticBlockTest.country=中国
```

在 StaticBlockTest 类中，在静态初始化块中对类属性 country 进行了显式初始化，并输出初始化后的值。在本类的 main()方法中，并没有添加任何代码，程序执行时却会有信息输出到控制台，就是因为静态初始化块会在 JVM 加载这个类到内存中时执行。

注意：如果一个类中包含多个静态初始化块。它们将以在类中出现的顺序执行。

4. 静态导入

在一个类中引用另一个类的类属性或类方法时，以类名来引用。例如 MyMath 类：

```java
package com.qiujy.corejava.ch04;
class MyMath {
    public static double pi = 3.14159265358d;
    public static int max(int a, int b) {
        if(a > b) {
            return a;
        } else {
```

```
            return b;
        }
    }
}
```

需要在另一个类中引用它的静态成员时，需要用如下方式来引用：

```
package com.qiujy.corejava.ch04;
public class StaticImportTest {
    public static void main(String[] args) {
        System.out.println(MyMath.pi);
        System.out.println(MyMath.max(3, 5));
    }
}
```

自 Java SE 5.0 后，Java 语言提供了静态导入功能，用于对类的静态成员引用无须使用类名限定。使用静态导入功能后，以上代码可以改为：

```
package com.qiujy.corejava.ch04;
import static com.qiujy.corejava.ch04.MyMath.*;
/** 静态导入的使用示例 */
public class StaticImportTest {
    public static void main(String[] args) {
        System.out.println(pi);
        System.out.println(max(3, 5));
    }
}
```

通过"import static 包名.类名.*"可以在当前类中导入指定类的所有静态成员，这样，指定类的静态成员在当前类就可以直接通过名称来引用了。

> 注意：不要过度使用静态导入功能，它会使程序难以理解和维护。因为它会破坏所导入的静态成员的命名空间，让程序阅读者无法知道静态成员来自哪个类。

4.4.2 final

final 关键字是最终的、最后的意思，可以用该关键字来修饰变量、方法和类。final 修饰的元素都是不可变的。

1. final 变量

final 修饰的变量(可以是类的属性，也可以是局部变量)，它的值不能更改。其效果如同常量。具体使用可参照如下示例代码 FinalFieldTest.java：

```
/** final 变量的使用示例 */
public class FinalFieldTest {
```

```java
    private final int color_red;
    private final int color_blue = 2;
    //静态final属性必须在声明时就赋值，命名建议使用全大写字母
    public static final int COLOR_YELLOW = 3;

    public FinalFieldTest() {
        color_red = 1;  //final属性必须在构造器结束之前被赋值
    }

    public void test() {
        final int color_black;                      //final局部变量
        System.out.println(this.color_red);     //访问final属性
        System.out.println(this.color_blue);    //访问final属性
        color_black = 4;                        //final局部变量只能赋值一次
        System.out.println(color_black);        //访问final局部变量

        //color_red = 123;     //不能修饰final变量的值
        //color_black = 789;   //不能修饰final变量的值
    }

    public static void main(String[] args) {
        //引用静态final变量
        System.out.println(FinalFieldTest.COLOR_YELLOW);
    }
}
```

如上述代码所示，final 修饰的属性必须在构造器调用结束之前赋值；final 修饰的局部变量只能赋值一次；static 和 final 共享修饰的属性必须在声明时就进行赋值，且全部用大写字母来命名。final 修饰的变量在使用时都不能更改它的值。

final 修饰属性时用得最多的情况就是与 static 关键字组合起来。如上例中的 "public static final int COLOR_YELLOW = 3;"，把它当作常量来使用。

2. final 方法

final 关键字也可以修饰方法，这种方法也称作最终方法，最终方法是不能被覆盖的，也就是说，不能在子类中重写该方法。具体使用形式如下：

```java
public class FinalMethodTest {
    public final void test() { ... }
}
```

如果类中的方法有不可被更改的实现，并且对对象的稳定状态十分重要，则应当将方法修饰为 final 的；否则，就不需要。final 修饰的方法在执行速度上有一定提高，因为在调用该方法时，JVM 无需进行覆盖判断。

3. final 类

final 关键字还允许修饰类，final 修饰的类也称为最终类，因为它是不能被继承的，也就是说，final 修饰的类不能有子类。具体使用形式如下：

```java
public final class FinalClass { }
class Sub extends FinalClass { }  //编译报错，最终类不能被继承
```

4.5 方法覆盖

在设计有继承关系的父子类时，父类中的一些方法对于子类来说可能已经不合适了。例如，本章开头介绍的员工类和经理类，在员工类中定义好的获取月总收入方法对于子类经理类来说就不合适了。因为实际情况是，员工的月总收入就是月薪，而经理的月总收入却包括月薪和奖金。在这种情况下，需要在子类中对这个方法重写，以覆盖(Override)父类中的方法。新的经理类(Manager)源代码如下所示：

```java
class Manager extends Employee {    //经理类继承自员工类
    private double bonus = 1500.0;    //奖金

    public Manager(String name, int age, double salary, double bonus) {
        super(name, age, salary);  //显式调用父类的带参数构造器
        this.bonus = bonus;
    }

    public void setBonus(double bonus) {  //设置奖金
        this.bonus = bonus;
    }
    public double getBonus() {     //获取奖金数
        return bonus;
    }

    //覆盖父类的 getMothlyIncome()方法
    @Override
    public double getMothlyIncome() {  //月总收入
        return this.getSalary() + this.bonus;
    }
}
```

Java 语言规范对方法覆盖提出如下要求。

(1) 匹配方法接口要求

方法接口是 Sun 公司的官方术语，它定义了由方法执行的服务(方法的行为)，是调用者和方法间的协定。方法接口包括方法的返回类型、方法名称、方法的参数列表。

也就是说，子类中定义的新方法(也叫覆盖方法)和父类中的被覆盖方法要在返回类型、名称和参数列表上保持一致，这才是方法覆盖。

注意：Java SE 5.0 之后，这个规则有了些变化，覆盖方法的返回类型可以是父类中被覆盖方法返回类型的子类。称为协变返回。

(2) 可选的 Override 标注

Java SE 5.0 之后，可以使用 Override 标注告诉编译器方法将要覆盖父类中声明的方法。但 Override 标注是可选的，添加它的目的主要是让程序在编译时就能发现方法是否符合覆盖的语法。应注意如下两点。

- 覆盖方法不能具有更小的可访问范围：子类中的覆盖方法不能比它要覆盖的方法具有更小的访问范围。
- 覆盖方法不能抛出比父类更多的异常：子类中的覆盖方法不能比它要覆盖的方法抛出的异常更多，关于异常的知识会在第 5 章介绍。

在编写方法覆盖的父子类时，为了不违反以上规则，一般都让子类中的覆盖方法的声明形式与父类要被覆盖的方法声明形式完全一致，并添加上 Override 标注。

当直接通过子类对象来调用这种被覆盖后的方法时，真实调用到的是子类自己重新定义的方法，永远不会是调用到父类中的这个方法。如果在子类中还想调用父类中被覆盖的方法，则需要使用 super 关键字来显式调用。代码如下所示：

```java
class Manager extends Employee {    //经理类继承自员工类
    //省略与本主题无关的代码...

    //覆盖父类的 getMothlyIncome()方法
    @Override
    public double getMothlyIncome() {   //月总收入
        //super 关键字显式调用父类中被覆盖的方法
        return super.getMothlyIncome() + this.bonus;
    }
}
```

方法覆盖让继承层次中的类的结构保持统一，并提高了程序的灵活性和扩展性，极大地方便了程序开发人员的使用。在实际的应用程序中，也经常用到在子类中重写父类中的功能的方法。恰当的使用方法覆盖会为程序开发带来便利。

最后，需要注意一点，类方法(静态方法)是无法覆盖的，但可以隐藏。在类继承层次中，带有相同签名的两个类方法，意味着是两个独立的类方法。如果类方法通过对象变量来调用，则被调用的方法是此对象变量所声明的类型中的那个方法。示例如下：

```java
/** 类方法的隐藏示例 */
public class HideStaticMethodTest {
    public static void main(String[] args) {
```

```
        //使用对象变量来调用父子类中同名的类方法——建议使用类名来调用
        //真正调用到的是对象变量声明类型(ClassA)中的类方法
        ClassA a2 = new ClassB();
        a2.staticMethod();
    }
}
class ClassA {
    public static void staticMethod() {
        System.out.println("ClassA.test 方法");
    }
}
class ClassB extends ClassA {
    //声明了一个与父类中同名的类方法
    public static void staticMethod() {
        System.out.println("ClassB.test 方法");
    }
}
```

在这个程序中，ClassB 类继承自 ClassA 类，同时 ClassB 中也声明了一个与 ClassA 类中同名的类方法 staticMethod，当前使用"ClassA a2 = new ClassB(); a2.staticMethod();"来调用类方法时，真正调用到的是 a2 对象变量声明的类型 ClassA 中的 staticMethod 方法。所以，程序运行后的输出结果为：

```
ClassA.test 方法
```

4.6 多 态

多态是 OOP 技术中最为灵活的特性，它极大地增强了程序的可扩展性，提高了代码的可维护性。下面从对象变量多态、多态方法和多态参数 3 个方面来介绍多态特性。

4.6.1 对象变量多态

在 Java 语言中，对象变量是多态的，即对象变量不仅可以引用本类的对象，也可以引用子类的对象。也就是说，声明对象变量时，指定的类型并不是对象的真正类型，对象的真正类型是在创建对象时所调用的构造器来决定的。

例如前面的员工类(Employee)和经理类(Manager)之间，一个 Employee 类型的对象变量，既可以引用类型为 Employee 的对象，也可以引用它的任何子类对象，如引用类型为 Manager 的对象。代码如下所示：

```
Employee e;
e = new Employee("张三", 3000.00);
e = new Manager("李四", 6000.00, 1500.00);
```

把子类对象(或子类的对象变量)赋值给父类的对象变量的情况称为向上转型,向上转型是自动进行的,无须开发人员干预。此时的父类对象变量只可以访问父类中声明的成员,子类所特有的部分被隐藏。因为对于Java编译器来说,它只会把父类对象变量当作声明的类型来看待。代码如下所示:

```
e.getSalary();    //编译正确,父类类型Employee声明了这个方法
e.getBonus();     //编译报错,父类对象变量不能访问子类中所特有的成员
```

把父类的对象变量赋值给子类的对象变量的情况称为向下转型,向下转型不能自动进行,需要进行类型强制转换操作。例如:

```
Employee e;
e = new Employee("张三", 3000.00);
e = new Manager("李四", 6000.00, 1500.00);
Manager m;
m = e;    //编译报错
m = (Manager)e;    //强制向下转型
```

需要特别注意的是,强制向下转型可能会失败。因为,父类的对象变量所引用的对象的实际类型有可能是父类型,也可能是子类型,如果父类的对象变量所引用的对象的实际类型是父类类型的,就不能强制转换成子类类型。所以,在强制向下转型前,建议使用instanceof操作符来判断对象变量所引用的对象的实际类型。它的语法格式为:

```
对象变量 instanceof 类型名
```

instanceof操作符返回的是一个boolean类型值。如果为true,表示对象变量所引用的对象的真实类型与指定的类类型一致;否则不一致。所以,上个示例中的强制向下转型操作应该改成如下方式:

```
if (e instanceof Manager) {    //如果类型匹配
    m = (Manager)e;    //可以安全地进行强制向下转型
}
```

下面是向下转型以及instanceof操作符的一个使用示例,请读者认真阅读理解:

```
/** 类型转换的示例 */
public class CastingTest {
    public static void main(String[] args) {
        Animal a = new Animal("动物");
        Cat c = new Cat("猫", "black");
        Dog d = new Dog("狗", "yellow");
        //instanceof操作符的使用
        System.out.println(a instanceof Animal);    //true
        System.out.println(c instanceof Animal);
          //true,子类对象的类型和父类类型匹配
        System.out.println(d instanceof Animal);    //true
        System.out.println(a instanceof Cat);
```

```java
            //false，父类对象的类型和子类类型不匹配

            Animal an = new Dog("旺财", "yellow");      //向上转型
            System.out.println(an.getName());           //只能访问父类中声明的成员
            //编译报错，父类对象变量不能访问子类所特有的成员
            //System.out.println(an.getFurColor());
            System.out.println(an instanceof Animal);   //true
            System.out.println(an instanceof Dog);      //true

            if(an instanceof Dog) {   //类型检查
                Dog temp = (Dog)an;   //安全的强制向下转型
                System.out.println(temp.getFurColor());   //可以正确访问自己的成员
            }
        }
    }

    class Animal {   //动物类
        private String name;   //名称
        public Animal(String name) {
            this.name = name;
        }
        public String getName() {
            return name;
        }
    }

    class Cat extends Animal {       //猫科类继承动物类
        private String eyesColor;   //眼睛的颜色
        public Cat(String n, String c) {
            super(n);   //显式调用父类的构造器对name属性赋值
            eyesColor = c;   //为本子类所特有的属性赋值
        }
        public String getEyesColor() {
            return eyesColor;
        }
    }

    class Dog extends Animal {       //狗类继承动物类
        private String furColor;   //毛色
        public Dog(String n, String c) {
            super(n);
            furColor = c;
        }
        public String getFurColor() {
            return furColor;
```

    }
}
```

## 4.6.2 多态方法

在理解方法多态时，先需要理解方法的动态绑定机制。方法的动态绑定是指，在程序的运行期间判断对象变量所引用的对象的实际类型，根据其实际类型调用相应的方法。方法的动态绑定也叫延迟绑定。

方法的多态是基于方法覆盖和动态绑定机制的。也就是在对象变量上调用覆盖方法时，具体调用的是子类中的方法还是父类中的方法，由运行时动态绑定决定，不是由声明对象变量时的类型决定。示例代码如下：

```java
/** 方法多态的演示示例 */
public class MethodPolymorphismTest {
    public static void main(String[] args) {
        Animal2 an = new Animal2("啥动物");
        System.out.println(an.getBark());           //调用多态方法

        Animal2 an2 = new Dog2("小黑狗", "黑色");    //向上转型
        System.out.println(an2.getBark());          //调用多态方法

        Animal2 an3 = new Cat2("蓝猫", "蓝色");      //向上转型
        System.out.println(an3.getBark());          //调用多态方法
    }
}

class Animal2 {   //动物类
    private String name;
    public Animal2(String name) {
        this.name = name;
    }
    public String getName() {
        return name;
    }
    public String getBark() {  //获取动物的叫声
        return "叫声...";
    }
}
class Cat2 extends Animal2 {   //猫科类继承动物类
    private String eyesColor;
    public Cat2(String n, String c) {
        super(n);
        eyesColor = c;
```
```

```java
    }
    @Override                        //覆盖方法
    public String getBark(){         //获取狗的叫声
        return "喵~喵~";
    }
}

class Dog2 extends Animal2 {         //狗类继承动物类
    private String furColor;         //毛色
    public Dog2(String n, String c) {
        super(n);
        furColor = c;
    }
    @Override                        //覆盖方法
    public String getBark() {        //获取猫的叫声
        return "旺...旺...";
    }
}
```

示例代码中，Anmail2 类型的对象变量 an 引用的是 Animal2 类型的对象，调用被覆盖的方法 getBark()时，调用的是 Animal2 类中定义的，所以返回的是"叫声..."；Anmail2 类型的对象变量 an2 引用的是 Dog2 类型的对象，调用被覆盖的方法 getBark()时，调用的应该是 Dog2 类中定义的，所以返回的是"旺...旺..."；Anmail2 类型的对象变量 an3 引用的是 Cat2 类型的对象，调用被覆盖的方法 getBark()时，调用的应该是 Cat2 类中定义的，所以返回的是"喵~喵~"；这就是方法多态所表现出来的特征。

归纳起来，方法要具有多态性需要满足几个条件：要有继承，要有方法覆盖，要有父类的对象变量引用子类的对象。

4.6.3 多态参数

多态参数指的是：类中的方法在使用时，参数变量不仅可以引用本类的对象，也可以引用子类的对象。示例代码如下：

```java
/** 多态参数的演示示例 */
public class ParamPolymorphismTest {
    public static void main(String[] args) {
        Animal3 an = new Animal3("啥动物");
        Animal3 an2 = new Dog3("小黑狗", "黑色");

        Lady lady = new Lady("张女士", an);
        lady.enjoy();
        Lady lady2 = new Lady("黄女士", an2);
        lady2.enjoy();
        Lady lady3 = new Lady("赵女士", new Cat3("蓝猫", "蓝色"));
```

```java
        lady3.enjoy();
    }
}
class Lady {  //女士
    private String username;  //姓名
    private Animal3 pet;      //用父类型来声明所养宠物的类型
    public Lady(String username, Animal3 pet){  //用父类型来声明宠物参数的类型
        this.username = username;
        this.pet = pet;
    }
    public void enjoy(){  //让她的宠物高兴
        System.out.println(this.username
            + "的宠物高兴时的叫声: " + pet.getBark());
    }
}

class Animal3 {  //动物类
    private String name;  //名称
    public Animal3(String name) {
        this.name = name;
    }
    public String getName() {
        return name;
    }
    public String getBark() {  //获取动物的叫声
        return "叫声...";
    }
}

class Cat3 extends Animal3 {  //猫科类继承动物类
    private String eyesColor;  //眼睛的颜色
    public Cat3(String n, String c) {
        super(n);  //显式调用父类的构造器对 name 属性赋值
        eyesColor = c;  //为本子类所特有的属性赋值
    }
    @Override                  //覆盖方法
    public String getBark() {  //获取狗的叫声
        return "喵~喵~";
    }
}

class Dog3 extends Animal3 {  //狗类继承动物类
    private String furColor;  //毛色
    public Dog3(String n, String c) {
        super(n);
```

```
        furColor = c;
    }
    @Override                    //覆盖方法
    public String getBark() {    //获取猫的叫声
        return "旺...旺...";
    }
}
```

程序运行的结果为：

```
张女士的宠物高兴时的叫声：叫声...
黄女士的宠物高兴时的叫声：旺...旺...
赵女士的宠物高兴时的叫声：喵~喵~
```

Lady 类构造器中的 pet 参数声明为父类类型(Animal3)，在实际使用时，可以传入本类型的对象，也可以传入子类型的对象。从而在 enjoy()方法中可以使用到 getBark()方法的多态特性。这样编写出来的类具有更高的可扩展性和可维护性。所以，在定义方法的参数时应该尽量面向父类，而不要使用具体子类。

4.7 抽 象 类

设计类的时候会出现一种情况，希望这个类具有某个功能方法，但目前却无法进行具体的实现。例如，定义一个形状类(Shape)，很自然地想到应该为这个类提供计算周长和面积的方法，但是，由于具体的形状没有确定，无法选择正确的周长公式和面积公式来实现这个方法。在这种情况下，使用 Java 语法提供的抽象方法和抽象类就可以解决问题。

抽象方法是指没有方法主体的方法声明。需要使用 abstract 关键字来声明。例如，针对以上情况，我们可以在形状类中提供以下两个抽象方法：

```
public abstract double getPerimeter();   //获取该形状的周长
public abstract double getArea();        //获取该形状的面积
```

现在，形状类中有两个功能方法的声明，没有具体的实现，这个类应该说是一个不完整的类，那么这个类也必须定义成抽象的。也就是说，具有一个或多个抽象方法的类必须也声明为抽象的。因此，这个形状类应该定义成如下方式：

```
abstract class Shape {
    public abstract double getPerimeter();   //获取该形状的周长
    public abstract double getArea();        //获取该形状的面积
}
```

另外，抽象类中还可以有具体属性、具体方法和构造器。如下是完整的形状类定义：

```
/** 抽象类的定义 */
abstract class Shape {
    private double length;        //长：具体属性
```

```java
    private double width;        //宽:具体属性

    public Shape(int length, int width) {        //构造器
        this.length = length;
        this.width = width;
    }
    public double getLength() {            //具体方法
        return this.length;
    }
    public double getWidth() {             //具体方法
        return this.width;
    }
    public abstract double getPerimeter();    //获取该形状周长的抽象方法
    public abstract double getArea();         //获取该形状面积的抽象方法
}
```

抽象类主要就是用来被子类继承的,子类继承抽象类时,就可以根据实际的情况来实现抽象类中声明的抽象方法。例如,现在定义一个矩形类(Rectangle)继承形状类,由于形状确定下来了,求周长和面积的方法也可以实现了:

```java
class Rectangle extends Shape {        //矩形
    public Rectangle(double length, double width) {
        super(length, width);
    }
    @Override
    public double getPerimeter() {    //覆盖父类的抽象方法
        return (this.getLength() + this.getWidth()) * 2;
    }
    @Override
    public double getArea() {          //覆盖父类的抽象方法
        return this.getLength() * this.getWidth();
    }
}
```

另外说明一点,如果子类继承自抽象类时,没有覆盖父类的所有抽象方法,则这个类也要声明成抽象的,因为这个子类仍然是功能不完整的类。

抽象类可以用来声明对象变量,但不能用来创建对象。理由很简单,抽象类还有功能没实现,还不能使用。抽象类的对象变量一定是引用自具体子类对象的。

代码如下所示:

```java
Shape shape;    //抽象类可以声明对象变量
//shape = new Shape(3.0, 5,0);    //抽象类不能实例化
shape = new Rectangle(3.0, 5.0);    //抽象类的对象变量只能引用具体子类的对象
System.out.println("面积是: " + shape.getArea());    //多态方法调用
```

注意： ① 类的属性和构造器都不能被声明成抽象的。即不能用 abstract 修饰。
② 具有一个或多个抽象方法的类必须声明为抽象类，但抽象类里不一定要有抽象方法。

4.8 接　　口

接口的概念在现实生活中使用得很多，例如计算机上提供的 USB 接口，专门用来供 USB 设备来使用，如 U 盘、USB 风扇、USB 鼠标、USB 键盘等。计算机通过提供统一的 USB 接口来提高通用性，使计算机不再需要同时具有 U 盘专用接口、鼠标专用接口、键盘专用接口等。再如，计算机的主板上提供的 PCI 插槽，它也提供统一的设计规范，使得遵守这个规范的声卡、显卡、网卡都可以插在 PCI 插槽上，如图 4-1 所示。

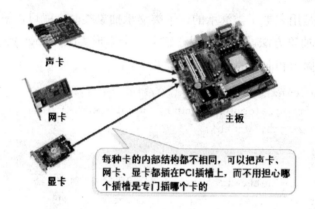

图 4-1　PCI 插槽提供的接口

那么接口到底是什么呢？其实接口就是一套规范。例如，科学家们在设计计算机的 USB 接口时，就是设计出一套规范，这套规范中规定 USB 有 4 个通道，哪些用来传输数据、哪些用来进行供电，电压是多少等。所有的这些规范都只规定了必须实现哪些功能，但是却没有规定如何进行实现。

那么接口定义的规范由谁来实现呢？显然是由实现这个接口的具体产品来实现的。例如，使用计算机的 USB 接口的是那些实现 USB 接口规范的产品，如 U 盘、USB 鼠标、USB 键盘等，这些具体产品会实现如何传输数据。

这种只规定功能，而不限制如何进行实现的结构，在程序设计领域中称作"设计和实现相分离"，其中规定功能属于设计部分，而如何实现功能则是实现部分。这样，在实际项目开发过程中，可以让一部分人专门进行项目设计，而由另一部分人进行项目实现。这种"设计和实现相分离"的结构将极大地简化程序的设计和管理，使得整个程序开发的分工更加细致。

Java 语言中的接口就属于设计部分，它只是声明一套功能，而没有具体的实现。

4.8.1 接口的定义和实现

在 Java 语言中，是通过 interface 关键字来定义接口的。接口中声明的方法都没有方法体，且都自动是 public 类型的。

举个示例来说明接口的定义。要设计一组具有"飞行"能力的类层次结构，就可以先创建一个公共接口 Flyer，在这个接口中声明三个操作：起飞(takeoff)、飞行(fly)和降落(land)。这个接口的源代码如下所示：

```java
/** 能飞的功能接口 */
public interface Flyer {
    /** 起飞 */
    public void takeoff();
    /** 飞行 */
    public void fly();
    /** 降落 */
    void land();
}
```

一个接口中可以定义多个方法，这些方法即使不用 public 修饰也自动为 public 的。接口中的所有方法都没有方法体，相当于接口中的所有方法都是抽象的。

注意：接口不是类，接口中不能定义构造器。

接口就是用来被子类实现的，这样，可以让不同的子类遵守相同的契约，但却又有自己的独特实现。

类的定义中采用 implements 关键字来实现接口。如下代码定义了一个飞机类(Airplane)来实现这个接口：

```java
/** 飞机类实现飞行接口 */
class Airplane implements Flyer {
    public void takeoff() {
        System.out.println("飞机加速直到起飞");
    }
    public void fly() {
        System.out.println("飞机发动机执行运转，保持飞机状态");
    }
    public void land() {
        System.out.println("飞机减速，并降低副翼直到着陆");
    }
}
```

类如果实现了某一个接口，就必须实现接口中声明所有方法，否则就必须定义成抽象的。另外，一个类可以从另一个类继承，还可以实现其他一些接口。例如，鸟(Bird)是一

种会飞的动物,它继承动物类(Animal)的特征和行为,同时也具有所有能飞的功能。所以,鸟类可以定义成如下方式:

```java
class Bird extends Animal3 implements Flyer {   //鸟类
    @Override
    public void eat() {
        System.out.println("鸟用嘴啄食");
    }
    public void takeoff() {
        System.out.println("鸟努力挥动翅膀来飞翔");
    }
    public void fly() {
        System.out.println("鸟用翅膀来控制飞行");
    }
    public void land() {
        System.out.println("鸟收起翅膀,停在树枝上");
    }
}
abstract class Animal3 {            //动物类
    public abstract void eat();  //吃的行为
}
```

另外,接口可以用来声明变量,但接口不是类,不能用来创建对象。接口变量引用的是实现了该接口的子类的对象。如下面的代码所示:

```java
/** 接口的定义及实现示例 */
public class InterfaceTest {
    public static void main(String[] args) {
        Flyer f = new Airplane();   //接口变量引用实现类Airplane的对象
        f.takeoff();
        f.land();

        Flyer f2 = new Bird();      //接口变量引用实现类Bird的对象
        f2.takeoff();
        f2.fly();
    }
}
```

在实际项目开发中,经常会把方法的参数类型定义成接口类型,而实际传入的值却用实现类的对象来代替,这样只需针对同一类型功能的参数定义一个方法,却可以适用于不同的实现类。这也是常说的面向接口编程。示例代码如下:

```java
public class InterfaceTest {
    public static void main(String[] args) {
        Flyer f = new Airplane();
        InterfaceTest test = new InterfaceTest();
```

```
            test.oip(f);    //传入Flyer接口的具体实现类Airplane对象
            test.oip(new Bird());    //传入Flyer接口的具体实现类Bird对象
        }
        public void oip(Flyer flyer){    //方法参数的类型为接口类型
            System.out.println("~~飞得更高~~");
            flyer.fly();
        }
    }
```

通过面向接口编程，极大地提高了程序的可扩展性和可维护性。

4.8.2 接口中的变量

接口中还可以定义变量，接口中的变量全部都是 public static final 的，在声明时就要赋值，以后也不能再更改了，这种变量也可以称为常量。代码如下所示：

```
/** 接口中的变量使用示例 */
public class InterfaceConstantTest {
    public static void main(String[] args) {
        System.out.println(MathConstant.PI);
    }
}

interface MathConstant {
    public static final double E = 2.718281828459045d;    //自然对数的底数
    double PI = 3.141592653589793d;                       //圆周率
}
```

接口中的常量直接用接口名来引用。

4.8.3 多重接口

在 Java 语言中，一个类是可以同时实现多个接口的，多个接口之间用逗号分隔。一个具体类实现多个接口时，必须实现所有接口中声明的方法。有如下多重接口演示示例：

```
/** 多重接口的使用示例 */
public class MultipleInterfaceTest {
    public static void main(String[] args) {
        G3Phone m2 = new XiaoMiPC("dopod s700");
        m2.videoCall();
        PocketPC m3 = (PocketPC)m2;
        m3.runProgram();
    }
}
interface G3Phone {              //3G手机接口
    void onLine();               //上网
```

```java
    void videoCall();            //可视通话
    void playOnlineGames();      //玩网游
    void payment();              //移动付账
}

interface PocketPC {             //掌上电脑接口
    void installProgram();       //安装程序
    void runProgram();           //运行程序
    void uninstallProgram();     //卸载程序
}

class XiaoMiPC implements G3Phone, PocketPC {  //小米3G智能手机
    private String type; //型号
    public XiaoMiPC(String type) {
        this.type = type;
    }
    public void onLine() {
        System.out.println(this.type + "高速上网");
    }
    public void videoCall() {
        System.out.println(this.type + "清晰流畅的可视通话");
    }
    public void playOnlineGames() {
        System.out.println(this.type + "反应迅速的玩网游");
    }
    public void payment() {
        System.out.println(this.type + "安全的移动支付服务");
    }
    public void installProgram() {
        System.out.println(this.type + "可安装Android程序");
    }
    public void runProgram() {
        System.out.println(this.type + "可运行Android程序");
    }
    public void uninstallProgram() {
        System.out.println(this.type + "可卸载不要想的Android程序");
    }
}
```

4.9 嵌套类

Java 语言允许在类中声明类，这种声明在类的内部的类称为嵌套类(Nested Class)，也叫内部类(Inner Class)。

嵌套类可以访问外部类的所有属性和方法，嵌套类通常用于为外部类实现辅助功能。也就是说，内部类与其外部类的关系非常密切，并高度依赖于外部类。使用嵌套类的原因主要有以下几点：

- 嵌套类对象可以访问创建它的外部类的所有属性和方法。
- 嵌套类通过在其外部类环境内的紧耦合嵌套声明，不为同一包中的其他类所见，可支持更高层次的封装。
- 嵌套类可以很方便地定义运行时回调。
- 嵌套类在编写事件处理程序时很方便。

下面就来介绍嵌套类相关的知识。

4.9.1 嵌套类的定义语法

定义嵌套类的语法格式为：

```
[public ] class OuterClass {
    ...
    [public|proteceted|private] [static] class NestedClass {
        ...
    }
}
```

其实，嵌套类和类中的任何成员一样，可以用任何访问控制符修饰。但注意一点的是，顶级类只能用公共的或默认的访问控制符修饰。

嵌套类和顶级类的不同之处在于，嵌套类可以用 static 修饰。嵌套类可以分为两类：没有用 static 修饰的叫非静态嵌套类，称为内部类。用 static 修饰的叫静态嵌套类。

4.9.2 内部类

内部类作为外部类的一个成员存在，与外部类的成员变量、成员方法并列。具体使用可以详细阅读如下示例代码：

```
/** 内部类使用示例 */
public class MemberInnerClassTest {
    public static void main(String[] args) {
        Outer outer = new Outer();
        outer.test();
        outer.accessInner();
        //在外部类以外的地方创建内部类的对象，需要使用以下方式
        Outer.Inner inner = outer.new Inner();
        inner.display();
    }
}
```

```
class Outer {
    private int outer_i = 100;
    private int j = 123;
    public void test() {
        System.out.println("Outer:test()");
    }
    public void accessInner() {
        //外部类中使用内部类也需要创建出它的对象
        Inner inner = new Inner();
        inner.display();
    }
    public class Inner {
        private int inner_i = 100;
        private int j = 789;         //内部类中定义的这个属性与外部类的某个属性同名
        public void display() {
            //内部类中可直接访问外部类的属性
            System.out.println("Inner:outer_i=" + outer_i);
            test();         //内部类中可直接访问外部类的方法
            //内部类可以用 this 来访问自己的成员
            System.out.println("Inner:inner_i=" + this.inner_i);
            System.out.println(j);   //访问的是内部类中定义的同名成员
            //通过"外部类.this.成员名"可以访问内部类中定义的同名成员
            System.out.println(Outer.this.j);
        }
    }
}
```

嵌套类是在编译时实现的。当 Java 编译器处理嵌套类代码时，将嵌套类的 Java 代码作为顶级类输出并自动生成类名。例如，对于 Outer 类中定义的 Inner 类，在编译时会生成 Outer$Inner.class 类文件。编译器会在外部类中创建额外的程序代码，让内部类可以访问外部类的私有成员。在运行期间，嵌套类没有任何特别之处。

下面介绍两个特殊的内部类。

1. 局部内部类

局部内部类是在方法体内声明的类，就像是局部变量一样，只在定义它的代码块内可见。但是，它可以在运行时访问它所在方法中的 final 参数和 final 局部变量。示例如下：

```
/** 局部内部类的使用示例 */
public class LocalInnerClassTest {
    public static void main(String[] args) {
        InOut outer = new InOut();
        outer.amethod(100);
    }
}
```

```
class InOut {
    private String str = "between";
    private int j = 123;
    public void amethod(final int iArgs) {
        int b = 10;
        class Bicycle {    //局部内部类
            private int j = 678;
            public void sayHello() {
                System.out.println(str);
                System.out.println(iArgs);
                //System.out.println(b);//局部内部类中不能访问非final的局部变量
                System.out.println(InOut.this.j);
            }
        }
        Bicycle bic = new Bicycle();
        bic.sayHello();
    }
}
```

2. 匿名内部类

匿名内部类是没有声明名称的内部类。正因为匿名内部类没有类名，所以它的语法格式明显不同：

```
[public] class OuterClass {
    ...
    new 已经存在的类名() {
        ...
    }
}
```

也就是说，匿名内部类在声明时就直接创建出对象了。匿名内部类都是某个已存在类或接口的子类或具体实现类。使用的示例代码如下：

```
/** 匿名内部类的使用示例 */
public class AnnonymoseInnerClassTest {
    public static void main(String[] args) {
        (new AClass("redhacker") {
            @Override
            public void print() {    //对父类的print方法进行覆盖
                System.out.println("the anonymose class print");
                super.print();    //调用父类中的print方法
            }
        }).print();    //调用覆盖后的print方法
    }
}
```

```
class AClass {
    private String name;
    AClass(String name) {
        this.name = name;
    }
    public void print() {
        System.out.println("SuperClass:The name = " + name);
    }
}
```

匿名内部类在 Java 图形界面(GUI)编程的事件处理程序中使用起来很方便，详细内容可以查阅第 12 章中的相关章节。

4.9.3 静态嵌套类

用 static 修饰的嵌套类被称为静态嵌套类。如果一个嵌套类用 static 修饰，这个类就相当于是一个外部定义的类，静态嵌套类中可声明 static 成员或非静态成员，但只能访问外部类中的静态成员。示例代码如下：

```
/** 静态嵌套类的使用示例 */
public class StaticNestedClassTest {
    public static void main(String[] args) {
        MyOuter outer = new MyOuter();  //静态嵌套类不需要通过外部类来限定使用
        outer.test2();
        MyOuter.Inner.display();    //静态嵌套类的静态方法可以直接使用
    }
}

class MyOuter {
    private static int outer_i = 100;
    private int j = 123;
    public static void test() {
        Inner.display();
    }
    public void test2() {
        Inner inner = new Inner();
        inner.test();
    }
    public static class Inner {   //静态嵌套类
        public String name = "static nested class";
        public static void display() {
            System.out.println("Inner:outer_i=" + outer_i);
        }
        public void test() {
```

```
        System.out.println(name);
        //System.out.println(j);    //静态嵌套类中不能访问内部类中非静态的成员
    }
  }
}
```

4.10 JAR 文件

Java 语言开发的应用程序，大多数都由多个类组成，通过多个类的配合才能很好地完成一个应用程序所需要的复杂功能。然而，管理应用程序中的多个类文件也是一件令人头痛的事情，幸运的是，Java 技术为我们提供了解决方案，它允许把所有需要的类文件打包成一个单一的文件，这个用来归档 Java 类文件的文件被称为 JAR 文件(Java Archive)，也叫作 Java 归档文件。下面就来介绍如何创建和使用 JAR 文件。

JAR 文件是一个简单的 ZIP 格式文件，它由类文件、程序需要的资源文件(如图像、声音文件)以及描述这个 JAR 文件的清单文件压缩而成。

4.10.1 jar 命令

JAR 文件是通过 JDK 提供的 jar 工具来制作的。这个 jar 工具就是位于 JDK 安装目录下 bin 子目录中的 jar.exe。这个 jar.exe 可以通过在命令提示下直接执行来获取它的使用帮助，如图 4-2 所示。

图 4-2 jar 命令使用帮助信息

jar 命令最常用的使用方式有以下两种：

```
jar cvf 要生成的jar文件名 -C 指定要归档的文件所在的目录名 .
jar cvfm 要生成的jar文件名 清单文件名 -C 指定要归档的文件所在的目录名 .
```

注意，最后的"."表示切换到指定目录后递归处理当前目录下的所有文件。

例如，要把 D:\jar_test 目录下的所有类文件添加到 D 盘下名为 hello.jar 的 JAR 文件中。可以在命令提示符中执行如下命令：

```
jar cvf d:\hello.jar -C d:\jar_test .
```

执行之后，在提示符中就会输出详细的归档信息，如图 4-3 所示。

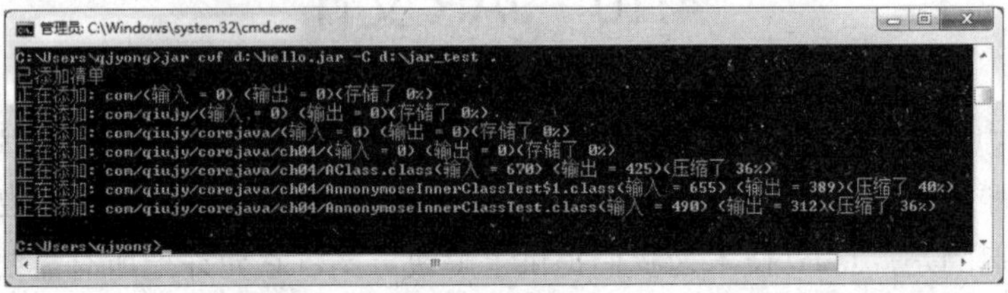

图 4-3　归档详细信息

在 D 盘下也就生成了名为 hello.jar 的 JAR 文件。

4.10.2　清单文件

单文件存放在一个特别的 META-INF 子目录中，被命名为 MANIFEST.MF。这个清单是打包的关键性文件，主要是设置 JAR 文件执行的主入口类和第三方支持类库的路径。在运行 JAR 文件时，会根据此文件中给出的信息来查找相应的主入口类和所需的支持类库。它的格式要求比较严格，常用格式如下所示：

```
Manifest-Version: 1.0
Class-Path: 指定第三方支持类库列表，用空格分隔
Created-By: 1.6.0 (Sun Microsystems Inc.)
Main-Class: 程序的主入口类全限定名
```

第 1 行 Manifest-Version 是指定清单文件所使用的版本，目前就是 1.0；第 2 行 Class-Path 用来指定本程序运行时所需要的第三方支持类库列表，每个类库名之间用空格分隔，如果没有，可以省略这一行；第 3 行 Created-By 是指定用什么版本的 JDK 来生成 JAR 文件；第 4 行 Main-Class 指定本程序的主入口类(带 main 方法的类)的全限定名；文件要有两个空行结束。每行中":"之后要有一个空格。

4.10.3　创建可执行的 JAR 文件

可执行的 JAR 文件就是可以直接用 JDK 提供的 java 工具来运行的一个 JAR 文件。创建可执行文件也很简单，只需要在清单文件中通过 Main-Class 来指定该程序的主入口类就可以了。

我们修改 4.10.2 节中示例，在 d:\jar_test 目录下添加一个名为 mymf.txt 的文件，它的内容如下：

```
Manifest-Version: 1.0
Class-Path:
Created-By: 1.6.0 (Sun Microsystems Inc.)
Main-Class: com.qiujy.corejava.ch04.AnnonymoseInnerClassTest
```

然后使用"jar cvfm"来重新生成 JAR 文件，命令如下：

```
jar cvfm d:\hello.jar d:\jar_test\mymf.txt -C d:\jar_test .
```

这样生成的 hello.jar 文件就可以直接用 java.exe 来运行。运行命令如下：

```
java -jar d:\hello.jar
```

执行后，就会运行 JAR 包的主入口类 AnnonymoseInnerClassTest 的 main 方法，具体效果如图 4-4 所示。

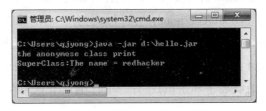

图 4-4 运行可执行的 JAR 文件

4.11 上机实训

1. 实训目的

(1) 掌握类的继承语法。

(2) 掌握 super、static、final 关键字的使用。

(3) 理解方法的覆盖。

(4) 掌握抽象类及接口的使用。

(5) 理解嵌套类和 JAR 文件。

2. 实训内容

(1) 用继承完成下面的任务。

① 写一个类，名为 Animal，该类有两个私有属性，name(代表动物的名字)，和 legs(代表动物的腿的条数)；要求为两个私有属性提供 public 的访问方法。并提供两个重载的构造方法，一个需要两个参数，分别用这两个参数给私有属性 name 和 legs 赋值。另一个无参，默认给 name 赋值为 AAA，给 legs 赋值为 4；该类还有两个重载的 move()方法，其中一个无参，在屏幕上输出一行文字"XXX Moving!!"(XXX 为该动物的名字)；另一个需要一个 int 参数 n，在屏幕上输出 n 次"XXX Moving!!"。

② 写一个类 Fish，继承自 Animal 类，并提供一个构造方法，该构造方法需要一个

参数 name，并给 legs 赋默认值 0；该类还要求覆盖 Animal 类中的无参 move()方法，要求输出"XXX Swimming!!"。

③ 写一个类 Bird，继承自 Animal 类，并提供一个构造方法，该构造方法需要一个参数 name，并给 legs 赋默认值 2；该类还要求覆盖 Animal 类中的无参 move()方法，要求输出"XXX Flying!!"。

④ 写一个类 Zoo，定义一个入口方法，在入口方法中分别生成若干个 Animal、Fish 和 Bird。并调用它们的属性和方法。

(2) 用接口完成下面的任务。

① 定义一个手机(MobilePhone)接口，它有打电话(call())、接电话(receive())、发送短信息(sendMsg())、接收短信息(receiveMsg())的功能。

② 定义一个照相机(Camera)的接口，它有拍照(takePhoto())的功能。

③ 定义一个照相手机(CameraPhone)的接口，它有手机的功能，也有照相机的功能。

④ 定义一个 NokiaPhone 类和一个 MotoPhone 类，它们都是照相手机。

⑤ 定义一个 Student 类，它有 name、myPhone(类型为 CameraPhone)两个属性；有一个带参数的构造方法(给他赋名字和手机)还有一个打电话(myCall())的方法，这个方法调用 myPhone 的 call()方法。

⑥ 定义一个测试类(TestInterface)，定义一个主方法，创建一个叫"张三"的学生，他的手机是 Nokia 的，再创建一个叫"李四"的学生，它的手机是 Moto 的，分别调用它们的 myCall()方法来展现多态。

(3) 用 jar 命令把上一题编写的接口和测试类打在一个名为 interface_polymorphism.jar 的可执行 JAR 文件中。

本 章 习 题

一、选择题

(1) 执行 JAR 文件必须加入哪一个参数？

　　A. -jar　　　　　　B. -j　　　　　　C. -jre　　　　　　D. -r

(2) 下列有关访问修饰符的说法哪个错误？

　　A. protected 定义受保护的访问限制

　　B. public 修饰符可以用于类和类成员的声明语句

　　C. 默认的访问控制关键词是 default

(3) 类中声明 static int a=5;表示什么？(多选)

　　A. 表示 a 是一种静态局部变量

　　B. static 关键词可以让所有对象达成属性分享的效果

　　C. 表示 a 是一种类变量

D. 表示 a 是一种常数

(4) 有关继承的概念下列哪些是正确的？（多选）

　　A. 类继承是使用 extends 关键字　　B. 类继承是使用 implements 关键字

　　C. 子类一次只能继承一个父类　　　D. 子类一次可以继承多个父类

(5) 有关属性和方法的继承规则，下列哪个用法错误？

　　A. 默认访问权限的属性和方法，如果父类和子类在同一个包中，则为继承且可访问

　　B. private 的属性和方法，可以继承但无法访问

　　C. protected 的属性和方法，可以继承且可以访问

　　D. 父类的构造器可以被子类自动继承

(6) 下面这个程序的 Manager 类继承 Employee 类：

```
public class Employee {
    public String getDetails() {}
}
class Manager extends Employee {}
```

因此 Manager 类要覆盖父类 Employee 的 getDetails 方法时下列哪些写法错误？（多选）

　　A. @Override
　　　　public String getDetails() {}

　　B. public String getDetails(int x) {}

　　C. @Overload
　　　　public String getDetails() {}

　　D. public String getDetails() {}

(7) 有关 super 与 this 关键字下列哪些用法正确？（多选）

　　A. super.方法() - 是调用父类的方法

　　B. this.变量 - 是访问父类中的成员变量

　　C. this.方法() - 是调用自己的方法

　　D. super 关键字调用父类的构造器要放在构造器中的第一行

(8) Manager 类覆盖 Employee 类的 getDetails()方法：

```
public class Employee {
    public String getDetails() {}
}
class Manager extends Employee {
    public String getDetails() {}
}
```

请问下列叙述哪些正确？（多选）

　　A. Employee worker = new Manager(); 编译会产生错误

B. Employee worker = new Employee(); 则 worker.getDetails()是调用 Employee 的方法

C. Employee worker = new Manager(); 则 worker.getDetails()是调用 Employee 的方法

D. Employee worker = new Manager (); 则 worker.getDetails()是调用 Manager 的方法

(9) 判断 e 对象是否属于 Manager 对象的代码是什么？

A. instanceof(e, Manager)

B. instanceof(e) == Manager

C. e instanceof Manager

D. instanceof(Manager, e)

(10) 下列有关 final 关键字的叙述哪个正确？

A. final 声明变量表示此变量为常量

B. final 声明方法表示此方法不可以重载(Overload)

C. final 声明类表示这个类不能被继承，也不能用来创建对象

(11) 如下程序中的下划线部分应该如何声明？

```
_____ class A {
   abstract int methodA();
}
```

A. public   B. 不需要声明   C. abstract

(12) 关于如下抽象类，下列叙述哪一个错误？

```
abstract class Shape {
   abstract double area();
}
```

A. 这个 Shape 类可以建立对象：Shape a = new Shape();

B. class Triangle extends Shape{}，继承 Shape 必须实现 area()方法

C. 这个 Shape 类可以声明 int radius;属性

(13) 有关下面这个接口程序，下列叙述哪一个正确？

```
public interface A {
   int a = 100;
   int methodA1();
}
```

A. a 在这个接口中，自动置为 public static final 的

B. 可以在 A 接口中声明构造器

C. 可以在主程序中声明接口 A 的对象：A x = new A();

(14) 下面这个程序该如何声明内部类 B 的对象？

```
public class A {
   int a = 5;
```

```
    public class B {}
}
```

    A. A.B b = new A.B();　　　　　　B. B b = new B();

    C. A b = new B();　　　　　　　　D. A a = new A(); A.B b = a.new B();

(15) 下面这个程序的执行结果是什么？

```
public class A {
    static class B {
        void methodB() {
            System.out.println("Hello methodB");
        }
    }
    public static void main(String[] args) {
        new B() {
            void methodB() {
                System.out.println("Hello New methodB");
            }
        }.methodB();
    }
}
```

    A. 打印 Hello method　　　　　　B. 打印 Hello New method

    C. 编译错误　　　　　　　　　　　D. 执行时期错误

第 5 章

异常

学习目的与要求：

异常是 Java 语言中很重要的一个部分。本章将对异常进行详细介绍，并重点讲解异常的处理机制、异常的声明规则以及自定义异常的使用。

通过对本章内容的学习，读者应该掌握异常的层次结构图、处理异常的 5 个关键字 try、catch、finally、throw、throws 的使用。

程序在运行过程中有时会出现一些意外的情况,这些意外情况会导致程序出错甚至崩溃,影响程序的正常执行,如果不能很好地处理这些意外情况,程序将不稳定,会影响用户的使用。

对于程序在运行过程中出现的意外情况,Java 语言称之为异常(Exception),设计良好的程序应该在异常发生时及时处理,使程序不会因为异常的发生而中断或产生不可预见的结果。Java 语言提供的异常处理机制为程序提供了异常处理的能力。

恰当地使用异常处理,可以使程序更加稳定,也让程序中的正常逻辑代码与异常处理代码得到很好的分离,便于代码的阅读和维护。本章就将深入介绍 Java 语言中的异常处理机制。

5.1 异常概述

程序在运行的过程中,并不一定会按照程序开发人员预想的步骤来执行,因为实际情况千变万化,可能会出现各种各样不可预料的情况,例如,用户输入了不符合要求的数据、程序要操作的文件并不存在、程序操作网络资源时网络却不通畅等。这些情况出现时,如果没有处理好,则会导致程序出错或崩溃。因此,这些可以预料的情况必须得到正确的处理,也就是要使用异常处理机制。以保证程序的稳定性和健壮性。

在实际生活中,人们也经常遇到类似的异常事件:每天乘坐公交车上下班,突然有一天堵车了;某天突然肚子疼了。出现这些异常情况时,人们总会及时地进行处理。打电话向工作单位请假避免影响工作,及时上医院治疗。这些行为,都是人们对生活中异常发生时的处理机制。

下面来看一段在执行时将出现异常的代码:

```java
package com.qiujy.corejava.ch05;
/** 执行时将出现异常的程序 */
public class ExceptionDemo {
    public static void test(String str) {
        int length = str.length();
        System.out.println(length);
    }
    public static void main(String[] args) {
        String str = null;
        test(str);
    }
}
```

运行该程序时,在控制台的输出结果为:

```
Exception in thread "main" java.lang.NullPointerException
at com.qiujy.corejava.ch05.ExceptionDemo.test(ExceptionDemo.java:5)
at com.qiujy.corejava.ch05.ExceptionDemo.main(ExceptionDemo.java:10)
```

这个输出结果提示在"main"线程(thread)中发生了异常,这个异常的类型为 java.lang.NullPointerException。异常最先出现在 ExceptionDemo 的 test 方法中,对应的源代码是在 ExceptionDemo.java 文件中的第 5 行。引起程序发生异常的位置是在 main 方法中调用 test()方法处,即源代码的第 10 行。java.lang.NullPointerException 异常表示程序出现了空指针访问,这里出现该异常是因为给 test 方法传递的参数 str 的值是 null(空引用),而在 test 方法中对空引用进行了获取长度的操作。把程序中的 String str = null;代码替换为 String str = "java";即可避免该异常的发生。

当程序发生异常时,发生异常的方法可以自行处理此异常,或是把该异常返回给方法调用者以告知有问题发生。

调用者有同样的选择:处理异常,或把异常抛给外层调用者。如果异常已经到达最外层的线程(一般是指 main 方法线程)了,但还没有合适的异常处理,这个线程会被 JVM 结束,该程序也就中止运行了。

也就是说,在处理有潜在异常的方法时,有两种选择,一是在调用可以引发异常的方法时,捕获并处理该异常;二是声明该方法可能会抛出该异常。这就是常说的异常"处理或声明"规则。

要想很完善地"处理或声明"异常,首先需要弄清异常类的层次结构,下面就来介绍一下异常类的层次结构。

5.2 异常类的层次结构

在程序的执行过程中,可能会出现各种各样的异常情况,Java 语言用不同的异常类对象来代表它们。图 5-1 是 Java 语言中提供的异常类层次结构。

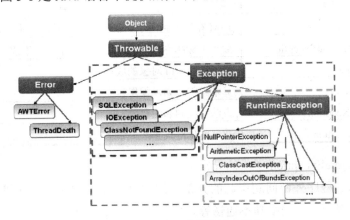

图 5-1 Java 中异常类的层次结构

为了方便对 Java 程序中异常情况的管理,Java SE 专门设计了 java.lang.Throwable 类,只有该类的子类对象才可以在系统的异常传播体系中进行传递。java.lang.Throwable 类有两个重要的子类。

5.2.1 Error 类

该类代表非常严重的系统错误，大多数错误与代码编写者无关，一般是指虚拟机内部出现的问题。例如，JVM 没有足够的内存资源提供给垃圾回收器(OutOfMemoryError)、堆栈溢出(StackOverflowError)等，这一类的严重问题是应用程序无法恢复的，它将导致应用程序的中断。所以，合理的应用程序不应该试图捕获它们。也就是说，Error 属于 JVM 需要负担的责任。

5.2.2 Exception 类

该类代表程序有可能恢复的异常情况。它是 Java 语言中整个异常类体系的父类。在 Java SE API 中，声明了上百个 Exception 的子类，分别代表各种各样的常见异常情况。读者没有必要把每个子类都搞清楚，在实际使用时再查阅 Java SE API 文档即可。

在 Exception 的这些子类中，又演变成两个分支。

(1) RuntimeException 及其所有子类

这一类异常属于程序缺陷造成的异常，是设计或实现上的问题。也就是说，如果程序设计良好并且正确实现，这类异常便永远不会发生。

该类异常在语法上不强制程序员必须处理。不处理这类异常也不会出现语法上的错误。因此，这类异常也被称为非受检异常(Unchecked Exception)。表 5-1 列举了一些常见的非受检异常类。

表 5-1 常见的非受检异常类

异 常	说 明
ClassCastException	JVM 在检测到两个类型间的转换不兼容时引发的异常
ArrayIndexOutOfBoundException	数组下标越界异常。使用的数组下标小于或大于实际的长度
NullPointerException	尝试访问 null 对象的成员
ArithmeticException	算术异常。如以零作为除数
IllegalArgumentException	方法接收到非法参数
NumberFormatException	数字转化格式异常。如字符串到 float 型数的转换无效

(2) 非 RuntimeException 子类的异常类

该类异常属于程序外部问题引起的异常。例如，要操作的文件无法找到、程序需要访问网络中的某个资源时，网络却不通畅等。

这类异常在语法上是要求必须进行处理的，如果不进行处理，将会出现语法错误，通不过编译器的编译。因此，这类异常被称为受检异常(Checked Exception)。表 5-2 中列举了一些常见的受检异常类。

表 5-2　常见的受检异常类

异　常	说　明
ClassNotFoundException	要加载的类没有找到
IOException	I/O 异常的根类
FileNotFoundException	要操作的文件未找到
SQLException	有关数据库操作时的异常
InterruptedException	线程中断异常

了解了异常类的层次结构后，下面来介绍一下异常处理和异常声明的相关语法。

5.3　异常的处理

Java 程序在执行过程中如果出现异常，会自动生成一个对应异常类的对象，该异常对象将被自动提交给 Java 运行时系统，这个过程称为抛出异常。

当 Java 运行时系统接收到某个异常对象时，会在抛出异常的位置附近寻找能处理这一异常的代码并把当前异常对象交给这个代码段，这一过程称为捕获异常，在获取到异常的代码段中，可以对这个异常进行相应的处理，这一过程称为处理异常。

如果 Java 运行时系统找不到可以捕获异常的方法，则运行时系统将终止，相应的 Java 程序也将中断。

5.3.1　try、catch 和 finally 语句块

Java 语言中主要提供了 try、catch、finally 这 3 个语句块来处理异常。

1. try 块

可以将一个或多个语句放入 try 语句块中，表示这些语句可能会抛出异常，需要 JVM 在执行这段代码时进行特殊监控。

2. catch 块

当 try 语句块中的代码出现异常时，可以通过随后定义的 catch 块来处理。catch 块是 try 块所产生异常的接收者。当 try 语句块中的代码发生异常时，try 语句块的执行立即中止，JVM 将查找相应的 catch 块。

catch 块对异常执行 instanceof 测试：若抛出的异常类型与 catch 块后面指定的异常类型匹配，就执行该 catch 块的代码。

在 try 语句块后面可以跟多个 catch 块，让 JVM 逐步去匹配，异常将交由第一个匹配的 catch 块处理。

try 块和 catch 块经常配合在一起使用，最常见的代码格式如下所示：

```
try {
    //可能会出现异常的代码段
} catch (异常类型 e) {
    //对类型匹配的异常进行处理的代码段
}
```

try 块后面跟上多个 catch 块的代码格式如下所示：

```
try {
    //可能会出现异常的代码段
} catch (异常类型1 e) {
    //对类型匹配的异常进行处理的代码段
} catch (异常类型2 e) {
    //对类型匹配的异常进行处理的代码段
} catch (异常类型3 e) {
    //对类型匹配的异常进行处理的代码段
}
```

下面是一个最常见的异常处理代码：

```java
package com.qiujy.corejava.ch05;
/** 异常处理示例 */
public class HandleExceptionTest {
    public static void main(String[] args) {
        int number = 0;
        try {
            String str = args[0];
            number = Integer.parseInt(str);
            //如果上一行代码发生异常了，下面这一行代码将得不到执行
            System.out.println("你输入的数字为：" + number);
        } catch (ArrayIndexOutOfBoundsException e) {
            System.out.println(
              "发生ArrayIndexOutOfBoundsException：没有命令行参数");
        } catch (NumberFormatException e) {
            System.out.println("发生NumberFormatException：非法的数字");
        }
        System.out.println("main 方法结束");
    }
}
```

该程序运行时，如果没有指定命令行参数，在"String str = args[0];"这行代码就会引发 ArrayIndexOutOfBoundsException 异常，然后就会跳转到第一个 catch 块中执行，结束这个异常处理代码段的执行后，会继续执行最后一行代码输出"main 方法结束"；如果指定的命令行参数是非数字，不能转换成整型，在"number = Integer.parseInt();"这行代码就会引发 NumberFormatException 异常，然后就会跳转到第二个 catch 块中执行，结束这个异常处理代码段的执行后，会继续执行最后一行代码，输出"main 方法结束"；如果指定的命

令行参数是数字，可以正确转换成整型，则整个 try 语句块的代码都将正常执行，没有任何异常发生，也就是说，两个 catch 语句块都不会执行。

3. finally 块

还可以定义这样一个语句块：无论运行 try 块的代码时有没有出现异常，该块的代码一定得到执行。finally 块的作用便在于此，它与 try、catch 配合使用的常见格式如下：

```
try {
    //可能会出现异常的代码段
} catch (异常类型 e) {
    //对类型匹配的异常进行处理的代码段
} finally {
    //一定要执行的代码
}
```

在 finally 语句块中，经常放置一些释放资源的代码。例如，后面章节会介绍的文件操作后的关闭工作、网络操作后的连接关闭工作、数据操作后的连接关闭工作。

必须注意的是，在 try 语句块中，如果包含 return 语句，那么 finally 语句块的代码也会运行然后再返回。

事实上，在 try 语句块中无论是 break、continue 或者是 return，都不会影响 finally 语句块的运行，除非 JVM 被关闭。

> **注意：** ① 书写在 try 语句块内部的代码执行效率相对较低一些，因为 JVM 在执行 try 语句块内部的代码时需要耗费额外的资源来做监控、评估工作。所以，在编写代码时，只把可能会发生异常的代码放置在 try 语句块内部。
> ② try 语句块后面可以有多个 catch 语句块，由于会优先匹配执行，所以，应该把异常子类 catch 块写在前面，异常父类 catch 块写在后面。
> ③ try 语句块后面可以只有 catch 语句块，也可以只有 finally 语句块，但它不能独立存在。try 语句块后面只有 finally 块的使用情况很少，因为会导致异常丢失，不利于程序的排错。

5.3.2 输出异常信息

在实际的程序开发过程中，为了更好地了解异常产生的原因，需要获取异常的一些相关信息，Java 在异常类中提供相应的方法可以很方便地获取想要的信息。

实际上，Java 语言中的 Exception 和 Error 的所有行为都集中在父类 Throwable 类中。图 5-2 是 Java SE API 对 Throwable 类所有方法的描述。

在 Throwable 类中，主要定义了 3 个属性，用来存储该异常的相关信息。这 3 个属性的详细描述如表 5-3 所示。

方法摘要	
Throwable	fillInStackTrace() 在异常堆栈跟踪中填充。
Throwable	getCause() 返回此 throwable 的 cause；如果 cause 不存在或未知，则返回 null。
String	getLocalizedMessage() 创建此 throwable 的本地化描述。
String	getMessage() 返回此 throwable 的详细消息字符串。
StackTraceElement[]	getStackTrace() 提供编程访问由 printStackTrace() 输出的堆栈跟踪信息。
Throwable	initCause(Throwable cause) 将此 throwable 的 cause 初始化为指定值。
void	printStackTrace() 将此 throwable 及其追踪输出至标准错误流。
void	printStackTrace(PrintStream s) 将此 throwable 及其追踪输出到指定的输出流。
void	printStackTrace(PrintWriter s) 将此 throwable 及其追踪输出到指定的 PrintWriter。
void	setStackTrace(StackTraceElement[] stackTrace) 设置将由 getStackTrace() 返回，并由 printStackTrace() 和相关方法输出的堆栈跟踪元素。
String	toString() 返回此 throwable 的简短描述。

图 5-2 Throwable 类的方法

表 5-3 Throwable 类的属性及对应的操作方法

属 性 名	类 型	描 述	对应的操作方法
message	String	该异常的详细描述性文本信息	String getMessage() String getLocalizedMessage() String toString()
StackTrace	StackTraceElement[]	引发异常的所有方法调用的记录	void printStackTrace() void printStackTrace(PrintStream s) void printStackTrace(PrintWriter s) StackTraceElement[] getStackTrace() void setStackTrace(StackTraceElement[] s) fillInStackTrace()
cause	Throwable	产生此异常的原因	Throwable getCause() Throwable initCause(Throwable ca)

对于应用程序开发人员来说，最常用的方法就是"void printStackTrace()"方法，经常会在异常处理 catch 语句块中调用这个方法来将此 throwable 对象的堆栈跟踪输出至错误输出流。示例代码如下：

```java
package com.qiujy.corejava.ch05;
/** 打印异常的相关信息示例 */
public class PrintExceptionInfoTest {
    public static void main(String[] args) {
        try {
            int i = 10 / 0;
        } catch (ArithmeticException e) {
```

```
            e.printStackTrace();
        }
    }
}
```

运行该程序时,控制台的输出结果为:

```
java.lang.ArithmeticException: / by zero
    at com.qiujy.corejava.ch05.PrintExceptionInfoTest
.main(PrintExceptionInfoTest.java:6)
```

5.3.3 异常栈跟踪

在面向对象的编程中,大多数复杂的任务完成体现为一系列方法的调用,这一系列方法的调用被称为方法调用栈。示例代码如下:

```
package com.qiujy.corejava.ch05;
/** 异常栈跟踪的示例 */
public class StackTraceTest {
    public static void main(String[] args) {
        StackTraceTest test = new StackTraceTest();
        test.methodA();
    }
    public void methodA() {
        methodB();
    }
    public void methodB() {
        methodC();
    }
    public void methodC() {
        int i = 10 / 0;
        System.out.println(i);
    }
}
```

这个程序运行时,先执行 main()方法,在 main()方法中调用了 methodA()方法,所以会先执行 methodA()方法,而 methodA()方法中又调用了 methodB()方法,所以又会先执行 methodB()方法,mehtodB()方法中又调用了 methodC()方法,所以最先执行的是 methodC()方法。整个方法调用栈的结构如下:

```
methodC()
methodB()
methodA()
main()
```

在 methodC()方法中的第一行代码中用 0 作为除数,会引发算术异常。Java 中的异常的处理采用"调用堆栈机制"：在 methodC()方法中的第一条语句引发了异常，异常并没有立即被 methodC()方法处理，则这个异常会沿方法的调用栈向上传递，即上传给了 methodB()方法，它也没有处理这个异常，继续上传，直到传递到了 main()方法，main()方法也未对这个异常进行处理，由 JVM 非正常终止程序。

异常沿着方法"调用栈"上传的过程中，异常对象会维护一个称为"栈跟踪"的结构。栈跟踪记录未处理异常的各个方法，以及发生问题的代码行。当异常传给调用者方法时，它在栈跟踪中添加一行，指明该方法的故障点。

异常栈跟踪信息可以用 printStackTrace()来显示。如前面的示例，它的异常栈跟踪输出到控制台的内容如下：

```
Exception in thread "main" java.lang.ArithmeticException: / by zero
    at com.qiujy.corejava.ch05.StackTraceTest.methodC(StackTraceTest.java:15)
    at com.qiujy.corejava.ch05.StackTraceTest.methodB(StackTraceTest.java:12)
    at com.qiujy.corejava.ch05.StackTraceTest.methodA(StackTraceTest.java:9)
    at com.qiujy.corejava.ch05.StackTraceTest.main(StackTraceTest.java:6)
```

第一行显示抛出的异常详细信息。之后，栈跟踪记录代码中的停止点，每行信息都记录了被调用方法全限定名和故障点在对应源代码文件的行号。

在调试查找代码的逻辑错误时，栈跟踪是一个极其有用的工具。通过查看栈跟踪信息，可以很迅速地了解到问题的所在，并及时更正代码中的问题。所以，在开发过程中，如果程序运行时出现异常了，一定要认真观察栈跟踪信息。

5.4 声明异常

前面介绍过，当程序中某个方法的某行代码可能会引发异常时，有两种选择：一是及时处理该异常；另一种做法是声明该方法可能抛出该异常。本节就来介绍声明异常的一些语法规则。

声明方法可能会抛出异常的作用主要是告诉访问调用者，该方法在执行过程中可能会出现哪些异常，且它没有处理该项异常，如果发生异常，会传递给该方法的调用者处理。换句话说，就是声明方法可能产生的异常，并将处理异常的责任交由方法调用者。

声明异常的作用类似于药品的副作用说明。制药厂生产的具有某种医疗功效的药品，可能会产生一些副作用，为了提醒使用者(患者)谨慎服用，在该药品的说明书上都会有副作用的说明。

要声明某个方法可能会抛出的异常，只需要用 throws 关键字将异常类名添加到方法签名块的后面即可。如果可能会抛出多种异常，可以使用逗号来分隔。如下所示：

```
public void test(int a, int b) throws IOException { ... }
public void method() throws IOException, OtherException { ... }
```

需要注意的是，如果一个方法中没有显式处理可能会出现的受检异常，就必须对它进行声明。而对于方法中没有显式处理的非检异常，可以声明，也可以不声明。

声明异常以后，异常出现的可能还在，它并没有得到处理。所以，在异常体系中最重要的还是捕获到异常并针对不同类型的异常做出相应的处理。

> **注意：** 在子类中覆盖父类中声明的抛出异常的方法时，覆盖方法可以声明抛出与父类一样的异常或比父类更少的异常，甚至不包含任何异常。

5.5 手动抛出异常

Java 语言中还提供了一个关键字 throw，用来在方法中手动抛出一个异常对象，这个抛出的异常对象会传递给该方法的调用者。它的使用语法格式为：

```
throw 异常对象;
```

由于需要创建好异常类的对象以供抛出，所以先要了解异常类的构造方法。整个异常类层次结构中的异常类，都提供了类似 Throwable 类的 4 个构造方法，如图 5-3 所示为 Java SE API 中关于 Throwable 类的构造方法的描述。

构造方法摘要
Throwable() 构造一个将 null 作为其详细消息的新 throwable。
Throwable(String message) 构造带指定详细消息的新 throwable。
Throwable(String message, Throwable cause) 构造一个带指定详细消息和 cause 的新 throwable。
Throwable(Throwable cause) 构造一个带指定 cause 和 (cause==null ? null :cause.toString()) （它通常包含类和 cause 的详细消息）的详细消息的新 throwable。

图 5-3 Throwable 类的构造方法

使用指定异常类中类似这 4 个构造方法之一都可以创建出异常类对象。如下示例演示了如何使用 throw 手动抛出一个异常：

```java
package com.qiujy.corejava.ch05;
/** 手动抛出异常的演示示例 */
public class ThrowExceptionTest {
    public static void main(String[] args) {
        ThrowExceptionTest test = new ThrowExceptionTest();
        test.createDoubleArray(-10);
    }
    public double[] createDoubleArray(int length) {
        if(length < 0) { //如果参数值小于0，则手动抛出一个"非法参数异常"
            throw new IllegalArgumentException("数组的长度不能小于0");
        }
        return new double[length];
    }
}
```

程序运行后，输出结果为：

```
Exception in thread "main" java.lang.IllegalArgumentException: 数组的长度
不能小于 0
    at com.qiujy.corejava.ch05.ThrowExceptionTest.createDoubleArray
(ThrowExceptionTest.java:11)
    at com.qiujy.corejava.ch05.ThrowExceptionTest.main(ThrowExceptionTest.java:6)
```

这里，通过使用抛出异常的做法，令该方法的逻辑比较严谨，在方法的参数不合法时，该方法就会将指定的异常对象抛给该方法的调用者，方法体内 throw 语句之后的代码就不会再执行了，使得该方法不会出现错误的结果。

如果方法代码中手动抛出的异常是受检异常，那么这个方法要么声明这个异常，要么就处理这个异常。按照编程的逻辑来看，声明这个手动抛出的异常才有意义。因为手动抛出异常的目的就是为了提醒该方法的调用者。如果手动抛出异常又立即捕获处理，就达不到这个目的了。

如果方法代码中手动抛出的异常是非受检异常，那么该方法可以不理会它。

在方法代码中手动抛出异常的方式只适用于一些特殊的情况，例如，业务需求中，如果功能方法中的业务逻辑出现非正常情况，必须中止该方法后面的操作时，就应该使用这种方法；否则，就不应该使用手动抛出异常的方式，而应该采用其他手段来合理解决。也就是说，不要完全用手动抛出异常的做法来完成功能方法中业务逻辑非正常情况的处理。

5.6 自定义异常

尽管 Java SE API 中已经提供了众多的异常类，但程序设计人员有时候可能需要定义自己的异常类来描述特定的异常情况。例如，带中文异常提示信息的异常。

5.6.1 定义异常类

一般自定义的异常类都会选择继承 Exception 类或继承它的子类 RuntimeException。在编码规范上，通常将异常类类名命名为 XxxException，这里 Xxx 用于表达该异常的用意。在自定义异常类中，也建议提供类似 Java SE API 中异常类的 4 个构造方法。

自定义的异常类若继承 Exception 类，它就属于受检异常；若继承 RuntimeException 类，它就是非受检异常。

如下代码示例就是一个自定义的异常类：

```java
/** 自定义的异常类 */
class MyException extends Exception {
    public MyException(Throwable cause) {
        super(cause);
    }
    public MyException(String message, Throwable cause) {
```

```
        super(message, cause);
    }
    public MyException(String message) {
        super(message);
    }
    public MyException() {}
}
```

5.6.2 使用自定义异常类

自定义的异常类与 Java SE API 中提供的异常类的使用方式是一样的，可以在代码中手动抛出、可以声明在方法签名后面、可以用 try-catch 语句块捕获和处理。

使用示例如下：

```
/** 使用自定义的异常类 */
public class MyExceptionTest {
    public static void main(String[] args) {
        MyExceptionTest test = new MyExceptionTest();
        try {
            test.createDoubleArray(-10);
        } catch (MyException ex) {
            ex.printStackTrace();
        }
    }
    public double[] createDoubleArray(int length) throws MyException {
        if(length < 0) {    //如果参数值小于 0，则手动抛出一个"非法参数异常"
            throw new MyException("数组的长度不能小于 0");
        }
        return new double[length];
    }
}
```

在实际的开发过程中，经常会定义很多自己的异常类，用来表达与各个业务需求相关的异常类。更为常见的是，开发人员都喜欢把自定义的异常类继承 RuntimeException，这样，对这些异常可以进行处理，也可以不处理，更灵活方便。

5.7 JDK 7 新增的异常处理语法

5.7.1 try-with-resources 语句

JDK 7 中提供了 try-with-resources 语句，可以自动关闭相关的资源。try-with-resources 语句是一个声明了一到多个资源的 try 语句。资源是指实现了 java.lang.AutoCloseable 或者 java.io.Closeable 的对象，例如 Connection、ResultSet 等。try-with-resources 语句会确保在

try 语句结束时关闭所有资源。

下面是一个 try-with-resources 语句的使用示例。它会从一个文件中读出首行文本:

```
static String readFirstLineFromFile(String path) throws IOException {
    try (BufferedReader br = new BufferedReader(new FileReader(path))) {
        return br.readLine();
    }
}
```

在这个例子里面,资源是一个 BufferedReader,声明语句是在 try 后面的括号内。在 JDK 7 或更晚的版本中,BufferedReader 实现了 java.lang.AutoCloseable 接口。

由于 BufferedReader 被定义在 try-with-resource 语句中,因此不管 try 代码块是正常完成或是出现异常,这个 BufferedReader 的实例都将被关闭。而在 JDK 7 之前的版本中,必须使用 finally 代码块来确保资源被关闭。

另外,try-with-resource 语句的 try 语句块中还可以同时处理多个资源,可以跟普通的 try 语句一样,后面可以跟 catch 语句块,也可以有 finally 语句块。catch 语句块或者 finally 语句块将在资源被关闭后执行。例如:

```
try (
    ZipFile zf = new ZipFile(zipFileName);
    BufferedWriter writer = new BufferedWriter(outputFilePath, charset)
    ) {
} catch(...) {
} finally {
}
```

在这个例子中,有两个资源,资源之间用分号隔开。资源被关闭的顺序与它们被创建的顺序相反,也就是说,writer 先被关闭,接着是 zf。

5.7.2　catch 多个 Exception

很多时候,我们捕获了多个异常,却做了相同的事情,比如记日志、包装成新的异常,然后再向上抛出。这时,代码就不那么优雅了,例如:

```
catch (IOException e) {
    logger.error(e);
    throw e;
catch (SQLException e) {
    logger.error(e);
    throw e;
}
```

JDK 7 允许捕获多个异常,即 catch 后面的括号内可以同时声明多个异常类型,异常类型之间用"|"分隔,示例如下:

```
catch (IOException | SQLException e) {
    logger.error(e);
    throw e;
}
```

这样的代码就比之前简洁多了。

5.8 处理异常时的建议

Java 初学者，甚至一些程序员对异常的使用都不能很好地掌握。根据作者的开发实践，在这里提供一些在使用异常时的建议。

(1) 在程序运行时出现了异常情况时，需要认真观察所抛出的异常的栈跟踪信息，认清异常的类型并找到引发异常的故障点。

(2) 在调用 Java SE API 中某个类的某个方法或使用第三方提供类的方法前，先阅读该方法的 API 帮助文档，了解它可能会抛出的异常及其类型。然后再据此决定是处理这些异常还是将其加入 throws 列表。

(3) 尽量减小 try 语句块的体积。

(4) 在处理异常时，应该把该异常的栈跟踪信息输出到控制台，以方便调试并跟踪、修改程序 Bug。

5.9 上 机 实 训

1. 实训目的

(1) 掌握异常的处理方式。

(2) 掌握自定义异常的定义和使用。

2. 实训内容

(1) 编写一个类 ExceptionTest1，在 main 方法中使用 try、catch、finally。要求：

① 在 try 块中，编写被 0 除的代码。

② 在 catch 块中，捕获被 0 除所产生的异常，并且打印异常信息。

③ 在 finally 块中，打印一条语句。

(2) 编写一个自定义异常类，用于显示数组越界的中文异常信息并测试它的使用。

本 章 习 题

一、选择题

(1) 有一个段异常处理代码：

```
try {
    int a = 6 / 0;
} catch(ArrayIndexOutOfBoundsException e) {
    System.out.println("计算错误");
}
```

下列哪一个叙述正确？

    A. 执行时发生异常，会输出"计算错误"

    B. 发生 ArithmeticException 异常，程序中断

    C. 程序正确，执行正常结束

(2) 有一段异常处理代码：

```
try {
    int x[] = new int[-8];
} catch(Exception e) {
    System.out.println(e);
} finally {
    System.out.println("End");
}
```

这个程序执行的结果是什么？

    A. 输出 NegativeArraySizeException 信息

    B. 程序没有任何异常，执行正常结束

    C. 输出 NegativeArraySizeException 及 End 信息

    D. 输出 Exception 信息

(3) try 语句块后面可以有多个 catch 语句，下列叙述哪一个正确？

    A. catch 块中的异常类必须由小到大声明

    B. catch 块中的异常类必须由大到小声明

    C. catch 块中的异常类顺序不影响程序执行

(4) 有如下类：

```
class MyMath {
    public double getValue() throws ArithmeticException {}
}
```

下列叙述哪一个正确？

    A. getValue 方法声明 ArithmeticException，表示该方法不处理这个异常，抛出交由调用端处理

    B. getValue 方法声明 ArithmeticException，表示该方法不能写 try-catch 块处理

    C. getValue 方法声明 ArithmeticException，表示不能处理这个异常，出现错误，会造成程序中断

(5) 有如下代码片段：

```
class Test1 {
    public void method() throws IOException { ... }
}
class Test2 extends Test1 {
    public void method() _____
}
```

覆盖 method 方法时，下划线处可以如何编写？(多选)

    A. 可以不声明异常类

    B. 可以声明 throws EOFException(EOFException 是 IOException 的子类)

    C. 可以声明 throws Exception

    D. 可以声明 throws IOException

二、简答题

(1) Java 语言中提供了 5 个关键字 throws、throw、try、catch、finally 来使用或处理异常，分别描述这 5 个关键字的用途。

(2) 常见面试题：描述 final、finally、finalize 的区别。描述受检异常和非受检异常的异同点及适用情况。

第 6 章
Java SE API 常用类

学习目的与要求：

作为一名 Java 程序开发者，必须熟练掌握 Java SE API 中的常用类和接口的使用。本章将对 Java SE API 中使用率非常高的类和接口做详细的介绍。

通过本章的学习，读者应该掌握这些常用类和接口的使用，以便于更快速、更简洁地解决各类编程问题。

6.1 Java SE API 文档概述

Java 语言开发的应用程序，都是由许多类和接口组成的，类和类之间通过方法通信来共同完成一个功能。因此，编写应用程序就需要编写大量的类和接口。考虑到实际应用中有很多通用功能可以在不同的应用程序中重复使用，Java SE 平台开发者封装了许多的类和接口，类提供了一些特定环境下的功能方法，接口声明了一套特定环境下的功能方法，以供 Java 开发人员直接使用，这些类和接口统称为 Java SE 应用编程接口(Java SE API)，这就是 Java SE API 的来历。在实际的应用程序开发过程中，会经常使用到 Java SE API 中提供的类和接口。

Java SE API 中提供的类和接口都是通过 Sun 公司的程序设计专家来制定和编写的，正确性和高效性都经过反复的、严格的测试，使用起来会大大提高应用程序编写的效率。

那么，作为一名 Java 程序开发者，怎么来了解和使用 Java SE API 中提供的类和接口呢？针对这一点，Sun 公司为 Java SE API 编写了一份使用帮助文档，即 Java SE API 文档，也就是常说的 JDK API 文档，在这份文档中，对 Java SE API 中提供的所有类和接口做了详细的说明和解释。因此，JDK API 文档是学习和使用 Java SE API 编程的必备参考资料。

JDK 文档由 Sun 公司以 HTML 形式进行免费提供，下面就从文档的下载、文档组成结构和文档的使用这几个方面来进行介绍。

6.1.1 下载 Java SE API 文档

JDK 文档并没有随 JDK 安装程序一起发布，如果需要使用该份文档，需要到相应的网站进行下载，下载地址为：

```
http://www.oracle.com/technetwork/java/javase/documentation/java-se-7-doc-download-435117.html
```

访问这个网址后，浏览器中会得到如图 6-1 所示的下载页面。

选中 Accept License Agreement 项前面的单选按钮，然后点击"jdk-7u11-apidocs.zip"链接，就可以下载到此帮助文件的一个压缩包。下载完成后，解压缩到本地磁盘的指定目录中就可以使用。

另外，在 2006 年，Sun 公司组织专人将此文档翻译成了中文，可以在搜索引擎(如百度、谷歌)中查找并下载，本书附带光盘中也提供了 CHM 格式的 JDK 1.6 API 中文版，本章就是使用这个中文 API 文档来进行常用类介绍的。

第 6 章 Java SE API 常用类

图 6-1 JDK 文档的下载页面

6.1.2 Java SE API 文档的结构

双击打开本地磁盘中 CHM 格式的 JDK API 中文文档，出现如图 6-2 所示的界面。

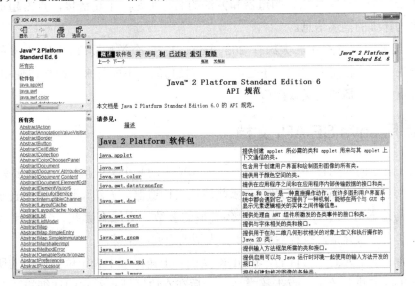

图 6-2 JDK 中文文档首页

在该文档中，页面的左上角区域显示 Java SE API 中的所有包链接，左下角区域默认显示所有类链接，右边整个区域默认显示 Java SE API 中所有包及其相应功能的描述。

当选择左上角区域中的某个包时，会在左下角区域列出该包下的所有类，当选择左下角区域中的某个类时，就会在右边区域显示该类的相关详细信息。例如，选择 java.lang 包中的 String 类时，显示界面如图 6-3 所示。

149

图 6-3 java.lang.String 类在 JDK 文档中的描述页面

在类的详细描述页面中，主要包括以下几个主要部分：类的继承关系树、类实现的接口列表、类的直接已知子类列表、类的声明、类的描述和用途、类的属性列表、构造器列表、方法列表。类的每个属性、构造器和方法的名称都是一个超链接，点击超链接可以查看相应的更为详细的描述信息。

在整个 JDK API 1.6 中，大约有 202 个包、3777 个类和接口。在这么多的类和接口中，要想查找到符合使用要求的，还是需要一定技巧的，下面就来介绍如何使用 JDK API 文档来快速查找到所需要的类或接口。

6.1.3 使用 Java SE API 文档

如果想在自己的应用程序中使用 Java SE API 中的某个类或接口，就需要先通过 JDK API 文档查阅它的相关描述，了解它有哪些属性、构造器、方法，这些属性表示何意义，值是多少，构造器有几个，分别需要什么类型的参数，方法有哪些，需要什么类型的参数，可能会抛出什么异常，执行后会有什么类型的返回结果等。

通常，会根据个人的学习目的，在 JDK 文档左上角区域中先定位到该类的所在包，然后再从左下角区域找到该类，点击该类名，最后在右边区域查看它的详细描述信息，来决定这个类是否是我们所需要的。

如果只知道所需要的类的开头几个字母，一般会通过点击左上角区域中"所有类"，然后在左下角区域中通过查找方法来找到该类，最后再点击查看它的详细描述信息。

注意：Java SE API 中的包命名主要有如下 3 种形式。

① 以 java 开头的包名，它是 JDK 最基础的语言包，使用最频繁。

② 以 javax 开头的包名，属于 JDK 的扩展包。

③ 以 org 开头的包名，是由第三方组织提供的功能包。

其实，在 Java SE API 中还包含了一些以 com.sun 开头的包名，这些包是 Sun 公司提供的一些特定功能包，由于这些包中的类会随着 Java SE 版本的升级而发生较大变化，不具备兼容性，所以在标准 JDK API 文档中未公开这些包。

Java SE API 中的类和接口数量太多了，任何一个人在有限的时间内根本无法全部掌握其用法，也没必要去这样做，因为，在实际开发应用中，Java SE API 中使用频率较高的类也不是太多，重点掌握这些使用频繁的类和接口即可，其他的类和接口在需要使用时再"现学现卖"即可。

下面按照包分类来分别介绍在实际开发中经常使用到的一些基础类和实用工具类。

6.2 java.lang 包

JDK API 文档对 java.lang 包是这样描述的："提供利用 Java 编程语言进行程序设计的基础类"。该包中包含了 Java 语言所需要的最基本的功能类和接口，是进行 Java 语言编程的基础。

java.lang 包在编程过程中使用得最频繁，基于这一点，Java 编译器在编译每个类或接口源文件时，都会自动导入这个包。也就是说，自定义的类或接口中，使用到 java.lang 包的类或接口时，可以不用 import 显式导入，编译器默认将自动导入。

下面就来介绍 java.lang 包中的几个常用类。

6.2.1 Object 类

JDK API 文档中对 Object 类的描述为："类 Object 是类层次结构的根类。每个类都使用 Object 作为超类。所有对象(包括数组)都实现这个类的方法"。也就是说，Java 语言中所有的类(除了 Object 类)都是 Object 类的子孙类，即使没有显式定义继承，它也会自动继承自 Object 类，它是整个 Java 语言中类继承树的根。

由于 Object 类是 Java 语言中所有类的父类，所以，Object 类中定义的方法在其他所有类中都可以使用。掌握 Object 类中常用方法的使用，是使用 Java SE API 的基础。

Object 类中共定义了 11 个方法，其中 5 个方法跟多线程相关，这些方法会在第 7 章作介绍；其余 6 个方法分别介绍如下。

1. equals 方法

equals 方法的完整声明形式为：

```
public boolean equals(Object obj)
```

这个方法用于比较指定的参数对象是否与当前对象"相等"。Object 类中该方法的实

现很简单,具体源代码如下所示:

```java
public boolean equals(Object obj) {
    return (this == obj);
}
```

> **注意**:如果对 Java SE API 中的类和接口的具体实现感兴趣,可以查阅它的源代码。Java SE API 中提供的所有类和接口,它的源代码都可以从 JDK 安装目录下的 src.zip 文件中找到。

从上述代码中可以看出,Object 中的 equals 方法是用 "==" 操作符执行相等的比较。也就是说,只有在两个对象变量指向同一个对象时,equals 方法才返回 true。

使用示例如下:

```java
/** Object 类提供的 equals 方法使用 */
public class EqualsTest {
    public static void main(String[] args) {
        Object obj = new Object();
        Object obj2 = new Object();
        Object obj3 = obj;
        System.out.println("obj.equals(obj2)=" + obj.equals(obj2));
        System.out.println("obj.equals(obj3)=" + obj.equals(obj3));
    }
}
```

程序的运行结果为:

```
obj.equals(obj2)=false
obj.equals(obj3)=true
```

但是,从 API 设计者的意图来看,是想尽可能地比较两个对象的内容是否相等。因此,在编写自定义的类时,经常会覆盖 equals 方法,以达到比较内容相等的目的。

> **注意**:在覆盖 equals 方法时,要同时覆盖 hashCode 方法,以维护 hashCode 方法的常规协定:equals 相等的对象必须具有相等的哈希码。

2. hashCode 方法

hashCode 方法的完整声明为:

```java
public int hashCode()
```

它用来返回该对象的哈希码值,也叫散列码值。使用这个数值主要是为了提高集合框架中某些集合类存取该类型对象的效率。

Object 类中该方法是通过一个本地方法(C 语言编写的)来实现的。也就是说,这个方法的实现与具体的操作系统平台相关，但一般来说，它采用的原理都是通过将该对象的内存地址转换成一个整数。使用 hashCode 方法的示例如下：

```java
/** Object 类提供的 hashCode 方法的使用 */
public class HashCodeTest {
   public static void main(String[] args) {
      Object obj = new Object();
      Object obj2 = new Object();
      Object obj3 = obj;
      System.out.println("obj.hashCode()=" + obj.hashCode());
      System.out.println("obj2.hashCode()=" + obj2.hashCode());
      System.out.println("obj3.hashCode()=" + obj3.hashCode());
   }
}
```

该程序运行的结果为：

```
obj.hashCode()=1641745
obj2.hashCode()=11077203
obj3.hashCode()=1641745
```

Java 规范规定：在对象的内容没有修改前，多次调用 hashCode 方法必须一致地返回相同的整数；两个对象如果 equals 相等，那么它们的 hashCode 方法的返回值也必须相同；两个对象 equals 不相等，它们的 hashCode 方法的返回值不要求一定不同。但是，为 equals 不相等的对象生成不同的 hashCode 值，可提高某些集合类存取该类型对象的效率。

因此，在自定义类的时候，如果将来需要将这种类产生的对象存储到集合类中，就需要覆盖 hashCode 方法来提高集合类的执行效率。

下面定义的这个学生类，需要比较它的对象内容是否相等，需要存储到集合类中，所以在这个类中覆盖了 equals 和 hashCode 方法：

```java
/** 覆盖 Object 的 equals 和 hashCode 方法 */
public class Student {
   private String name;      //姓名
   private int age;          //年龄
   private char gender;      //性别
   private String grade;     //所在班级
   @Override
   public boolean equals(Object obj) {   //覆盖的 equals 方法
      if (obj == null) return false;
      if (getClass() != obj.getClass()) return false;
      final Student other = (Student)obj;
      if ((this.name==null)? (other.name!=null)
         : !this.name.equals(other.name)) {
         return false;
      }
```

```
        if (this.age != other.age) return false;
        if (this.gender != other.gender) return false;
        if ((this.grade==null)? (other.grade!=null)
          : !this.grade.equals(other.grade)) {
            return false;
        }
        return true;
    }
    @Override
    public int hashCode() {   //覆盖的 hashCode 方法
        int hash = 7;
        hash = 17 * hash + (this.name!=null? this.name.hashCode() : 0);
        hash = 17 * hash + this.age;
        hash = 17 * hash + this.gender;
        hash = 17 * hash + (this.grade!=null? this.grade.hashCode() : 0);
        return hash;
    }
}
```

很多 IDE 工具都可以根据类的属性定义自动生成 equals 和 hashCode 方法。

3. toString 方法

toString 方法的完整声明形式是：

```
public String toString()
```

这个方法返回该对象的字符串表示。在 Object 类中的实现代码如下：

```
public String toString() {
    return getClass().getName() + "@" + Integer.toHexString(hashCode());
}
```

也就是说，toString 返回的字符串由类名、@符号和此对象哈希码的十六进制值组成。来看下面这个使用示例：

```
/** toString 方法的使用 */
public class ToStringTest {
    public static void main(String[] args) {
        Object obj = new Object();
        Object obj2 = new Object();
        Object obj3 = obj;
        System.out.println(obj);
        System.out.println(obj2.toString());
          //与 System.out.println(obj2)等效
        System.out.println(obj3);
    }
}
```

当把一个对象当作 System.out.println()方法的参数时，实际上也是调用该对象的 toString 方法来输出它的内容，此程序的运行结果为：

```
java.lang.Object@190d11
java.lang.Object@a90653
java.lang.Object@190d11
```

为了提供更为有用的描述信息，自定义的类一般都覆盖 toString()方法。代码如下：

```java
/** 覆盖 Object 的 equals 和 hashCode 方法 */
public class Student {
    private String name;        //姓名
    private int age;            //年龄
    private char gender;        //性别
    private String grade;       //所在班级
    public Student(String name, int age, char gender,
      String grade) { //构造器
        this.name = name;
        this.age = age;
        this.gender = gender;
        this.grade = grade;
    }
    @Override
    public String toString() {   //覆盖 toString 方法
        return "学生姓名：" + name + ",年龄：" + age
          + ",性别：" + gender + ",班级：" + grade;
    }
}
publicclass StudentTest {
    public static void main(String[] args) {
        Student stu = new Student("张三", 16, '男', "高一(1)班");
        Student stu2 = new Student("李四", 23, '女', "软件工程三年级");
        System.out.println(stu);
        System.out.println(stu2.toString());
    }
}
```

程序运行的结果为：

```
学生姓名：张三,年龄：16,性别：男,班级：高一(1)班
学生姓名：李四,年龄：23,性别：女,班级：软件工程三年级
```

4. finalize 方法

finalize 方法的完整声明格式为：

```
protected void finalize()
```

该方法在 JVM 回收一个对象所占用的内存空间时，会被 JVM 自动调用到。如果需要在对象被 JVM 释放时执行一些清理资源的操作，可以覆盖该方法。但不建议读者依赖这个方法来进行资源的清理工作，因为 finalize 方法无法在期望的时间内被执行。

5. getClass 方法

getClass 方法用来获取该对象所属的类型信息对象。主要用于反射技术的实现，关于反射技术的内容，会在第 13 章中介绍。

6. clone 方法

clone 方法用来复制对象。由于它存在一些潜在问题，在实际应用中很少使用。

6.2.2 基本数据类型的包装类

Java 语言是一门面向对象的编程语言，但 Java 中的基本数据类型却不是面向对象的，这在实际使用时带来很多的不便。为了解决这个不足，Sun 公司的 Java SE API 设计专家就为每个基本数据类型设计了一个对应的代表类，这 8 个和基本数据类型对应的代表类统称为包装类(Wrapper Class)。

基本数据类型与包装类的对应关系如表 6-1 所示。

表 6-1 基本数据类型的包装类

基本数据类型	包装类
byte(字节)	java.lang.Byte
char(字符)	java.lang.Character
short(短整型)	java.lang.Short
int(整型)	java.lang.Integer
long(长整型)	java.lang.Long
float(单精度浮点型)	java.lang.Float
double(双精度浮点型)	java.lang.Double
boolean(布尔型)	java.lang.Boolean

包装类作为基本数据类型的代表类，主要便于开发人员以对象的方式来操作基本类型的数据。为此，包装类提供了一些常用属性及常用操作方法。由于这些包装类提供的属性和方法都非常相似，因此下面就以 Integer 类为例来介绍包装类的具体使用。

1. 基本类型和包装类型之间的相互转换

把基本类型数据转换成对应的包装类对象的过程，称为装箱。同理，把对象数据转换成对应的基本类型数据的过程，称为拆箱。代码示例如下：

```
int i = 100;
//装箱
```

```
Integer inr = new Integer(1000);
Integer inr2 = new Integer(i);
Integer inr3 = Integer.valueOf(i);   //Integer的静态转换方法。常用
//拆箱
int j = inr.intValue();
```

在 Java SE 5.0 以后，提供了自动装箱和自动拆箱的功能，即基本类型数据和包装类型数据之间可以自动进行转换，无须使用包装类。代码如下所示：

```
int k = 100;
Integer inr4 = new Integer(1000);
inr4 = k;    //自动装箱
k = inr4;    //自动拆箱
```

2. 包装类型和字符串类型之间的相互转换

有时会需要在包装类类型和字符串类型之间进行转换。具体操作方式参见如下代码：

```
//字符串 → 包装类型数据
Integer inr5 = new Integer("-123");
Integer inr6 = Integer.valueOf("-456");    //静态转换方法。常用
//包装类型数据 → 字符串
String str = inr6.toString();
```

3. 基本类型和字符串类型之间的转换

在实际应用中，最常用的还是通过包装类来实现基本类型数据和字符串的相互转换。具体转换的方式如下所示：

```
//字符串 → 基本类型
int m = Integer.parseInt("-1234");
//基本类型 → 字符串
String str2 = Integer.toString(m);
String str3 = m + "";
```

4. 其他功能方法和属性

包装类中还提供了一些其他功能方法，在此不一一列举，具体可参看 JDK API 文档。

> **注意**：实践经验证明，当可以选择的时候，基本类型优先于对应的包装类。因为，基本类型更加简单，也更加快速。

6.2.3 枚举类型和枚举类

在 Java SE 5.0 以后的版本中，引入一个新的引用类型：枚举类型。枚举类型是指由一组固定的常量组成合法值的类型，例如，一年的四季、一个星期的七天、红绿蓝三基色、

状态的可用和不可用等,都是枚举类型的典型例子。

在还没有引入枚举类型之前,为了表达一年的四季,常见的方式是通过声明一组 int 常量来实现,示例如下:

```java
public static final int YEAR_SPRING = 1;
public static final int YEAR_SUMMER = 2;
public static final int YEAR_AUTUMN = 3;
public static final int YEAR_WINTER = 4;
```

这种方式称为 int 枚举模式,它存在着很多不足。为此需要使用替代解决方案,即使用枚举类型。枚举类型通过关键字 enum 来定义,示例如下:

```java
public enum Year { SPRING, SUMMER, AUTUMN, WINTER }
```

Java 枚举类型的原理也比较简单,在编译器编译时枚举类型会被转换成 final 类,下面就是 Year 枚举类型编译时被转换成的 Year 类的代码:

```java
public final class Year extends java.lang.Enum {
    public static final YearSPRING;
    public static final YearSUMMER;
    public static final YearAUTUMN;
    public static final YearWINTER;
    public static Color[] values() { ... }
    public static Color valueOf(java.lang.String) { ... }
    static{ ... }
}
```

从以上转换代码可以看出:枚举类型对应的类是 java.lang.Enum 类的子类;这个枚举类型的所有枚举值都是对应类的静态 final 属性;每个枚举类型都有一个静态 values 方法,按照枚举值的定义顺序返回它的值数组;都有一个 valueOf 方法,用于根据枚举值的字符串名获取对应的枚举值。所以,枚举类型的值是直接用"类型名.枚举值"来访问的。

使用示例如下:

```java
/** 枚举类型使用示例 */
public class EnumTest {
    public static void main(String[] args) {
        Yearmy2013 = Year.SPRING;    //使用枚举类型定义变量和赋初值
        Year[] ys = Year.values();   //获取 Color 枚举类型的所有枚举值的数组
        for(Yeary : ys) {
            System.out.println(y);   //输出每个枚举值的字符串表示
        }
        Yearyour2013 = Year.valueOf("AUTUMN");
        switch(your2013) {  //枚举类型可用于 switch 判断,因为本质上枚举值是 int 值
        case SPRING:    //case 标签后面的枚举值不需要用枚举类型名来引用
            System.out.println("春天");
            break;
```

```java
            case SUMMER:
                System.out.println("夏天");
                break;
            case AUTUMN:
                System.out.println("秋天");
                break;
            default:
                System.out.println("冬天");
        }
    }
}
```

程序的运行结果为：

```
SPRING
SPRING
SUMMER
AUTUMN
WINTER
秋天
```

由于枚举类型就是 java.lang.Enum 类的子类，所以，在枚举类型中可以添加属性、构造器和方法，并可以实现任意的接口，并且提供了所有 Object 类的方法。使用示例如下：

```java
/** 状态枚举类型 */
enum Status {
    ACTIVE("可用", 100), INACTIVE("不可用", -100);  //枚举值列表
    private final String name;  //final 成员
    private final int value;    //final 成员
    Status(String name, int value) {//构造器。只能在内部定义枚举值时使用
        this.value = value;
        this.name = name;
    }
    @Override
    public String toString() {  //重写 toString 方法
        return name;
    }
    public int getValue() {  //提供 get 方法访问 value 属性的值
        return value;
    }
}
/** 枚举类型使用示例 */
public class StatusEnumTest {
    public static void main(String[] args) {
        Status account_status = Status.ACTIVE;
        System.out.println("文章状态: " + account_status);
        System.out.println("此状态对应的值: " + account_status.getValue());
```

        }
    }

程序的运行结果为：

文章状态：可用
此状态对应的值：100

枚举类型可以作为一种独立的类型定义在一个单独的文件中，也可以定义在某个类的内部，作为它的一个内部类来看待。前面示例都是作为独立类型来定义的，下面是定义在某个类的内部的示例：

```
class Account {
    public enum Status { ACTIVE, INACTIVE, LOCK; }
    private String loginname;
    private String password;
    private Status state;
    ...
}
```

使用时就需要用"类名.枚举类型名.枚举值"的方式访问，即 Account.Status.LOCK。

6.2.4　Math 类

Math 类是一个数学工具类，它提供了两个常量属性和一些用于执行基本数学运算的方法。Math 类的完整声明格式为：

```
public final class Mathextends Object { ... }
```

从这个类的签名可以看出，Math 类是一个 final 类，不能被继承。另外，通过查看 Math 类源代码可以发现，它的构造器定义成私有的了，也就是说，Math 类不能用来创建对象，它提供的所有属性和方法都是静态的，都是直接使用类名来调用。它的一些常用方法如表 6-2 所示。

表 6-2　Math 类中的一些常用方法

方 法 名	描　述
double sin double a)	计算角 a 的正弦值
double cos(double a)	计算角 a 的余弦值
double pow(double a, double b)	计算 a 的 b 次方
double sqrt(double a)	计算给定值的平方根
int abs(int a)	计算 int 类型值 a 的绝对值。 也有接收 long、float 和 double 类型参数的方法
double ceil(double a)	返回大于等于 a 的最小整数的 double 值
double floor(double a)	返回小于等于 a 的最大整数的 double 值

续表

方 法 名	描 述
int max(int a, int b)	返回 int 型值 a 和 b 中的较大值。 也接收 long、float 和 double 类型的参数
int min(int a, int b)	返回 a 和 b 中的较小值。 也有接收 long、float 和 double 类型参数的方法
int round(float a)	四舍五入返回整数
double random()	返回带正号的 double 值，该值大于等于 0.0 且小于 1.0

由于这些方法的描述已经很清楚地表达了其功能，这里就不再举例来演示这些方法的使用了。

6.2.5 System 类

JDK API 文档是这样描述 System 类的："System 类包含一些有用的类字段和方法。不能被实例化。在 System 类提供的设施中，有标准输入、标准输出和错误输出流；有对外部定义的属性和环境变量的访问；有加载文件和库的方法；还有快速复制数组的一部分的实用方法。"

这个类用来代表与操作系统平台进行沟通的类。这个类与 Math 类有类似之处，也定义成 final 的，构造器也定义成了私有的，所有的属性和方法都是 static 的，都是直接用类名来调用。下面分别来介绍它的一些常用方法。

1. 获取标准输入、输出和错误输出流

在 System 类中，定义了 3 个 public static final 的属性，分别代表程序的标准输入流(键盘输入)、标准输出流(命令行/控制台)和标准错误输出流(命令行/控制台)。

通过这些代表标准输入输出的属性，就可以从标准输入设备读取数据或向标准输出设备输出数据了。例如最常用的 System.out.println("xxx");语句就是向标准输出设备输出一行字符串数据。

2. 数组拷贝

System 类提供了一个系统级的数组拷贝方法 arraycopy，该方法的完整定义格式为：

```
public static void arraycopy(Object src, int srcPos, Object dest,
    int destPos, int length)
```

该方法的功能是，把指定源数组 src 中指定索引 srcPos 开始的元素内容复制到目标数组 dest 中指定索引 destPos 处，总共复制 length 个元素。该方法使用了与操作系统平台相关的本地方法(C 语言编写的)来实现，所以执行性能比手动使用循环复制更高效。

使用示例如下：

```
/** 使用 System 类的 arraycopy 方法实现数组内部的拷贝 */
```

```java
public class SystemArrayCopyTest {
    public static void main(String[] args) {
        int[] x = {1, 22, 333, 4444};
        int[] y = new int[10];
        System.arraycopy(x, 0, y, 2, 3);
        for(int i : y) {
            System.out.print(i);
            System.out.print(" ");
        }
    }
}
```

程序运行的结果为：

```
0 0 1 22 333 0 0 0 0 0
```

3. 获取当前时间

System 类提供 public static long currentTimeMillis()方法，用来获取当前的计算机时间，时间值为当前计算机时间与 GMT 时间(格林威治时间)1970 年 1 月 1 日 0 时 0 分 0 秒之间的时间差，以毫秒为单位。

这个方法常用于统计某段代码或某个方法执行所耗的时间。使用示例如下：

```java
/** System.currentTimeMillis()的使用 */
public class CurrentTimeMillisTest {
    public static void main(String[] args) {
        long start = System.currentTimeMillis();
        System.out.println(test());
        long end = System.currentTimeMillis();
        System.out.println("test 执行耗时:" + (end - start) + "毫秒");
    }
    public static long test() {
        long count = 0;
        for(int i=0; i<10000000; i++) {
            count += i;
        }
        return count;
    }
}
```

如果需要更为精确的计时统计，还可以使用 System 类提供的 nanoTime 方法，这个方法返回最准确的可用系统计时器的当前值，以毫微秒为单位。

如上示例中可改为以下代码：

```java
long start = System.nanoTime();
System.out.println(test());
```

```
long end = System.nanoTime();
System.out.println("test 执行耗时:" + (end - start) + "毫微秒");
```

4. 获取或设置属性

System 类还提供了以下 3 个方法，来获取和设置系统的属性：

```
public static Properties getProperties()
public static void getProperty(String key)
publicstatic String setProperty(String key, String def)
```

系统中重要的属性以及属性的用途如表 6-3 所示。

属 性 名	属性描述
file.separator	与系统有关的文件路径分隔符。在 Windows 系统中是 "\"，在 Unix、Linux 系统中是 "/"
file.encoding	平台默认的编码方式
java.class.path	类路径列表。java.exe 工具执行程序时从哪些目录查找类文件或 JAR 文件
java.home	JRE 的安装目录
java.version	JRE 的版本号
java.io.tmpdir	临时文件存放目录
line.separator	与系统相关的换行符。Windows 系统中是 "\r\n"，在 Unix、Linux 系统中是 "\n"
os.name	操作系统名
os.version	操作系统的版本
os.arch	当前系统的架构：x86
user.name	用户的账户名
user.home	用户的主目录
user.dir	用户的工作目录

下面这个示例演示的是输出当前系统的一些属性信息：

```
/** 获取系统的属性信息 */
public class SystemPropertyTest {
    public static void main(String[] args) {
        System.out.println("当前系统名:" + System.getProperty("os.name"));
        System.out.println(
          "当前系统版本:" + System.getProperty("os.version"));
        System.out.println(
          "当前用户名:" + System.getProperty("user.name"));
        System.out.println(
          "用户的主目录:" + System.getProperty("user.home"));
        System.out.println(
          "用户的工作目录:" + System.getProperty("user.dir"));
```

```java
        System.out.println(
            "JRE 版本号:" + System.getProperty("java.version"));
        System.out.println(
            "JRE 安装目录:" + System.getProperty("java.home"));
        System.out.println(
            "临时文件存放目录:" + System.getProperty("java.io.tmpdir"));
        System.out.println(
            "当前的类路径列表:" + System.getProperty("java.home"));
        System.out.println(
            "当前系统的换行符:" + System.getProperty("line.separator"));
        System.out.println(
            "当前系统文件路径分隔符:" + System.getProperty("file.separator"));
        System.out.println(
            "当前系统的文件编码方式:" + System.getProperty("file.encoding"));
    }
}
```

程序运行后的输出结果为:

```
当前系统名:Windows 7
当前系统版本:6.1
当前用户名:qjyong
用户的主目录:C:\Users\qjyong
用户的工作目录:C:\
JRE 版本号:1.7.0_15
JRE 安装目录:D:\Java\jdk1.7.0_15\jre
临时文件的存放目录:C:\Users\qjyong\AppData\Local\Temp\
当前的类路径列表:D:\Java\jdk1.7.0_15\jre
当前系统的换行符:

当前系统文件路径分隔符:\
当前系统的文件编码方式:GBK
```

5. 获取系统的环境变量

需要在 Java 程序中使用操作系统的环境变量时,可以通过 System 类的 getenv(String name)来获取,示例代码如下:

```java
/** 获取系统环境变量 */
public class SystemEnvTest {
    public static void main(String[] args) {
        System.out.println("系统环境变量 PATH:\r\n" + System.getenv("PATH"));
        System.out.println(
            "系统环境变量 CLASSPATH:" + System.getenv("CLASSPATH"));
    }
}
```

程序运行后的输出结果为：

```
系统环境变量 PATH:
D:\Java\jdk1.7.0_15\bin;C:\Windows\system32;C:\Windows;C:\Windows\System
32\Wbem;C:\Windows\System32\WindowsPowerShell\v1.0\;C:\Program
Files\Intel\DMIX;C:\Program Files\Intel\WiFi\bin\;C:\Program
Files\Common Files\Intel\WirelessCommon\;D:\Program Files\MySQL\MySQL
Server 5.5\bin
系统环境变量 CLASSPATH:.
```

6. 运行垃圾回收器

System 类还提供了静态的 gc 方法提示 JVM 努力回收未使用的对象，以便能够快速地重用这些对象当前所占用的内存。但需要注意的是，并不是在调用 gc 方法之后 JVM 就会立即回收未用对象占用的内存，它只是告知 JVM 尽快去做这件事。

7. 退出虚拟机

还可以调用 System 类的 exit(int status)方法来强行终止当前正在运行的 JVM。方法的参数是一个状态码，根据惯例，非 0 的状态码表示异常终止。这个方法可以用在需要强制关闭当前程序的地方。

6.2.6 Runtime 类

Runtime 类提供的方法用于本应用程序与其运行的环境进行信息交互。这个类使用单例模式来构建，即一个应用程序只能通过 Runtime 类提供的 getRuntime()静态方法来获取唯一的实例。

1. 获取运行时的内存情况

Runtime 类提供了几个方法用来获取程序在运行时的内存使用情况，代码如下：

```java
/** 用 Runtime 类获取相关运行时信息 */
public class RuntimeTest {
    public static void main(String[] args) {
        Runtime runtime = Runtime.getRuntime();
        System.out.println(
            "本JVM可用的CPU数目:" + runtime.availableProcessors());
        System.out.println(
            "本JVM可用的最大内存量:" + runtime.maxMemory() + "字节");
        System.out.println(
            "本JVM当前使用的内存量:" + runtime.totalMemory() + "字节");
        System.out.println(
            "本JVM当前空闲的内存量:" + runtime.freeMemory() + "字节");
    }
}
```

程序执行时，某次的输出结果为：

```
本 JVM 可用的 CPU 数目:2
本 JVM 可用的最大内存量:259522560 字节
本 JVM 当前使用的内存量:16252928 字节
本 JVM 当前空闲的内存量:15635520 字节
```

说明一下，每个 JVM 可用的最大内存量在默认情况下是 64MB，这个值可以在使用 java.exe 运行程序时添加选项"-Xmx"来指定。

例如，使用以下命令来运行 RuntimeTest 类：

```
java -Xmx512m com.qiujy.corejava.ch06.RuntimeTest
```

程序的输出结果为：

```
本 JVM 可用的 CPU 数目:2
本 JVM 可用的最大内存量:518979584 字节
本 JVM 当前使用的内存量:16252928 字节
本 JVM 当前空闲的内存量:15635520 字节
```

也可以指定 JVM 运行时立即使用的内存量，通过 java.exe 的选项"-Xms"来指定。例如，使用如下命令来运行 RuntimeTest 类：

```
java x-Xmx512m-Xms128m com.qiujy.corejava.ch06.RuntimeTest
```

程序的输出结果为：

```
本 JVM 可用的 CPU 数目:2
本 JVM 可用的最大内存量:518979584 字节
本 JVM 当前使用的内存量:129761280 字节
本 JVM 当前空闲的内存量:129045600 字节
```

2. 执行指定的命令

Runtime 类更为有用之处，是提供了几个用于在单独的进程中执行指定的字符串命令的方法。利用这一点，可以在 Java 程序中执行操作系统自带的应用程序。最常用的用于执行指定命令的方法是：

```
public Process exec(String command) throws IOException
```

下面就用这个方法来调用 Windows 系统中安装的 WinRAR 软件进行文件的压缩和解压缩操作。如下程序中封装了一个压缩文件和一个解压文件的方法并对它们进行了测试：

```java
/** 使用 Runtime 类执行第三方应用程序 */
public class WinRARTest {
    //winrar 软件的 rar 命令全路径
    private static String rarPath = "c:\\Program Files\\WinRAR\\rar";

    public static void main(String[] args) {
```

```java
        rar("d:\\qiujy.rar", "d:\\src");
        unRar("d:\\qiujy.rar", "d:\\dest");
    }
    /**
     * 用WinRAR把源目录路径下的所有文件和子目录压缩到目标压缩文件中
     * @param destPath 目标压缩文件路径
     * @param srcfolderPath 源目录路径
     * @exception RuntimeException 压缩失败时，会抛出此异常
     */
    public static void rar(String destPath, String srcfolderPath)
      throws RuntimeException {
        //组装RAR压缩命令
        String cmd = rarPath +" a " + destPath + " "+ srcfolderPath;
        try {
            Process proc = Runtime.getRuntime().exec(cmd); //在子进程中压缩
            //等待子进程结束，判断出口值是否为0，为0表示子进程正常终止
            if (proc.waitFor() != 0) {
                System.err.println("执行rar压缩操作失败，返回码是"
                    + proc.exitValue());
            }
        } catch (Exception e) {
            throw new RuntimeException("执行rar压缩操作失败", e);
        }
    }
    /**
     * 用WinRAR把源压缩文件解压缩到目标目录路径
     * @param srcPath 目标压缩文件路径
     * @param destfolderPath 源目录路径
     * @exception RuntimeException 解压缩失败时，会抛出此异常
     */
    public static void unRar(String srcPath, String destfolderPath)
      throws RuntimeException {
        //组装RAR解压缩命令
        String cmd = rarPath + " x -o+ " + srcPath + " " + destfolderPath;
        try {
            Process proc = Runtime.getRuntime().exec(cmd); //执行解压缩
            if (proc.waitFor() != 0) {  //等待子进程结束，判断出口值
                System.err.println("执行rar解压缩操作失败，返回码是"
                    + proc.exitValue());
            }
        } catch (Exception e) {
            throw new RuntimeException("执行rar解压缩操作失败", e);
        }
    }
}
```

要正确执行完成这个程序，前提条件有 3 个：
- 本机上需要安装了 WinRAR 软件，安装目录为 C:\Program Files\目录。
- 存在 D:\src 目录，程序会对这个目录中的文件和子目录进行压缩操作。
- 存在 D:\dest 目录，程序会把压缩文件解压缩到这个目录下。

> 注意：WinRAR 是一款功能强大的压缩文件管理器。可以用来创建、管理和控制压缩文件。它支持 RAR、ZIP、GZ、JAR、ISO 等格式的压缩文件，并支持图形化界面操作和命令行方式操作。提供有 Windows 平台和 Linux 平台下的版本。在实际应用中，经常用来管理压缩文件。
>
> 常用的压缩命令格式为：
> ① rar a 压缩文件名 要压缩的文件名或目录名
> ② rar a -hp密码 压缩文件名 要压缩的文件名或目录名
> 例如，在命令行提示符切换到 WinRAR 的安装目录下，执行如下命令：
> rar a -hp123456 d:\test.rar d:\abc
> 这个命令就会把 D:\abc 目录下的所有子目录和文件都压缩到 D:\test.rar 文件中，并为每个文件头和文件数据进行加密，设置的密码为 123456。
> 常用的解压缩命令格式为：
> ① rar x 要解压缩的文件名 解压后的存放路径
> ② rar x -o+ -p 密码 要解压缩的文件名 解压后的存放路径
> 例如，在命令行 WinRAR 安装目录下，执行如下命令：
> rar x -o+ -p 123456 d:\test.rar d:\dest
> 这个命令会把 D:\test.rar 压缩文件解压缩到 D:\dest 目录下，并设置了解密的密码为 123456，并覆盖已经存在的同名文件或子目录。

6.2.7 String 类

Java 语言中用 String 类代表不可变的字符串，它是由任意多个字符组成的序列。程序中需要存储大量文字信息时，一般都会使用 String 对象。

1. 字符串的初始化

Java SE API 为字符串对象的初始化提供了多种类型的构造器，表 6-4 列出了几个常用的构造器。

表 6-4 字符串类常用构造器

方 法 名	说 明
String()	初始化一个新创建的 String 对象，它表示一个空字符序列
String(byte[] bytes)	构造一个新的 String，使用平台默认字符集解码指定的字节数组

续表

方 法 名	说 明
String(byte[] bytes, String charsetName)	构造一个新的 String，使用指定的字符集解码指定的字节数组
String(char[] value)	分配一个新的 String，它表示当前字符数组参数中包含的字符序列
String(String original)	初始化一个新创建的 String 对象，表示一个与该参数相同的字符序列；换句话说，新创建的字符串是该参数字符串的一个副本

以下方式使用构造器来初始化一个字符串对象：

```
String str = new String("corejava");
```

而由于字符串对象在 Java 程序中非常常用，Java 语言就提供了一种更为简化的初始化方法，即直接使用字符串常量来初始化一个字符串对象：

```
String s = "corejava";
```

这两种方式创建的字符串对象的内容是一样的，但原理却不同。第二种方式是直接在 JVM 提供的字符串常量池中查找到或创建一个内容为"corejava"的字符串对象(如果在字符串常量池中已经存在"corejava"字符串对象了，就直接查找出来使用；否则就新创建)，然后让字符串变量 s 指向它；第一种方式需要先在 JVM 提供的字符串常量池中查找到或创建一个内容为"corejava"的字符串对象，然后在堆空间中再创建一个对象，内容复制自字符串常量池中的"corejava"字符串对象。很明显，使用第二种方式更高效，更节省内存空间。

2．常用操作

在实际编程开发中会经常操作到字符串，所以，读者要掌握好字符串类提供的大部分操作方法的使用。下面就来分类介绍这些常用操作的方法。

(1) 获取字符串的长度

通过 String 类提供的 length 方法可以获取字符串的长度整数值，字符串的长度就是该字符串中字符的数量。例如，"corejava".length(); 返回的长度就是 8。

(2) 字符串比较

可以使用==来比较来个字符串变量是否引用自同一个字符串对象。而更为常用的是使用 String 类中覆盖 Object 类的 equals 方法来比较两个字符串变量所引用的字符串对象的内容是否相同。具体区别可以用如下示例代码来显示：

```
/** 字符串比较 */
public class StringCompareTest {
    public static void main(String[] args) {
        String s1 = "abc 中文";
        String s2 = "abc 中文";
        String s3 = new String("abc 中文");
```

```
        System.out.println(s1 == s2);
        System.out.println(s1.equals(s2));
        System.out.println("------");
        System.out.println(s1 == s3);
        System.out.println(s1.equals(s3));
    }
}
```

程序的运行结果为:

```
true
true
------
false
true
```

所以,要比较两个字符串的内容是否相同时,一定要使用 equals 方法。String 类还提供了其他比较字符串的方法,如表 6-5 所示。

表 6-5 字符串比较方法

方 法	说 明
boolean equalsIgnoreCase(String val)	此方法比较两个字符串,忽略大小写形式
int compareTo(String value)	按字典顺序('a' < 'b')比较两个字符串。如果两个字符串相等,则返回 0;如果字符串在参数值之前,则返回值小于 0;如果字符串在参数值之后,则返回值大于 0
int compareToIgnoreCase(String val)	按字典顺序比较两个字符串,不考虑大小写
boolean startsWith(String value)	检查一个字符串是否以参数字符串开始
boolean endsWith(String value)	检查一个字符串是否以参数字符串结束

(3) 字符串内容搜索

String 类提供了如表 6-6 所示的方法,用于从字符串中搜索指定字符或子字符串。

表 6-6 字符串内容搜索相关的方法

方 法	说 明
public int indexOf(int ch)	返回指定字符 ch 在此字符串中第一次出现处的索引值;如果未出现该字符,则返回-1
pubic int indexOf(int ch, int fromIndex)	返回在此字符串中第一次出现指定字符处的索引,从指定的索引开始搜索
public int indexOf(String str)	返回第一次出现的指定子字符串 str 在此字符串中的索引值;如果未出现该字符串,则返回-1

续表

方　法	说　明
public int indexOf(String str, int fromIndex)	返回指定子字符串在此字符串中第一次出现处的索引，从指定的索引开始
public int lastIndexOf(int ch)	返回最后一次出现的指定字符在此字符串中的索引值；如果未出现该字符，则返回-1
public int lastIndexOf(String str)	返回最后一次出现的指定子字符串 str 在此字符串中的索引值；如果未出现该字符串，则返回-1
public char charAt(int index)	从指定索引 index 处提取单个字符，索引中的值必须为非负

如下示例代码就是使用字符串搜索相关方法来完成的：

```java
/** 搜索字符串的内容 */
public class StringSearchTest {
    public static void main(String[] args) {
        String name = "qjyong@gmail.com";
        System.out.println("我的 Email 是: " + name);
        System.out.println("@ 的索引是:" + name.indexOf('@'));
        System.out.println(".com 的索引是:" + name.indexOf(".com"));
        if (name.indexOf('@') < name.indexOf(".com")) {
            System.out.println("该电子邮件地址有效");
        } else {
            System.out.println("该电子邮件地址无效");
        }
    }
}
```

程序运行的结果为：

```
我的 Email 是: qjyong@gmail.com
@ 的索引是:6
.com 的索引是:12
该电子邮件地址有效
```

(4) 字符串修改

String 类还提供一系列可修改字符串内容的方法，如表 6-7 所示。

表 6-7　字符串修改相关方法

方　法	说　明
public String substring(int index)	提取从位置索引 index 开始直到此字符串末尾的这部分子串
public String substring(int beginIndex, int endIndex)	提取从 beginindex 开始直到 endindex(不包括此位置)之间的这部分字符串
public String concat(String str)	将指定字符 str 串联接到此字符串的结尾，成为一个新字符串返回

续表

方　法	说　明
public String replace(char oldChar, char newChar)	返回一个新的字符串，它是通过用 newChar 替换此字符串中出现的所有 oldChar 而生成的
public String trim()	返回字符串的副本，忽略前导空白和尾部空白
public String toUpperCase();	将此字符串中的所有字符都转换为大写
public String toLowerCase()	将此字符串中的所有字符都转换为小写

需要注意的是，字符串对象是不可变的，它的长度固定，内容也不可改变，这些修改内容的方法是在原字符串的副本(一份拷贝)上进行的，返回的结果是一个新字符串对象。具体使用代码如下所示：

```java
/** 字符串修改 */
public class StringModifyTest {
    public static void main(String[] args) {
        String s1 = "Hello world";
        String s2 = "Hello";
        String s3 = " Hello world ";
        System.out.println(s1.charAt(7));
        System.out.println(s1.substring(3, 8));
        System.out.println(s2.concat("World"));
        System.out.println(s2.replace('l', 'w'));
        //类似于"\"".concat(s3.trim()).concat("\"");
        System.out.println("\"" + s3.trim() + "\"");
    }
}
```

程序运行的结果为：

```
o
lo wo
HelloWorld
Hewwo
"Hello world"
```

(5) 其他数据类型转换成字符串

在 String 类中定义了一些重载的静态 valueOf 方法，用来将各种类型的数据转换成字符串。使用示例如下：

```java
/** 其他类型数据转换成字符串 */
public class StringValueOfTest {
    public static void main(String[] args) {
        String str = String.valueOf(123456);
        String str2 = String.valueOf(new Object());
        System.out.println(str);
```

```
        System.out.println(str2);
    }
}
```

程序运行的结果为：

```
123456
java.lang.Object@190d11
```

(6) 其他方法

String 类还提供了一些其他有用的方法：如格式化方法、正则表达式查找和替换等。这些方法会在本章后续的相关内容中进行介绍。总之，String 类是最为常用的一个类，它的每一个方法都需要读者掌握。

6.2.8 StringBuilder 和 StringBuffer 类

在 Java SE API 中还提供了 StringBuilder 和 StringBuffer 类，用来代表可变的字符串。它们适用于需要对字符串内容进行频繁修改的情况，以提高性能。

StringBuilder 类和 StringBuffer 类提供了相同的操作方法，只是 StringBuilder 类的方法不保证线程同步，而 StringBuffer 类的方法保证线程同步。关于线程同步的问题，会在第 7 章作详细介绍。本节以 StringBuilder 类为例来讲解它们的使用。

StringBuilder 类常用的构造器有以下两个。

- StringBuilder()：用来构造一个其中不带字符的字符串生成器，初始容量为 16 个字符。
- StringBuilder(String str)：构造一个字符串生成器，并将其内容初始化为指定的字符串内容。

使用这两个构造器，都可以创建一个字符串生成器。通过表 6-8 提供的常用方法就可以对本字符串生成器中的字符串内容进行修改了。

表 6-8 StringBuilder 类的常用方法

方　　法	说　　明
StringBuilder append(String str)	将指定的字符串追加到此字符序列。 还提供有同名的把其他类型数据追加到此字符序列的方法
StringBuilder insert(int offset, String str)	将字符串 str 插入此字符序列指定位置中
int length()	确定 StringBuilder 对象的长度
void setCharAt(int pos, char ch)	使用 ch 指定的新值设置 pos 指定的位置上的字符
String toString()	转换为字符串形式
StringBuilder reverse()	反转字符串
StringBuilder delete(int start, int end)	此方法将删除调用对象中从 start 位置开始直到 end 指定的索引-1 位置的字符序列

续表

方 法	说 明
StringBuilder deleteCharAt(int pos)	此方法将删除 pos 指定的索引处的字符
StringBuilder replace(int start, int end, String s)	此方法使用一组字符替换另一组字符。将用替换字符串从 start 指定的位置开始替换，直到 end 指定的位置结束

具体使用示例如下：

```
/** 使用 StringBuilder 类修改字符串内容 */
public class StringBuilderTest {

    public static void main(String[] args) {

        StringBuilder sb = new StringBuilder("CoreJava");
        sb.append(" Action ");    //追加
        sb.append(1.0);           //追加
        sb.insert(9, "In ");      //指定索引处插入
        String s = sb.toString(); //转换为字符串
        System.out.println(s);
    }
}
```

该程序运行后的结果为：

```
CoreJava In Action 1.0
```

另外，StringBuilder 类提供的修改字符串内容的方法执行完成后都会返回自身的引用。所以，连续调用 StringBuilder 类的多个方法时，还可以使用如下示例中的"方法链"方式：

```
StringBuilder sb = new StringBuilder("CoreJava");
sb.append(" Action ")
  .append(1.0)
  .insert(9, "In ");
```

为了方便调试，建议使用方法链方式调用方法时，每个方法占一行。

6.3 java.util 包

java.util 包是 Java SE API 提供的各种实用工具类的集合，包含随机数生成器、日期和时间相关类、集合框架。是 Java SE API 中最重要的基础包之一。

本节主要介绍随机数生成器、日期和时间相关类。有关集合框架的内容，会在第 9 章做详细介绍。

6.3.1 Random 类

Random 类提供了生成随机数的方法。它实现的随机算法是伪随机,也就是有规则的随机。随机算法的起源数字称为种子数(seed),在种子数的基础上进行一定的变换,从而产生需要的随机数字。

相同种子数的 Random 对象,相同次数生成的随机数是完全相同的。也就是说,两个种子数相同的 Random 对象,第一次生成的随机数完全相同,第二次生成的随机数也完全相同。这点在生成多个随机数时需要特别注意。

下面就来介绍 Random 类的使用以及如何生成指定区间的随机数。

1. 构造器

Random 类提供了两个构造器:public Random()和 public Random(long seed),不带参数的构造器使用一个当前系统时间毫秒值作为种子数,利用这个种子数构造 Random 对象;而带参数的构造器需要传入种子数来创建 Random 对象。

2. 常用方法

Random 类提供了许多方法来方便地获取随机数。需要注意的是,各个方法生成的随机数都是均匀分布的。常用方法如表 6-9 所示。

表 6-9 Random 类的常用方法

方 法	说 明
public boolean nextBoolean()	生成一个随机的 boolean 值
public double nextDouble()	生成一个随机的 double 数。数值在 0.0(包括)和 1.0(不包括)之间均匀分布
public int nextInt()	生成一个随机整数。数值在$-2^{31} \sim 2^{31}-1$之间
public int nextInt(int n)	生成一个随机整数。数值在 0(包括)到 n(不包括)之间均匀分布

使用示例如下:

```java
import java.util.Random;
/** Random 类产生随机数 */
public class RandomTest {
    public static void main(String[] args) {
        Random random = new Random();
        for (int i=0; i<5; i++) {
            System.out.println(random.nextInt(11));//产生[0,11)之间的一个整数
        }
    }
}
```

程序执行一次的结果为:

```
6
7
4
10
3
```

但是，下一次执行时产生的结果就可能不相同了。

注意：在自定义类中使用到非 java.lang 包中的类时，需要用 import 关键字进行显式导入。

3. 生成指定区间的随机数

如何来生成 35 ~ 60 之间的随机整数呢？这就需要一点数学技巧了。可以先用 Random 产生 0 到 60-35=25 之间(包括 0 和 25)的随机数，再加上 35，就满足要求了。

代码如下所示：

```
int result = random.nextInt(26) + 35;
```

再进一步，如何随机产生一个'a'到'z'之间的字符呢？实际上，字符在 Java 系统内部全部都是用 int 值来保存的。所以，可以先产生一个 0 ~ 26 之间(包括 0 和 26)的随机数，然后与'a'字符做加法运算，把运算完的结果强制转换成 char 类型即可。代码如下所示：

```
char c = (char)(random.nextInt(26) + 'a');
```

6.3.2 Arrays 类

Arrays 类提供了用来操作数组的各种静态方法，被称为数组操作工具类。下面分别来介绍它提供的比较常用的数组排序、搜索、数组复制方法。

1. 排序和搜索方法

Arrays 类提供了一系列针对基本类型数组进行排序的方法和从排好序的数组中搜索指定值所在的位置(索引)的方法，方法声明的格式分别如下：

```
//对指定的int型数组按数值升序进行排序
public static void sort(int[] a)
//搜索指定的int型数组，获得指定值所在的索引值
public static int binarySearch(int[] a, int key)
```

sort 方法使用的排序算法是一个经过调优的快速排序法，binarySearch 方法使用二分搜索算法，效率都比较高。需要注意的是，搜索方法只能对排好序的数组进行操作。具体使用示例如下：

```
import java.util.Arrays;
/** 使用Arrays类对数组进行排序并搜索指定值 */
public class ArraySortAndSearchTest {
```

```java
    public static void main(String[] args) {
        int[] arr = { 3, 56, 6, 4, 9, 39 };
        System.out.println(Arrays.toString(arr));
          //输出数组内容的字符串表示形式
        Arrays.sort(arr); //调用排序方法
        System.out.println("排序后");
        System.out.println(Arrays.toString(arr));
        int index = Arrays.binarySearch(arr, 9);
          //从arr数组中搜索指定的9，返回索引
        System.out.println("9 在 arr 数组中的索引是: " + index);
    }
}
```

这里还使用了 Arrays 类的 toString(int[] a)方法返回指定数组内容的字符串表示。程序运行的输出结果为:

```
[3, 56, 6, 4, 9, 39]
排序后
[3, 4, 6, 9, 39, 56]
9 在 arr 数组中的索引是: 3
```

2. 数组复制方法

另外，Arrays 类还提供了一系列对数组进行复制的方法，方法声明格式如下所示:

```
public static int[] copyOf(int[] original, int newLength)
```

这个方法会复制指定的 int 数组，复制后获得的数组具有指定的长度，如果新数组的长度比原数组长度短，则截取原数据中指定长度的元素填充到新数组中；如果新数组的长度比原数组长度更长，则用原数组的数据填充前面的元素，后面的值用 0 填充。

使用示例如下:

```java
import java.util.Arrays;
/** 使用Arrays类的copyOf方法来复制数组 */
public class ArrayCopyTest {
    public static void main(String[] args) {
        int[] arr = { 3, 56, 6, 4, 9, 39 };
        System.out.println("原数组的内容" + Arrays.toString(arr));
        int[] dest = Arrays.copyOf(arr, 10);
        System.out.println("新数组的内容" + Arrays.toString(dest));
    }
}
```

程序执行后的输出结果为:

```
原数组的内容[3, 56, 6, 4, 9, 39]
新数组的内容[3, 56, 6, 4, 9, 39, 0, 0, 0, 0]
```

6.3.3 日期和时间相关类

在编程开发中,也经常需要对日期和时间进行处理。下面就来介绍 Java SE API 中提供的与日期和时间相关的类。

1. Date 类

在 Java 程序中,Date 类的某个实例代表的是一个时间点,也就是一个特定的瞬间,这个时间点在 Java 内部使用毫秒值来存储,这个毫秒值是从标准基准时间(即格林威治标准时(GMT)的 1970 年 1 月 1 日 00:00:00)以来的毫秒数。

Date 类中大部分的方法都不易于实现国际化,所以,这些方法都被标记为过时了。我们只需要关注未过时的构造器和方法。

(1) Date 类常用的两个构造器如下。
- Date():用来构造一个代表当前时间点的 Date 实例。
- Date(long Date):用来构造一个代表指定毫秒值(1970 年 1 月 1 日 00:00:00 以来)的 Date 实例。

(2) 它提供的常用方法如下。
- public long getTime():返回自 1970 年 1 月 1 日 00:00:00 以来此 Date 对象表示的毫秒数。
- public String toString():把此 Date 对象转换为"星期数月份天时:分:秒时区年份"形式的字符串。

Date 类的使用示例如下:

```java
import java.util.Date;
/** Date 类的使用示例 */
public class DateTest {
    public static void main(String[] args) {
        Date date = new Date();
        System.out.println(
          "自1970年1月1日00时00分00秒到当前时刻的毫秒值为: "
          + date.getTime());
        System.out.println("当前时刻的字符串格式为: " + date.toString());
    }
}
```

程序运行的输出结果为:

```
自1970年1月1日00时00分00秒到当前时刻的毫秒值为: 1248097797578
当前时刻的字符串格式为: Mon Jul 20 21:49:57 CST 2013
```

从这个输出结果中可以看到,Date 类的字符串格式不太直观。可以使用 6.4.5 节介绍的 DateFormat 类来格式化成所期望的格式。

2. Calendar 类

从 JDK 1.1 开始,Java SE API 设计者推荐使用 Calendar 类来操作日期时间的字段。Calendar 类提供的功能比 Date 类提供的强大了许多。

Calendar 类为特定瞬间提供了一组获取指定日历字段值(例如年、月、一月中的某天、一个星期中的某天、时、分、秒)的方法,也为操作日历字段值(例如获得下星期的日期)提供了一些方法。下面从 4 个方面来介绍 Calendar 类。

(1) 创建 Calendar 实例

Calendar 类是一个抽象类,它提供了一个静态工厂方法 getInstance,用来获得代表当前瞬间的 Calendar 对象。如下所示:

```
Calendar rightNow = Calendar.getInstance();
```

也可以调用它的子类 GregorianCalendar 的构造器来创建一个实例。如下所示:

```
Calendar rightNow = new GregorianCalendar();
```

(2) 获取指定日历字段值

Calendar 类最强大之处在于,它提供了 get(int field)方法,可以按需要获取指定日历字段的值。同时,它把日历字段定义成常量表示,常用的日历字段如表 6-10 所示。

表 6-10 Calendar 类的常用日历字段常量

字 段	说 明
YEAR	年
MONTH	月份。一月份的值为 0
DATE	一月中的某天。一个月中第一天的值为 1
DAY_OF_MONTH	一月中的某天
DAY_OF_WEEK	一个星期中的某天。一个星期的第一天(星期天)的值为 1
HOUR_OF_DAY	一天中的小时。24 小时制
MINUTE	一小时中的分钟
SECOND	一分钟中的秒
MILLISECOND	一秒中的毫秒
WEEK_OF_MONTH	当前月中的星期数。一个月中第一个星期的值为 1

下面是一个获取指定日历字段值的示例:

```
import java.util.Calendar;
/** 获取 Calendar 对象的指定日历字段值的示例 */
public class GetCalendarFieldTest {
    public static void main(String[] args) {
        Calendar cal = Calendar.getInstance();
        System.out.println("年:" + cal.get(Calendar.YEAR));
```

```
            System.out.println("月份:" + (cal.get(Calendar.MONTH) + 1));
            System.out.println("日:" + cal.get(Calendar.DAY_OF_MONTH));
            System.out.println("星期:" + (cal.get(Calendar.DAY_OF_WEEK) - 1));
            System.out.println("时:" + cal.get(Calendar.HOUR_OF_DAY));
            System.out.println("分:" + cal.get(Calendar.MINUTE));
            System.out.println("秒:" + cal.get(Calendar.SECOND));
    }
}
```

读者可以思考:"月份"值为什么需要加 1,而"星期"值却需要减 1?

程序执行的输出结果为:

```
年:2013
月份:3
日:23
星期:6
时:11
分:18
秒:24
```

注意,这个程序运行的结果只代表作者在某一时刻执行的结果,读者运行此程序时的结果跟这个结果是不一样的。

(3) 更改日历字段值

Calendar 类还提供了一些用于更改指定日历字段值的方法,主要有以下 4 个方法。

- public void set(int field, int value):将给定的日历字段设置为给定值。
- public final void set(int year, int month, int date):设置日历字段 YEAR、MONTH 和 DAY_OF_MONTH 的值。
- public final void set(int year, int month, int date, int hourOfDay, int minute, int second):设置日历字段 YEAR、MONTH、DAY_OF_MONTH、HOUR_OF_DAY 和 MINUTE 的值。
- public void add(int field, int amount):为指定的日历字段添加或者减去指定的时间量。

这些更改日历字段的方法的具体使用,如下面的代码所示:

```
import java.util.Calendar;
/** 修改日历字段值 */
public class ModifyCalendarFieldTest {
    public static void main(String[] args) {
        //更改为2013年8月8日 18:08:08
        Calendar cal = Calendar.getInstance();
        cal.set(2013, 7, 8, 18, 8, 8);
        System.out.println(cal.getTime());
```

```
        Calendar cal2 = Calendar.getInstance();
        //更改为本周的第一天
        cal2.set(Calendar.DAY_OF_WEEK, 1);
        System.out.println(cal2.getTime());

        //更改为昨天
        Calendar cal3 = Calendar.getInstance();
        cal3.add(Calendar.DAY_OF_MONTH, -1);
        System.out.println(cal3.getTime());
    }
}
```

当前日期是：2013 年 7 月 21 日星期二 18:43:02 秒，运行这个程序的输出结果为：

```
Fri Aug 08 18:08:08 CST 2013
Sun Jul 19 18:44:02 CST 2013
Mon Jul 20 18:44:02 CST 2013
```

> **注意**：set()方法只会对当前指定的日历字段的值进行更改，但是直到下次调用 get()、getTime()、getTimeInMillis()、add()或 roll() 时才会重新计算日历的时间毫秒值。而 add()方法会强迫日历系统立即重新计算日历的时间毫秒值和所有字段。

(4) 和 Date 对象之间的转换

Calendar 类提供了 getTime()方法，用来获取与此实例相对应的 Date 对象，还提供了 setTime(Date date)方法把给定的 Date 对象设置到此实例上。示例代码如下：

```java
import java.util.Calendar;
import java.util.Date;
/** Calendar 与 Date 之间的相互转换 */
public class Calendar2DateTest {
    public static void main(String[] args) {
        Calendar cal = Calendar.getInstance();
        //Calendar 转换成 Date
        Date date = cal.getTime();

        //Date 转换成 Calendar
        Date date2 = new Date();
        Calendar cal2 = Calendar.getInstance();
        cal2.setTime(date2);
    }
}
```

另外，Calendar 类还提供了 getTimeInMillis()方法来返回以毫秒为单位的时间值，也提供了 setTimeInMillis(long millis)方法用给定的毫秒值设置到此实例上。

6.4 国际化相关类

国际化(简称 I18N)是指某个软件应用程序运行时,在不改变它们程序逻辑的前提下支持各种语言和区域。简单地说,就是指应用程序在运行时,要根据客户操作系统平台默认的语言环境的不同,而显示不同的语言界面。

本地化(简称 L10N)是指某个软件应用程序在运行时,能支持特定地区。简单地说,就是针对不同的地区创建本地化语言的信息。

如果一个应用程序做到了国际化,那么,当这个应用程序中增加一种新的语言时,程序不需要重新编译,在显示与文化相关的数据(例如日期或货币)时,它的格式遵循用户的语言和区域。

下面首先介绍与 Java 语言相关的 Locale 类、MessageFormat 类,然后用一个实例来实现 Java 程序国际化,最后介绍与语言环境有关的数字和日期时间格式化工具类。

6.4.1 java.util.Locale 类

Locale 类的对象代表特定的地理、政治和文化地区。获取 Locale 对象的方式有 3 种。

1. 使用构造器创建

常用 public Locale(String language, String country)这个构造器根据指定的语言和区域构造一个 Locale 对象。language 语言参数和 country 区域参数都需要是一个有效的国际标准语言代码和国际标准区域代码。

国际标准语言代码是小写的两个字母,国际标准区域代码是大写的两个字母。例如,语言代码中,中文用 zh、英文用 en、日文用 ja、韩文用 ko。区域代码中,中国大陆用 CN、中国台湾用 TW、美国用 US、日本用 JP、韩国用 KR。

利用如下方式可以创建一个代表中文中国大陆的语言环境对象:

```
Locale locale = new Locale("zh", "CN");
```

2. 利用 Locale 常用语言环境预设的常量来创建

Locale 类针对常用的语言环境预设了一些常量,方便创建 Locale 对象。如下使用方式:

```
Locale locale = Locale.CHINA;      //获取代表中国大陆的 Locale 对象
Locale locale2 = Locale.US;        //获取代表美国的 Locale 对象
Locale locale3 = Locale.JAPAN;     //获取代表日本的 Locale 对象
Locale locale3 = Locale.KOREA;     //获取代表韩国的 Locale 对象
```

3. 获得此 JVM 当前默认的语言环境 Locale 对象

Locale 类提供静态方法 getDefault,可以获取 JVM 根据主机的环境在启动期间设置的默认语言环境对应的 Locale 对象。用法如下所示：

```
Locale locale4 = Locale.getDefault();
```

6.4.2　java.text.MessageFormat 类的格式化字符串

MessageFormat 提供了与语言无关的生成连接消息的方式。经常会使用此类的方法来构造向终端用户显示的消息。MessageFormat 类获取一组对象，先格式化这些对象，然后将格式化后的字符串插入到消息格式模式中的适当位置。

最常用的方法如下：

```
public static String format(String pattern, Object... arguments)
```

其中，pattern 用来指定消息格式模式，此模式中可以使用"{索引}"来预设占位符。arguments 是为消息格式模式中指定的占位符传值，它会按照占位符的索引顺序来依次传入数组中的各个元素值。使用示例如下：

```
import java.text.MessageFormat;
import java.util.Date;
/** 用 MessageFormat 格式化字符串 */
public class MessageFormatTest {
    public static void main(String[] args) {
        String pattern = "{0}程序设计语言,当前日期时间：{1}"; //消息格式模式
        String str = MessageFormat.format(pattern, "java", new Date());
        System.out.println(str);
    }
}
```

6.4.3　Java 程序国际化

Java 语言内核基于 Unicode，提供了对不同语言文字和不同地理区域的内部支持。

Java 程序的国际化思路是将程序中需要显示给客户查看的语言环境敏感的数据，根据客户默认的语言环境来显示成对应语言的信息。

Java 程序的国际化主要通过如下 3 个类完成。

- java.util.Local：对应一个特定的国家/区域的语言环境。
- java.text.MessageFormat：用于将消息格式化。
- java.util.ResourceBundle：用于加载一个资源包。

这里还需要说明一下 ResourseBundle 类，它表示的是一个资源文件的读取操作，所有的资源文件需要使用它来进行读取，读取的时候不需要加上文件的后缀，文件的后缀默认就是".properties"。此类的常用方法如下。

（1）public static final ResourceBundle getBundle(String baseName)：根据本地的语言环

境和指定的资源文件基本名,获取到资源包对应的 ResourceBundle 实例。

(2) public static final ResourceBundle getBundle(String baseName, Locale locale):根据指定的语言环境和指定的资源文件基本名,获取到资源包对应的 ResourceBundle 实例。

(3) public final String getString(String key):根据资源文件中 key 取得对应的 value。

下面,通过一个简单的"hello world"来演示一下 Java 对国际化的支持。

1. 准备资源包

为了针对不同的区域和语言,都能用计算机用户自己的本地语言向其问好,所以就不能再把问好的话语硬编码在程序中了,而应该定义在相应的资源包中。

在应用的源文件目录下提供两个资源文件,一个是默认的资源文件,取名为 msgs.properties,内容如下:

```
hello=hello, {0}! Today is {1}.
```

还有一个就是支持简体中文的资源文件,相应的文件名应该是 msgs_zh_CN.properties,内容如下:

```
hello=你好, {0}! 今天是 {1}.
```

对于这个文件的内容,由于存在中文,而 Java 语言内部却是用 Unicode 字符集来存储的,所以,在使用时还要把该文件利用 JDK 提供的 native2ascii.exe 工具转换成 Unicode 编码方式的。

可以像下面这样对中文字符串进行编码转换。打开一个 Windows 命令提示窗体,执行以下命令:

```
native2ascii.exe
```

然后命令提示符会等待用户的输入,把要转换的字符串"你好, {0}! 今天是 {1}."输入之后,执行回车,就可以产生该字符串转码后生成的内容,如图 6-4 所示。

图 6-4 用 native2ascii.exe 工具把中文转成 Unicode 码

用产生的这段内容替换掉原来文件中的中文信息。msgs_zh_CN.properties 文件更改后的内容如下:

```
hello=\u4f60\u597d, {0}! \u4eca\u5929\u662f {1}.
```

2. 引用本地化数据

准备好资源包后,就可以在程序代码中来引用这些本地化后的数据了。示例如下:

```java
import java.text.MessageFormat;
import java.util.Date;
import java.util.Locale;
import java.util.ResourceBundle;
/** Java 语言国际化示例 */
public class I18NHelloWorldTest {
    public static void main(String[] args) {
        //取得系统默认的国家/语言环境
        Locale myLocale = Locale.getDefault();
        //根据指定的国家/语言环境加载资源包
        ResourceBundle bundle = ResourceBundle.getBundle("msgs", myLocale);
        //从资源包中取得 key 所对应的消息
        String msg = bundle.getString("hello");
        //为带占位符的字符串传入参数
        String s =
          MessageFormat.format(msg, new Object[] {"张三", new Date()});
        System.out.println(s);
    }
}
```

程序执行后的输出结果为:

你好,张三!今天是 13-3-23 上午 11:58.

把当前操作系统平台的区域改为"英语(美国)"(重启系统才能生效),如图 6-5 所示。

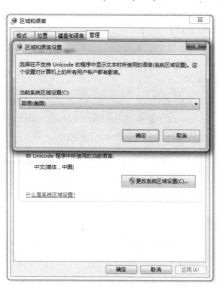

图 6-5 更改操作系统默认的区域

此时，再次运行该程序，输出的结果为：

```
hello, 张三! Today is 3/23/13 12:11 PM.
```

由此可见，本程序已经实现真正意义上的国际化了。

6.4.4 java.text.NumberFormat 类的格式化数字方法

NumberFormat 类是数值格式的抽象基类，此类提供了格式化和解析数值的方法。它提供了一组静态的 getXxxInstance 方法用来获取对应数字类型的子类对象。

(1) public static final NumberFormat getNumberInstance()：返回当前默认语言环境的通用数值格式。

(2) public static final NumberFormat getPercentInstance()：返回当前默认语言环境的百分比格式。

(3) public static final NumberFormat getCurrencyInstance()：返回当前默认语言环境的货币格式。

获取 NumberFormat 的子类对象后，就可以调用它的 format 方法对指定的数进行格式化了，具体使用示例如下：

```java
import java.text.NumberFormat;
/** 数字格式化使用示例 */
public class NumberFormatTest {
    public static void main(String[] args) {
        //默认语言环境的数值格式化器
        NumberFormat formater = NumberFormat.getNumberInstance();
        String str = formater.format(1234.567);
        System.out.println(str);
        //默认语言环境的百分比格式化器
        NumberFormat formater2 = NumberFormat.getPercentInstance();
        String str2 = formater2.format(0.1234567);
        System.out.println(str2);
        //默认语言环境的货币格式化器
        NumberFormat formater3 = NumberFormat.getCurrencyInstance();
        String str3 = formater3.format(1234.567);
        System.out.println(str3);
    }
}
```

该程序运行后的输出结果为：

```
1,234.567
12%
￥1,234.57
```

如果需要由用户自己指定的数字格式来显示数字，可以使用 DecimalFormat 类，它通过用户自定义的数字模式字符串来进行格式化或解析操作。模式字符串中使用的模式字符如图 6-6 所示。

符号	位置	含义
0	数字	阿拉伯数字
#	数字	阿拉伯数字，如果不存在则显示为 0
.	数字	小数分隔符或货币小数分隔符
-	数字	减号
,	数字	分组分隔符
E	数字	分隔科学计数法中的尾数和指数。*在前缀或后缀中无需加引号。*
;	子模式边界	分隔正数和负数子模式
%	前缀或后缀	乘以 100 并显示为百分数
\u2030	前缀或后缀	乘以 1000 并显示为千分数
¤ (\u00A4)	前缀或后缀	货币记号，由货币符号替换。
'	前缀或后缀	用于在前缀或或后缀中为特殊字符加引号，例如 "'#'#" 将 123 格式化为 "#123"。

图 6-6　数字模式字符

具体使用示例如下：

```java
import java.text.DecimalFormat;
/** DecimalFormat 使用示例 */
public class DecimalFormatTest {
    public static void main(String[] args) {
        System.out.println(formatDecimal("#,###.##", 12345.6));
        System.out.println(formatDecimal("000,000.00", 12345.6789));
        System.out.println(formatDecimal("##.00%", 0.123456789));
        System.out.println(formatDecimal("¤#,###.00", 12345.6789));
    }
    public static String formatDecimal(String pattern, double number) {
        DecimalFormat df = new DecimalFormat(pattern);
        return df.format(number);
    }
}
```

程序运行时的输出结果为：

```
12,345.6
012,345.68
12.35%
￥12,345.68
```

6.4.5　java.text.DateFormat 类的格式化日期时间方法

DateFormat 是日期/时间格式化的抽象基类，它可以用来格式化(日期→文本)或解析文本→日期或时间。具体子类对象是通过它提供的静态工厂方法来获取的，常用的静态工厂方法如下。

(1) public static final DateFormat getDateInstance()：获取日期格式器，该格式器具有默认语言环境的默认格式化风格。

(2) public static final DateFormat getDateInstance(int style)：获取日期格式器，该格式器具有默认语言环境的给定格式化风格。

日期风格在 DateFormat 类中已经定义成了常量，主要有 SHORT(短的)、DEFAULT(默认的)、MEDIUM(中等的)、LONG(长的)、FULL(完整的)。

(3) public static final DateFormat getTimeInstance()：获取时间格式器，该格式器具有默认语言环境的默认格式化风格。

(4) public static final DateFormat getTimeInstance(int style)：获取时间格式器，该格式器具有默认语言环境的给定格式化风格。时间风格跟日期风格类似，可用的常量值有 SHORT(短的)、DEFAULT(默认的)、MEDIUM(中等的)、LONG(长的)、FULL(完整的)。

(5) public static final DateFormat getDateTimeInstance()：获取日期/时间格式器，该格式器具有默认语言环境的默认格式化风格。

(6) public static final DateFormat getDateTimeInstance(int dateStyle, int timeStyle)：获取日期/时间格式器，该格式器具有默认语言环境的给定日期和时间格式化风格。

获取到 DateFormat 的子类对象后，就可以通过它的 public final String format(Date date) 方法把一个日期时间对象格式化成默认格式或指定格式的字符串；通过它的 public Date parse(String source) throws ParseException 方法，可以把一个字符串按默认格式或指定格式解析成日期时间对象。具体使用示例如下：

```java
import java.text.DateFormat;
import java.text.ParseException;
import java.util.Date;
public class DateFormatTest {/** 日期/时间格式化使用示例 */
    public static void main(String[] args) {
        //得到默认语言环境默认格式化风格的日期格式化器
        DateFormat formater = DateFormat.getDateInstance();
        String str = formater.format(new Date());
        System.out.println("日期: " + str);

        //得到默认语言环境指定格式化风格的时间格式化器
        DateFormat formater2 =
          DateFormat.getTimeInstance(DateFormat.MEDIUM);
        String str2 = formater2.format(new Date());
        System.out.println("时间: " + str2);

        //得到默认语言环境默认格式化风格的日期/时间格式化器
        DateFormat formater3 = DateFormat.getDateTimeInstance();
        String str3 = formater3.format(new Date());
        System.out.println("时间: " + str3);
        try {
            //把指定字符串解析成默认语言环境默认格式化风格的日期/时间
            Date date = formater3.parse("2013-08-08 18:08:08");
```

```
        System.out.println(date);
    } catch (ParseException ex) {
        ex.printStackTrace();
    }
  }
}
```

该程序运行后的输出结果为:

```
日期: 2013-7-21
时间: 21:36:46
时间: 2013-7-21 21:36:46
Fri Aug 08 18:08:08 CST 2013
```

有时,需要按指定的日期/时间格式来显示日期时间对象所代表的时刻,或需要将某个指定格式的字符串解析成日期/时间对象,这就需要用到 DateFormat 的 SimpleDateFormat 子类。

SimpleDateFormat 类通过用户自定义的日期时间模式字符串来进行格式化或解析操作。模式字符串中使用的模式字母如图 6-7 所示。

字母	日期或时间元素	表示	示例
G	Era 标志符	Text	AD
y	年	Year	1996; 96
M	年中的月份	Month	July; Jul; 07
w	年中的周数	Number	27
W	月份中的周数	Number	2
D	年中的天数	Number	189
d	月份中的天数	Number	10
F	月份中的星期	Number	2
E	星期中的天数	Text	Tuesday; Tue
a	Am/pm 标记	Text	PM
H	一天中的小时数 (0-23)	Number	0
k	一天中的小时数 (1-24)	Number	24
K	am/pm 中的小时数 (0-11)	Number	0
h	am/pm 中的小时数 (1-12)	Number	12
m	小时中的分钟数	Number	30
s	分钟中的秒数	Number	55
S	毫秒数	Number	978
z	时区	General time zone	Pacific Standard Time; PST; GMT-08:00
Z	时区	RFC 822 time zone	-0800

图 6-7　日期时间模式字符串使用的模式字母

示例代码如下:

```
import java.text.ParseException;
import java.text.SimpleDateFormat;
import java.util.Date;
/** SimpleDateFormat 使用示例 */
public class SimpleDateFormatTest {
    public static void main(String[] args) {
        //用指定的日期时间模式创建 SimpleDateFormat 对象
        SimpleDateFormat sdf =
            new SimpleDateFormat("yy-MM-dd EEE HH:mm:ss");
        //把指定日期时间对象格式化成字符串
```

```
        String str = sdf.format(new Date());
        System.out.println(str);
        //用指定的日期时间模式创建 SimpleDateFormat 对象
        SimpleDateFormat sdf2 =
          new SimpleDateFormat("yy年MM月dd日 HH时mm分ss秒");
        try {
            //把指定字符串解析成日期时间对象
            Date date = sdf2.parse("2013年08月08日18时18分18秒");
            System.out.println(date);
        } catch (ParseException ex) {
            ex.printStackTrace();
        }
    }
}
```

程序运行后的输出结果为：

```
13-07-21 星期二 21:50:16
Fri Aug 08 18:18:18 CST 2013
```

6.5 正则表达式相关类

正则表达式(Regular Expression)描述了一种字符串匹配的模式。当需要定位符合特定模式的字符串时，就需要使用正则表达式。例如，判断某电子邮箱号是否合法、从某个HTML 网页中抓取出所有的电子邮箱号、把某字符串中的所有"张三"字符串替换成"李四"字符串等。

6.5.1 正则表达式语法

正则表达式是由普通字符(例如字符 a 到 z)以及一些特殊字符(称为元字符)组成的文字模式。它作为一个模板，将某个字符模式与所搜索的字符串进行匹配。

最简单的情况下，一个正则表达式看上去就是一个普通的查找串。例如，正则表达式"java"，它只包含普通字符而没有元字符，它可以匹配"java"、"core java"、"javaweb"等字符串，但是不能匹配"JAVA"、"Java"字符串。

最为重要是，在正则表达式中使用元字符后，它的匹配功能变得异常强大。所以，理解元字符是使用好正则表达式的一个重要基础。

元字符从功能上分为限定符、选择匹配符、特殊字符、字符匹配符、定位符、分组组合符、反向引用符。下面分别进行介绍。

1. 限定符

限定符用于指定其前面的单个字符或者组合项连续将会出现多少次。具体的限定符如

表 6-11 所示。

表 6-11 元字符中的限定符

限 定 符	说 明
*	匹配前面的字符或子表达式零次或多次。 例如："ja*"匹配"j"和"jaa"
+	匹配前面的字符或子表达式一次或多次。 例如："ja+"与"ja"和"jaa"匹配，但与"j"不匹配
?	匹配前面的字符或子表达式零次或一次。 例如："core?"匹配"cor"或"core"
{n}	正好匹配 n 次。n 是一个非负整数。 例如："o{2}"与"Bob"中的"o"不匹配，与"food"中的两个"o"匹配
{n,}	至少匹配 n 次。 例如："o{2,}"与"Bob"中的"o"不匹配，与"foooood"中的所有"o"匹配。 "o{0,}"等效于"o*"
{n,m}	最少匹配 n 次，且最多匹配 m 次。m 和 n 均为非负整数，其中 n<=m。 例如："o{1,3}"匹配"fooooood"中的头三个 o。"o{0,1}"等效于"o?"。 注意：不能将空格插入逗号和数字之间

2. 选择匹配符

选择匹配符只有一个"|"，它用于选择匹配两个选项之中的任意一个。

例如，"j|java"匹配"j"或"java"，"(j|q)ava"匹配"java"或"qava"。

3. 特殊字符

普通字符可以直接用来表示它们本身，也可以用它们的 ASCII 码或 Unicode 码来代表。使用 ASCII 码表示一个字符时，必须指定为一个两位的十六进制代码，并在前面加上\x。例如，要匹配字符 b，它的 ASCII 码为 98，十六进制是 62，所以，表示 b 字符可以用"\x62"。使用 Unicode 码表示字符时，必须指定为字符串的四位十六进制表示形式。例如，要匹配字符 b，就可以它的 Unicode 码"\u0062"。实际上，用 Unicode 码来代表字符的最常见情况是用来表示中文字符的范围"\u4E00-\u9FA5"。

另外，在元字符中用到的字符由于有特殊含义，如果要当作普通字符来使用，就需要使用"\"来进行转义，例如，"*"用来匹配"*"字符，"\?"用来匹配问号字符，"\n"匹配一个换行符、"\r"匹配一个回车符、"\t"匹配一个制表符、"\f"匹配一个换页符、"\v"匹配一个垂直制表符等。

4. 字符匹配符

字符匹配符用于匹配指定字符集合中的任意一个字符，具体如表 6-12 所示。

表 6-12　元字符中的字符匹配符

字　符	说　明
[...]	字符集。匹配指定字符集合包含的任意一个字符。 例如："[abc]"可以与"a"、"b"、"c"三个字符中的任意一个匹配
[^...]	反向字符集。匹配指定字符集合未包含的任意一个字符。 例如："[^abc]"匹配"a"、"b"、"c"三个字符以外的任意一个字符
[a-z]	字符范围。匹配指定范围内的任意一个字符。 例如："[a-z]"匹配"a"到"z"范围内的任何一个小写字母。"[0-9]"匹配"0"到"9"范围内的任何一个数字
[^a-z]	反向字符范围。匹配不在指定范围内的任何一个字符。 例如："[^a-z]"匹配任何不在"a"到"z"范围内的任何一个字符。"[^0-9]"匹配不在"0"到"9"范围内的任何一个字符
.	匹配除"\n"之外的任何单个字符。若要匹配包括"\n"在内的任意字符,应使用诸如"[\s\S]"之类的模式
\d	数字字符匹配。等效于[0-9]
\D	非数字字符匹配。等效于[^0-9]
\w	匹配任何单词字符,包括下划线。与"[A-Za-z0-9_]"等效
\W	与任何非单词字符匹配。与"[^A-Za-z0-9_]"等效
\s	匹配任何空白字符,包括空格、制表符、换页符等。与"[\f\n\r\t\v]"等效
\S	匹配任何非空白字符。与"[^\f\n\r\t\v]"等效

5. 定位符

定位符用于规定匹配模式在目标字符串中的出现位置,具体如表 6-13 所示。

表 6-13　元字符中的定位符

字　符	说　明
^	匹配输入字符串开始的位置。^必须出现在正则模式文本的最前面才起定位作用
$	匹配输入字符串结尾的位置。$必须出现在正则模式文本的最前面才起定位作用
\b	匹配一个单词边界。 例如:"er\b"匹配"never love"中的"er",但不匹配"verb"中的"er"
\B	非字边界匹配。 例如:"er\B"匹配"verb"中的"er",但不匹配"never"中的"er"

6. 分组组合符

分组组合符就是用()将正则表达式中的某一部分定义为"组",并且将匹配这个组的字符保存到一个临时区域。分组组合符在字符串提取的时候非常有用。主要有以下几种形式的分组组合符。

(1) (pattern)：捕获性分组。将圆括号中的 pattern 部分组合成一个组合项当作子匹配，每个捕获的子匹配项按照它们在正则模式中从左到右出现的顺序存储在缓冲区中，编号从 1 开始，可供以后使用。如"(dog)\1"可以匹配"dogdogdog"中的"dogdog"。

(2) (?:pattern)：非捕获性分组。即把 pattern 部分组合成一个组合项，但不能捕获供以后使用。

(3) (?=pattern)：正向预测匹配分组。也是非捕获的分组。在被搜索字符串的相应位置必须有 pattern 部分匹配的内容，但这部分匹配的内容又不作为匹配结果处理。例如，"windows (?=xp|2003)"正则模式，与"windows xp"或"windows 2003"中的"windows"匹配，不与"windows vista"中的"windows"匹配。匹配的结果也只是其中的"windows"部分。

(4) (?!pattern)：负向预测匹配分组。也是非捕获的分组。在被搜索字符串的相应位置必须没有 pattern 部分匹配的内容。例如，"windows (?!95|98|NT|2000)"能匹配"Windows 3.1"中的"Windows"，但不能匹配"Windows 2000"中的"Windows"。

7. 反向引用符

用于对捕获分组后的组进行引用的符号。用"\组编号"来引用。例如，要匹配"good good study, day day up!"中所有连续重复的单词部分，可使用"\b([a-z]+)\1\b"来匹配。

另外，还可以使用"$组编号"对分组匹配的结果字符串进行引用。

6.5.2　Java SE 中的正则表达式 API

Java 语言从 J2SE 1.4 之后才开始支持正则表达式。在 java.util.regex 包中提供了两个最终类：Pattern 和 Matcher。一个 Pattern 对象是一个正则表达式经编译后的表现形式，也叫"模式编译器"；Matcher 对象通过解释指定模式对字符串进行匹配检查，也叫"模式匹配器"。

Pattern 类的常用方法如下。
- public static Pattern compile(String regex)：将给定的正则表达式编译，并返回编译后的 Pattern 对象。
- public static Pattern compile(String regex, int flags)：将给定的正则表达式编译，并返回编译后的 Pattern 对象。flags 参数表示匹配时的选项，常用的 flags 参数值有如下几种。
    ◆ CASE_INSENSITIVE：启用不区分大小写的匹配。
    ◆ COMMENTS：模式中允许空白和注释。
    ◆ MULTILINE：启用多行模式。
- public Matcher matcher(CharSequence input)：创建用于匹配给定输入字符序列的模式匹配器。
- public static boolean matches(String regex, CharSequence input)：直接判断字符序列

input 是否匹配正则表达式 regex。当需要使用一个正则表达式对同一字符序列进行多次匹配的时候，对正则表达式进行预编译，能够提高执行效率。但是，如果这个匹配只需进行一次的话，就可以调用这个 matches 方法直接判断是否匹配，这样使用起来会更方便一些。

Matcher 类的常用方法如下。

- public boolean matches()：尝试将整个字符序列区域与模式匹配。当且仅当整个字符序列区域匹配此匹配器的模式，返回 true。
- public boolean lookingAt()：尝试将输入序列从头开始与该模式匹配。
- public boolean find()：扫描输入序列，以查找与该模式匹配的下一个子序列。
- public String group()：返回由以前匹配操作所匹配的输入子序列。
- public String group(int group)：返回在以前匹配操作期间由给定组捕获的输入子序列。此方法在字符串提取中经常用到。
- public String replaceAll(String replacement)：替换模式与给定替换字符串相匹配的输入序列的每个子序列。
- public String replaceFirst(String replacement)：替换模式与给定替换字符串匹配的输入序列的第一个子序列。
- public int start()：返回以前匹配的初始索引。
- public int start(int group)：返回在以前的匹配操作期间，由给定组所捕获的子序列的初始索引。

组合 Pattern 类和 Matcher 类，就能使用正则表达快速完成字符串的匹配、查找、替换和分割等操作。我们来看下面这个简单的使用示例：

```java
import java.util.regex.Matcher;
import java.util.regex.Pattern;
/** 正则表达式使用示例 */
public class RegexTest {
    public static void main(String[] args) {
        System.out.println(matchLoginname("qiujy"));
        System.out.println(getFileName("c:/abc/bcd/def.txt"));
    }
    //检查登录名是否合法：只有由数字字母下划线组成，长度4个以上
    public static boolean matchLoginname(String loginname) {
        return Pattern.matches("\\w{4,}", loginname);
    }
    //提取指定路径名中的文件名
    public static String getFileName(String path) {
        String result = "";
        String regex = ".+/(.+)$";
        Matcher m = Pattern.compile(regex).matcher(path);
        if(m.find()) {
```

```
            result = m.group(1);    //获取指定分组编号匹配到的字符串
        }
        return result;
    }
}
```

程序运行的输出结果为：

```
true
def.txt
```

> 注意：在 Java 语言中，"\"是转义字符。在正则表达式中要使用"\"字符，就需要用"\\"来指定；要使用"\\"，就需要用"\\\\"。

6.5.3 字符串类中与正则表达式相关的方法

String 类中有几个功能方法使用到了正则表达式，分别说明如下。
- public boolean matches(String regex)：告知此字符串是否匹配给定的正则表达式。
- public String[] split(String regex)：根据给定正则表达式的匹配拆分此字符串。
- public String replaceAll(String regex, String replacement)：使用给定的 replacement 替换此字符串所有匹配给定的正则表达式的子字符串。
- public String replaceFirst(String regex, String replacement)：使用给定的 replacement 替换此字符串匹配给定的正则表达式的第一个子字符串。

在上面示例中检查登录名是否合法的方法也可以改为如下方式：

```
public static boolean matchLoginname(String loginname) {
    return loginname.matches("\\w{4,}");
}
```

6.5.4 正则表达式使用示例

本节将演示使用正则表达式来完成一些在实际应用开发中遇到的字符串匹配、查找、替换和分割等问题。

1. 验证中文名是否合法

在 Unicode 代码中，中文字符的范围是 "\u4E00-\u9FA5"。所以，验证中文名是否合法的方法如下：

```
public boolean checkChineseName(String cn) {
    return Pattern.matches("[\\u4E00-\\u9FA5]+", cn);
}
```

2. 验证 E-mail 地址

一个合法 E-mail 地址的特征就是以一个字符序列开始,后边跟着"@"符号,后边又是一个字符序列,后边跟着符号".",最后是字符序列。所以,验证 E-mail 地址是否合法的方法如下:

```java
public boolean checkEmail(String email) {
    return Pattern.matches(
        "[a-zA-Z0-9]+@[a-zA-Z0-9]+\\.[a-zA-Z0-9]+", email);
}
```

3. 验证手机号

目前,中国的手机号是以 13、15、16、18 开头的 11 位数字。所以,验证手机号是否合法的方法如下:

```java
public static boolean checkMobilePhoneNumbers(String num) {
    return Pattern.matches("^1[3568]\\d{9}", num);
}
```

4. 验证邮政编码

中国大陆地区的邮政编码是由 6 位数据组成的。所以,验证邮政编码是否合法的方法为:

```java
public static boolean checkPostCode(String code) {
    return Pattern.matches("\\d{6}", code);
}
```

5. 字符串替换

下面是一个理顺结巴语的程序代码,主要利用正则表达式匹配出连接重复的字符,然后把它替换成单个的重复字符。使用到"$分组编号"来引用分组匹配到的结果字符串:

```java
String str = "我我我要要学Java";

//匹配所有的连续重复的字符
Matcher m = Pattern.compile("(.+)\\1+").matcher(str);
//把匹配上的字符串替换成第一个分组匹配的结果
str = m.replaceAll("$1");
System.out.println(str);
```

执行这段代码之后,str 的内容变为了"我要学 Java"。

总之,用正则表达式来执行字符串匹配、查找、替换和分割等操作,是一种高效的做法。熟练掌握正则表达式的使用,会为编程带来很大的方便。

6.6 大数字操作

Java 语言中是支持大数字操作的。那么怎样的数字才叫作大数字呢？假设有这样一个数字：6666666666666666666666666666666666666666666666666666，这样的数字是无法用 Java 语言中的整数类型存储的，这种数字就是常说的大数字。如果有个需求，要计算出这个数字的平方值，该怎么办呢？

Java SE 在 java.math 包中为大数字提供了两个专门的类：BigInteger 和 BigDecimal。通过这两个类，就可以完成对大数字的常见运算操作。

6.6.1 BigInteger

BigInteger 类代表任意精度的整数。也提供了任意精度整数的常见运算操作。

(1) 创建一个 BigInteger 对象的常用方式有两种。

- 使用构造器 public BigInteger(String val)：用指定的字符串类型的数创建一个 BigInteger 对象。
- 使用类方法 public static BigInteger valueof(long val)：把一个 long 类型整数值转换成 BigInteger 对象。

(2) BigInteger 提供的常用运算操作方法如下。

- public BigInteger add(BigInteger val)：两个大数字的加运算。
- public BigInteger subtract(BigInteger val)：两个大数字的减运算。
- public BigInteger multiply(BigInteger val)：两个大数字的乘运算。
- public BigInteger divide(BigInteger val)：两个大数字的除运算。
- public BigInteger remainder(BigInteger val)：两个大数字的模运算。
- public BigInteger[] divideAndRemainder(BigInteger val)：带模除运算。返回的结果数组中的第一个元素保存的是相除的商，第二个元素保存的是余数。

具体使用示例如下：

```java
import java.math.BigInteger;
/** 大整数算术运算示例 */
public class BigIntegerTest {
public static void main(String[] args) {
        BigInteger bi = new BigInteger("6666666666666666666");
        BigInteger bi2 = new BigInteger("12345678901234567890");
        System.out.println("和: " + bi.add(bi2));
        System.out.println("差: " + bi.subtract(bi2));
        System.out.println("积: " + bi.multiply(bi2));
        System.out.println("商: " + bi.divide(bi2));
        System.out.println("余: " + bi.remainder(bi2));
    }
}
```

程序运行后的输出结果为：

```
和：79012345567901234556
差：54320987765432098776
积：82304526008230452599176954739917695 4740
商：5
余：4938272160493827216
```

6.6.2 BigDecimal

BigDecimal 代表任意精度的浮点数，也提供了任意精度浮点数的常见运算操作。在银行软件开发中，经常需要使用 BigDecimal 类来进行数据的精确运算操作。

(1) 创建一个 BigDecimal 对象的常用方式有两种。

- 使用构造器 public BigDecimal(String val)：用指定的字符串类型的浮点数创建一个 BigDecimal 对象。
- 使用类方法 public static BigDecimalvalueof(double val)：把一个 double 类型浮点数值转换成 BigDecimal 对象。

(2) BigDecimal 提供的常见运算操作方法如下。

- public BigDecimal add(BigDecimal val)：两个大浮点数的加运算。
- public BigDecimal subtract(BigDecimal val)：两个大浮点数的减运算。
- public BigDecimal multiply(BigDecimal val)：两个大浮点数的乘运算。
- public BigDecimal divide(BigDecimal divisor, int scale, int roundingMode)：两个大浮点数的除运算。

具体使用示例如下：

```java
import java.math.BigDecimal;

/** 大浮点数的算术运算示例 */
public class BigDecimalTest {

    public static void main(String[] args) {

        BigDecimal bd = new BigDecimal("6666666666666666.666666666");
        BigDecimal bd2 = new BigDecimal("1234561234567890.123456789");

        System.out.println("和:" + bd.add(bd2));
        System.out.println("差:" + bd.subtract(bd2));
        System.out.println("积:" + bd.multiply(bd2));
        System.out.println("商:"
            + bd.divide(bd2, 5, BigDecimal.ROUND_HALF_UP));
    }
}
```

程序运行后的输出结果为：

```
和:7901227901234556.790123455
差:5432105432098776.543209877
积:82304082304526008230452591 76959.176954739917695474
商:5.40003
```

6.7 上机实训

1. 实训目的

(1) 掌握 Java SE API 文档的正确使用方法。

(2) 掌握 lang 包中包装类的使用。

(3) 掌握字符串相关类的使用。

(4) 掌握日期和时间相关类的使用。

(5) 熟练使用正则表达式来完成字符串的处理。

2. 实训内容

(1) 编写一个 Java 方法，用来统计所给字符串中大写英文字母的个数、小写英文字母的个数以及非英文字母的个数，并在 main 方法中进行测试。

(2) 编写一个 Java 方法，用来返回源字符串中指定子字符串出现的次数。例如，源字符串为"String testString StringtestString Stringtest test"，要查找的子字符串为"test"，该方法应该返回 4。

(3) 编写一个 Java 方法，生成 5 个不重复的英文小写字母，并按字母顺序排列好。

(4) 编写一个 Java 方法，返回两个给定日期相差的天数。

(5) 封装 5 个方法，完成以下相应功能。

① 获取昨天的日期对象(假设当前日期是 2013 年 08 月 08 日，则昨天的日期是 2013 年 08 月 07 日)。

② 获取本周第一天的日期对象。

③ 获取上周第一天的日期对象。

④ 获取本月第一天的日期对象。

⑤ 获取上月第一天的日期对象。

编写测试类，对 5 个方法进行测试，并用 SimpleDateFormat 类对输出的日期用"xxxx 年 xx 月 xx 日"的格式显示。

(6) 用正则表达式查找"java ajava bjavac djavadoc java"中"java"出现的次数。

(7) 用正则表达式验证给定的用户名是否合法。合法用户名的要求是：只能以英字母开头，字符只能包括英文字母、数字和下划线，长度必须在 6~20 位之间。

本 章 习 题

选择题

(1) 针对如下枚举定义:

```
public enum Season { SPRING, SUMMER, FALL, WINTER }
```

下列叙述哪些正确?(多选)

  A. 枚举可以建立变量,如 Season s = Season.FALL;
  B. 使用 switch 语句时,case 条件值必须写为 "case Sesson.SPRING" 格式
  C. 使用 for 循环时,必须用 "for(int i = SPRING; i < WINTER; i++)" 格式
  D. Season 枚举类型定义中还可以添加属性和方法,甚至是构造方法

(2) 有字符串 String str = "Java 程序设计语言";(注意,此字符串中是没有任何空格的),调用 str.substring(4, str.length()-1)后,返回的字符串内容是什么?

  A. a 程序设计语言 B. 程序设计语言 C. 程序设计语 D. a 程序设计语

(3) 假设当前日期是 2008-08-08,通过 Calendar 的 add(Calendar.DAY_OF_MONTH, -7),日期变成_____。

  A. 2008-01-08 B. 2008-08-01 C. 2001-08-08 D. 2008-08-15

(4) 以下哪些正则表达式可以验证 5~20 个字符(只包括字母、数字、下划线、中文)的字符串?

  A. "^[\w\u4e00-\u9fa5]{5,20}$"
  B. "^.{5,20}$"
  C. "^[a-zA-Z_1-9\u4e00-\u9fa5]{5}$"
  D. "^\S{5,20}$"

(5) 下面的代码一共创建了几个对象?

```
String s1 = "abc";
String s2 = s1;
String s3 = new String("abc");
```

  A. 1 B. 2 C. 3 D. 4

(6) 要获取 "2013 年 09 月 09 日 9 时 9 分 9 秒" 这种格式的字符串,则需要定义 SimpleDateFormat 的模式字符串为:

  A. "yyyy 年 mm 月 dd 日 hh 时 MM 分 ss 秒"
  B. "年月日时分秒"
  C. "yyyy 年 MM 月 dd 日 HH 时 mm 分 ss 秒"
  D. "年年年年月月日日时时分分秒秒"

第 7 章
多线程

学习目的与要求：

多线程机制是 Java 语言中的一个重要特性，也是比较难以理解的一个知识点。本章着重讲解线程的概念和原理、Java 语言中如何创建多线程程序、线程的状态及转换条件、多线程的调度、线程的控制、线程的同步处理以及线程间的交互等。

通过本章的学习，读者应该理解多线程的机制，并掌握如何处理多线程的同步问题。

7.1 线程概述

现代的大型应用程序都需要高效地完成大量任务，其中使用多线程技术就是一个提高效率的重要途径。本章就来详细介绍 Java 语言中的多线程编程知识，读者应该重点理解多线程的运行机制及线程同步的机制。

在讲解多线程之前，先来理解进程和线程的异同点。

7.1.1 进程

现代计算机使用的操作系统几乎都是多任务执行程序的，即能够同时执行多个应用程序。例如，你可以在编写 Java 代码的同时听音乐、同时发送电子邮件等。在多任务操作系统中，每个独立执行的程序称为进程，也就是"正在进行中的程序"。

如图 7-1 所示，是 Windows 7 系统任务管理器中的进程图，从中以看到当前操作系统有多个任务正在同时执行。

图 7-1 Windows 任务管理器中的进程列表

对于计算机而言，所有的应用程序都是由操作系统控制执行的。操作系统执行多个应用程序时，会负责对 CPU、内存等资源进行分配和管理。操作系统使用抢占方式或分时间片方式交替执行多个程序，这些应用程序看起来就像是在并行运行一样。

7.1.2 线程

本章之前编写的 Java 程序都是从 main 方法中的代码一行一行往下执行的，执行完成后又回到 main 方法，结束整个应用程序。这种顺序执行的程序被称为单线程程序。单线程程序在同一个时间内只执行一个任务。

在实际处理问题的过程中，单线程程序往往不能适应日趋复杂的业务需求。例如，电信局提供的电话服务，经常需要在同一时间内服务上亿的用户，如果是一个用户通话完毕后才能服务下一个用户，这样的效率太低了，根本不符合实际要求。要想提高服务的效率，可以采用多线程的程序来同时处理多个请求任务。

多线程程序扩展了多任务操作的概念，它将程序中的多个任务操作降低一级来执行，即一个程序看起来是在同一个时间内执行多个任务，每个任务通常称为一个线程。这种能够同时执行多个线程的程序称为多线程程序。

7.1.3 多进程和多线程的区别

要理解线程，就需要理解清楚进程和线程的概念。进程(Process)是指每个独立程序在计算机上的一次执行活动。例如，运行中的 QQ 程序、运行中的 MP3 播放器等。运行一个程序，就是启动了一个进程。显然，程序是静态的，而进程是动态的。

进程可以进一步细化为线程(Thread)。线程就是一个程序内部的一条执行路径。如果一个程序可以在同一时间内执行多个线程，我们就说这个程序是支持多线程的。

在操作系统中能同时运行多个程序叫多进程。而在同一应用程序中多条执行路径并发执行叫多线程，线程和进程有如下区别：

- 每个进程都有独立的代码和数据空间(进程上下文)，进程间的切换开销大。
- 同一进程内的多个线程共享相同的代码和数据空间，每个线程有独立的运行栈和程序计数器(PC)，线程间的切换开销小。

在实际编程开发中，通常在以下情况中需要使用到多线程。

(1) 一个程序需要同时执行两个或多个任务。

(2) 一个程序需要实现一些需要等待的任务时，例如用户输入、文件读写操作、网络操作、搜索等。

(3) 需要一些后台运行的程序时。

7.2 线程的创建和启动

在 Java 语言中，也可以开发多线程的程序。在创建和启动多线程程序之前，先来看看单线程程序的一些具体细节。

7.2.1 单线程程序

先来看一段大家已经很熟悉的程序代码：

```
/** 单线程程序 */
public class SingleThreadTest {
    public void method1() {
        System.out.println("执行方法1...");
    }
```

```
    public void method2() {
        System.out.println("执行方法2...");
    }
    public static void main(String args[]) {
        System.out.println("main 方法执行开始");
        SingleThreadTest s = new SingleThreadTest();
        s.method1();
        s.method2();
        System.out.println("main 方法执行结束");
    }
}
```

当运行这个类时，JVM 会启动一个线程：将 main()方法放在这个线程执行空间的最开始处。该线程会从程序入口 main()方法开始，每行代码逐一调用执行。这个类的执行过程如图 7-2 所示。

图 7-2　Java 程序的执行过程

这种只有一条执行路径顺序执行的程序就是前面介绍过的单线程程序。运行 main 方法的线程通常称为主线程。主线程都是由 JVM 来启动的。

其实，JVM 允许一个应用程序在执行时可以同时运行多个线程，通过 Java SE API 提供的 java.lang.Thread 类来实现。Thread 类有如下特性。

(1) 每个线程都是通过某个特定 Thread 对象的 run()方法来完成其操作的。经常会把 run()方法体称为线程体。

(2) 通过该 Thread 对象的 start()方法来启动这个线程。

7.2.2　创建新线程

Java 语言中提供了两种创建新线程的方式。

1. 将类定义为 java.lang.Thread 类的子类并重写 run 方法

java.lang.Thread 类代表线程类，它提供了一个 run 方法，run 方法体中放置的是准备在线程中执行的代码，此方法的方法体中目前没有代码。因此，自定义的线程类需要继承 Thread 类并重写 run 方法。

代码如下所示：

```
class MyThread extends Thread {   //继承自 Thread 类
    public void run() {
        //要在线程中执行的代码
        for(int i=0; i<100; i++) {
            System.out.println("MyThread:" + i);
        }
    }
}
```

定义好线程类后，创建一个新线程就只需要创建出该类的一个实例就可以了，代码如下所示：

```
Thread thread1 = new MyThread();
```

2. 定义实现 java.lang.Runnable 接口的类

java.lang.Runnable 接口声明了可以在线程中运行的类所具有的功能。Runnable 接口只定义了一个 run 方法代表线程体，即准备在线程中执行的代码应该放置到这个方法中。

如下代码中定义了一个实现了 Runnable 接口的类：

```
class MyRunner implements Runnable {   //实现 Runnable 接口

    public void run() {
        //要在线程中执行的代码
        for(int i=0; i<100; i++) {
            System.out.println("MyRunner:" + i);
        }
    }
}
```

定义好这个可以在线程中运行的类之后，只需要把它的实例作为参数传入 Thread 类的构造方法中，就可以创建出一个新线程：

```
MyRunner mr = new MyRunner();
Thread thread2 = new Thread(mr);
```

> **注意**：选择创建线程的方式时，一般都建议使用第二种方式，即采用实现 Runnable 接口的方式。一是可以避免由于 Java 的单一继承带来的局限；二是可以将同一个 Runnable 工作放入不同的线程中运行，实现不同线程共享相同的变量资源。例如，两个业务员可以销售同一家公司的产品，多个火车售票网点可以出售同一车次的车票。

7.2.3 启动线程

要手动启动一个新线程，只需要调用 Thread 实例的 start 方法即可：

```java
thread1.start();
thread2.start();
```

完整的多线程启动程序如下所示:

```java
/** 创建和启动多个线程 */
public class FirstThreadTest {
    public static void main(String[] args) {
        System.out.println("主线程开始执行");
        Thread thread1 = new MyThread();
        System.out.println("启动一个新线程(thread1)...");
        thread1.start();

        MyRunner mr = new MyRunner();
        Thread thread2 = new Thread(mr);
        System.out.println("启动一个新线程(thread2)...");
        thread2.start();
        System.out.println("主线程执行完毕");
    }
}
```

该程序某次运行时的输出结果如下所示:

```
主线程开始执行
启动一个新线程(thread1)...
启动一个新线程(thread2)...
主线程执行完毕
MyThread:0
MyRunner:0
MyThread:1
MyThread:2
MyThread:3
MyThread:4
MyThread:5
MyThread:6
MyRunner:1
MyRunner:2
MyRunner:3
MyRunner:4
...(省略了一些输出)
MyThread:99
MyThread:100
```

从这段运行输出结果来看,主线程会先执行,然后启动了两个子线程(由主线程创建的新线程都叫子线程),但这两个子线程并没有立刻都来执行,而是统一由 JVM 来调度,调度到哪个线程,就由哪个线程执行片刻。多运行几次本程序,每次的输出结果都可能不相同，说明 JVM 调度线程的执行顺序是随机的。

可以用图 7-3 来大致示意多线程的执行流程。

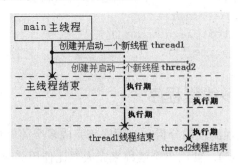

图 7-3 多线程的执行流程

从图 7-3 中可以看出，JVM 执行多线程程序时，在某一个时刻其实也只能运行一个线程，但 JVM 用抢占方式或分时间片方式来轮换执行各个线程，每个线程执行的时间间隔非常短，看起来就好像是多个线程在同时执行。

7.2.4 Thread 类的常用方法

java.lang.Thread 类是线程的主要操作类，提供的常用方法如下。

- public void start()：用于启动该线程的方法。需要注意的是，在某个线程实例上调用这个方法后，并不一定就立即执行这个线程，它还得等待 JVM 的调度，只有 JVM 调度到该线程时，它才执行。
- public static Thread currentThread()：返回对当前正在执行的线程对象的引用。
- public ClassLoader getContextClassLoader()：返回该线程的上下文 ClassLoader。上下文 ClassLoader 由线程创建者提供，供运行于该线程中的代码在加载类和资源时使用。
- public final boolean isAlive()：测试线程是否还活着。
- public Thread.State getState()：返回该线程的当前状态。
- public final String getName()：返回该线程的名称。
- public final void setName(String name)：设置该线程名称。
- public final void setDaemon(boolean on)：将该线程标记为守护线程或用户线程。
- public final void setPriority(int newPriority)：更改线程的优先级。
- public static void sleep(long millis) throws InterruptedException：在指定的毫秒数内让当前正在执行的线程休眠(暂停执行)。
- public void interrupt()：中断线程。
- public final void join() throws InterruptedException：等待该线程终止。
- public static void yield()：暂停当前正在执行的线程对象，并执行其他线程。

这些方法在这只是做个简单描述，后续还会详细介绍。下面这段代码常用来获取当前

类路径(classpath)的绝对路径:

```
//使用方法链调用方式获得当前classpath的绝对路径的URL表示法
URL url = Thread.currentThread()
            .getContextClassLoader()
            .getResource("");
```

7.2.5 为什么需要多线程程序

根据图 7-3 多线程执行流程的分析，让程序来完成多个简单任务(例如，调用多个只完成 for 循环数字自增的方法)，使用单个线程来完成要比使用多个线程来完成所用的时间肯定会更短，因为 JVM 在调度管理每个线程上肯定会花费一定的时间。那为什么程序中还需要多线程呢？

这是因为，多数的应用程序在解决某个实际问题时，并不是只做类似数字自增的操作，而是需要完成更复杂的操作，例如，读取文件内容、把数据写入文件、操作数据库、发送邮件等，这些操作往往是程序的性能瓶颈。如果程序使用单线程，程序在完成存在性能瓶颈的操作过程时，其他操作必须等待，只有该操作完成之后才能进行其他操作，使程序进入一种阻塞状态，用户的体验效果将会很差；而程序使用多线程时，可以在不同的线程执行不同的执行，这些存在性能瓶颈的操作和其他操作都可以并发执行，增强了用户体验，也提高了 CPU 的利用率，从整体上减少了程序的执行时间。

7.2.6 线程分类

Java 中的线程分为两类：一种叫用户线程；另一种叫守护线程。先前看到的例子都是用户线程，守护线程是一种"在后台提供通用性支持"的线程，它并不属于程序本体。它们几乎在每个方面都是相同的，唯一的区别是，守护线程在没有其他用户线程运行时，会自动退出，因为它是用来服务用户线程的，如果没有其他用户线程在运行，那么就没有可服务对象，也就没有理由继续下去。

通过调用下面的方法，可以把一个用户线程变成一个守护线程：

```
thread.setDaemon(true);
```

守护线程是为其他线程提供服务的一种线程，除此之外，它就没有其他特别的功能。

JVM 内部的 Java 垃圾回收线程就是一个典型的守护线程，当程序中不再有任何运行中的 Thread 时，程序就不会再产生垃圾，垃圾回收器也就无事可做，所以，当垃圾回收线程是 JVM 上仅剩的线程时，Java 虚拟机会自动离开，结束程序的运行。

7.3 线程的状态及转换

一个线程从它的创建到销毁的过程中，会经历不同的状态。线程状态之间也会随着一些事件的发生而发生转换，线程的状态和转换是一个比较复杂的问题。要想掌握线程的使用，就需要很好地理解它的各个状态和状态之间的转换时机。

一个线程创建之后，它总是处于其生命周期的 6 种状态之一。JDK 中用 Thread.State 枚举表示出了这 6 种状态。

- NEW：至今尚未启动的线程处于这种状态。称为"新建"状态。
- RUNNABLE：正在 Java 虚拟机中执行的线程处于这种状态。称为"可运行"状态。
- BLOCKED：受阻塞并等待某个监视器锁的线程处于这种状态。称为"阻塞"状态。
- WAITING：无限期地等待另一个线程来执行某一特定操作的线程处于这种状态。称为"等待"状态。
- TIMED_WAITING：等待另一个线程来执行取决于指定等待时间的操作的线程处于这种状态。称为"超时等待"状态。
- TERMINATED：已退出的线程处于这种状态。称为"中止"状态。

下面来介绍各个状态的特征及它们之间的相互转换关系。

7.3.1 新线程

当创建 Thread 类(或其子类)的一个实例时，就意味着该线程处于 NEW 状态。当一个线程处于新创建状态时，它的线程体中的代码并未得到 JVM 的执行。

7.3.2 可运行的线程

一旦调用了该线程实例的 start 方法，该线程便是个可运行的线程了，可运行的线程并不一定立即就在执行了，需要等待 JVM 线程调度器赋予运行的时间。

当线程里的代码开始执行时，该线程便开始运行了(Sun 官方并不将这种情况视为一个专门的状态，正在运行的线程仍然处于可运行状态)。

一旦线程开始运行，它不一定始终保持运行状态。因为 JVM 线程调度器随时可能会打断它的执行，以便其他线程得到执行机会。

7.3.3 被阻塞和处于等待状态下的线程

当一个线程被堵塞或处理等待状态时，它将暂时停止，不会执行线程体内的代码，消耗资源也最少。

(1) 当一个可运行的线程在获取某个对象锁时，若该对象锁被别的线程占用，则 JVM 会把该线程放入锁池中。这种状态也叫同步阻塞状态。

(2) 当一个线程需要等待另一个线程来通知它的调度时，就进入等待状态。这通常是通过调用 Object 类的 wait 或 Thread 类的 join 方法来使一个线程进入等待状态的。在实际应用中，阻塞和等待状态的区别并不大。

(3) 有几个带超时值的方法会导致线程进入定时等待状态。这种状态维持到超时过期或收到适当的通知为止。这些方法主要包括 Object 类的 wait(long timeout)方法、Thread 类的 join(long timeout)方法、Thread 类的 sleep(long millis)方法。

7.3.4 被终止的线程

基于以下原因，线程会被终止：
- 由于 run 方法的正常执行完毕而自然中止。
- 由于没有捕获到的异常事件终止了 run 方法的执行而导致线程突然死亡。

如果想要判断某个线程是否还活着(也就是判断它是否处于可运行状态或阻塞状态)，可以调用 Thread 类提供的 isAlive 方法，如果这个线程处于可运行状态或阻塞状态，将返回 true；如果这个线程处于新建状态或被中止状态，将返回 false。

综合上面对几个状态的描述，可以把线程的状态用图 7-4 来表示。

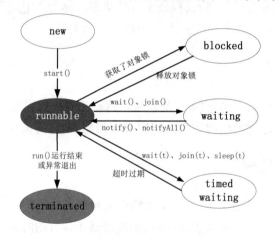

图 7-4 线程的状态及转换

7.4 多线程的调度和优先级

7.4.1 线程调度原理

JVM 提供了一个线程调度器，这个线程调度器对线程的调度采用的可能是抢占式模型，也可能是分时间片式模型，这与 JVM 的具体实现相关，但不管采用哪种模型，都可以让多个线程"并发"执行。

抢占式模型中，假设一个程序有若干个线程，JVM 线程调度器会根据它们的优先级、饥饿时间(已经多长时间没有被执行了)，算出一个总的优先级来，JVM 线程调度器就会让总优先级最高的这个线程来执行。随着时间的推移，其他的线程会越来越饥饿，因此算出来的总优先级就会越来越高，JVM 线程调度器就可能会让此时优先级最高的线程来执行。

在分时间片模型中，所有的线程排成一个队列。JVM 线程调度器按照他们的顺序，给每个线程分配一段时间(毫秒级)，即该线程允许运行的时间。如果在时间片结束时线程还没有执行完毕，则它的执行权会被 JVM 线程调度器剥夺并分配给另一个线程。如果线程在时间片结束前阻塞或结束，则 JVM 线程调度器立即进行切换。JVM 线程调度器所要做的就是维护一张就绪线程列表，当线程用完它的时间片后，它被移到队列的末尾。

7.4.2　线程优先级

线程调度器是让 JVM 对多个线程进行系统级的协调，以避免多个线程争用有限资源而导致应用系统死机或者崩溃。

为了把不同线程对操作系统和用户的重要性区分开，Java 定义了线程的优先级策略，它把线程优先级分为 10 个等级，分别用 1~10 之间的数表示，数越大，表明线程的级别越高，线程调度器在应用程序中启动后会监控进入就绪状态的所有线程，优先级高的线程会获得较多的运行机会。另外，为了方便开发者使用这个优先级，在 Thread 类中定义了表示线程最低、最高和普通优先级的三个静态成员变量：MIN_PRIORITY、MAX_PRIORITY 和 NORMAL_PRIORITY，它们代表的优先级等级分别为 1、10 和 5。当一个线程对象被创建时，其默认的线程优先级是 NORMAL_PRIORITY，也就是 5 这个级别。

操作线程优先级的方式很简单，在创建完线程对象之后，通过调用线程对象的 setPriority 方法就可以改变该线程的运行优先级，而调用 getPriority 方法则可以获取当前线程的优先级。例如下面的示例代码：

```java
/** 线程优先级设置 */
public class ThreadPriorityTest {
    public static void main(String[] args) {
        Thread t0 = new Thread(new R()); //第一个子线程
        Thread t1 = new Thread(new R()); //第二个子线程
        t1.setPriority(Thread.MAX_PRIORITY); //把第二个子线程的优先级设置为最高
        t0.start();
        t1.start();
    }
}
class R implements Runnable {
    public void run() {
        for (int i=0; i<100; i++) {
            System.out.println(
                Thread.currentThread().getName() + ": " + i);
        }
    }
}
```

本程序中的 t1 线程具有更高的优先级，程序在执行过程中，获得执行的机会就更多，但并不是说优先级高的线程就一定会先执行完。

> **注意：**不同操作系统平台线程的优先级等级可能跟 Java 线程的优先级别不匹配，甚至有的操作系统完全忽略线程优先级。所以，为了提高程序的移植性，不建议手工调整线程的优先级。

7.5 线程的基本控制

7.5.1 线程睡眠

在线程体中调用 sleep 方法会使当前线程进入睡眠状态。调用 sleep 方法时，都需要传入一个毫秒数作为当前线程睡眠的时间，线程睡眠相应毫秒数后便会苏醒，重新进入可运行状态。

在实际开发应用中，为了调整各个子线程的执行顺序，可以通过线程睡眠的方式来完成。代码如下所示：

```java
/** 线程睡眠示例 */
public class ThreadSleepTest {
    public static void main(String[] args) {
        System.out.println("主线程开始执行");
        Thread thread1 = new Thread(new SleepRunner());
        thread1.start();
        System.out.println("启动一个新线程(thread1)...");
        Thread thread2 = new Thread(new NormalRunner());
        thread2.start();
        System.out.println("启动一个新线程(thread2)...");
        System.out.println("主线程执行完毕");
    }
}
class SleepRunner implements Runnable {
    public void run() {
        try {
            Thread.sleep(100);   //线程睡眠100毫秒
        } catch (InterruptedException e) {
            e.printStackTrace();
        }

        // 要在线程中执行的代码
        for (int i=0; i<100; i++) {
            System.out.println("SleepRunner:" + i);
        }
```

```
    }
}
class NormalRunner implements Runnable {
    public void run() {
        // 要在线程中执行的代码
        for (int i=0; i<100; i++) {
            System.out.println("NormalRunner:" + i);
        }
    }
}
```

运行这个程序后,在控制台的输出结果如下:

```
主线程开始执行
启动一个新线程(thread1)...
启动一个新线程(thread2)...
主线程执行完毕
NormalRunner:0
NormalRunner:1
NormalRunner:2
NormalRunner:3
...
NormalRunner:98
NormalRunner:99
SleepRunner:0
SleepRunner:1
SleepRunner:2
SleepRunner:3
...
SleepRunner:98
SleepRunner:99
```

7.5.2 线程让步

Thread 类提供的 yield 方法会暂停当前正在执行的线程,把执行机会让给具有相同或者更高优先级的线程。示例如下:

```
/** 线程让步示例 */
public class ThreadYieldTest {
    public static void main(String[] args) {
        //获取当前线程的名称
        System.out.println(Thread.currentThread().getName());
        Thread thread1 = new Thread(new YieldThread());
        thread1.start();
        Thread thread2 = new Thread(new YieldThread());
        thread2.start();
```

```java
    }
}
class YieldThread implements Runnable {
    public void run() {
        for(int i=0; i<100; i++) {
            System.out.println(Thread.currentThread().getName() + ":" + i);
            if(i%10 == 0) {      //当 i 可以被 10 整除时,当前线程让步给其他线程
                Thread.yield();   //线程让步的方法
            }
        }
    }
}
```

这个程序里的子线程在运行过程中,当变量 i 的值可以被 10 整除时,这个线程就会让步,让别的线程有执行的机会。

7.5.3 线程加入

有时需要线程间的接力来完成某项任务,这就要需要调用线程类的 join 方法,join 方法可以使两个交叉执行的线程变成顺序执行。代码如下:

```java
/** 线程合并操作 */
public class ThreadJoinTest {
    public static void main(String[] args) {
        Thread thread1 = new Thread(new MyThread3());
        thread1.start();
        //主线程中执行 for 循环
        for (int i=1; i<=50; i++) {
            System.out.println(Thread.currentThread().getName() + ":" + i);
            if (i == 30) {
                try {
                    thread1.join();     //把子线程加入到主线程中执行
                } catch(InterruptedException e) { e.printStackTrace(); }
            }
        }
    }
}
class MyThread3 implements Runnable {
    public void run() {
        for (int i=1; i<=20; i++) {
            System.out.println(Thread.currentThread().getName() + ":" + i);
            try {
                Thread.sleep(10);
            } catch(InterruptedException e) { e.printStackTrace(); }
        }
    }
}
```

```
    }
}
```

在这个程序里,当主线程中的 for 循环执行到 i=30 时,会把子线程加入进来执行,子线程执行完毕后,再回来执行主线程。

7.6 多线程的同步

7.6.1 线程安全问题

大多数需要运行多线程的应用程序中,两个或多个线程需要共享对同一个数据的访问。如果每个线程都会调用一个修改共享数据状态的方法,那么,这些线程将会互相影响对方的运行。为了避免多个线程同时访问一个共享数据,必须掌握如何对访问进行同步。

举一个示例来说明这个问题。有一运动会门票销售系统,它有 5 个销售点,共同销售 1000 张开幕式门票。用多线程来模拟这个销售系统的代码如下:

```
/** 运动会门票销售系统 */
public class TicketOfficeTest {
    public static void main(String[] args) {
        TicketOffice off = new TicketOffice();   //要多线程运行的售票系统
        Thread t1 = new Thread(off);
        t1.setName("售票点 1"); //设置线程名
        t1.start();
        Thread t2 = new Thread(off);
        t2.setName("售票点 2");
        t2.start();
        Thread t3 = new Thread(off);
        t3.setName("售票点 3");
        t3.start();
        Thread t4 = new Thread(off);
        t4.setName("售票点 4");
        t4.start();
        Thread t5 = new Thread(off);
        t5.setName("售票点 5");
        t5.start();
    }
}
class TicketOffice implements Runnable {
    private int tickets = 0;   //门票计数器--成员变量
    public void run() {         //线程体
        boolean flag = true;   //是否还有票可卖--局部变量
        while (flag) {
            flag = sell();     //售票
```

```java
        }
    }
    public boolean sell() {    //售票方法,返回值表示是否还有票可卖
        boolean flag = true;
        if(tickets < 1000) {
            tickets = tickets + 1;   //更改票数
            System.out.println(Thread.currentThread().getName()
                + ":卖出第" + tickets + "张票");
        } else {
            flag = false;
        }
        //为了增大出错的几率,让线程睡眠15毫秒
        try {
            Thread.sleep(15);
        } catch (InterruptedException e) { e.printStackTrace(); }
        return flag;
    }
}
```

运行这个程序,在控制台得到如下输出结果:

```
售票点 1:卖出第 1 张票
售票点 3:卖出第 2 张票
售票点 5:卖出第 3 张票
售票点 2:卖出第 4 张票
售票点 4:卖出第 5 张票
售票点 1:卖出第 6 张票
售票点 3:卖出第 7 张票
售票点 5:卖出第 8 张票
售票点 2:卖出第 9 张票
售票点 4:卖出第 10 张票
售票点 1:卖出第 11 张票
售票点 3:卖出第 13 张票
售票点 2:卖出第 13 张票
售票点 5:卖出第 15 张票
售票点 4:卖出第 15 张票
售票点 1:卖出第 16 张票
售票点 3:卖出第 18 张票
...
```

注意观察这个输出结果,发现程序运行时可能会出现一些错误情况,那就是不同售票点会重复售出同一张门票,这显然不符合要求。这个问题就出现在两个线程同时试图更新门票计数器时,某个时刻有两个线程同时在执行 sell 方法中的下面这行代码:

```
tickets = tickets + 1;
```

JVM 在执行这行代码时,并不是用一条指令就执行完成了,它需要分成以下几个步骤

进行。

(1) 将成员变量 tickets 的值装入当前线程的寄存器中。

(2) 取出当前线程寄存器中 tickets 的值加上 1。

(3) 将结果重新赋值给成员变量 tickets。

现在，假设第一个线程执行了第 1 步操作和第 2 步操作，当它要执行第 3 步操作时，JVM 线程调度器暂停了它的执行，而调度第二个线程执行了，第二个线程顺利完成了以上 3 步操作，把成员变量 tickets 的值更新了。接着，第一个线程又被调度执行，并且继续完成它的第 3 个步骤的操作。这样就撤消了第二个线程对成员变量的值的修改。结果，出现两个售票点卖出同一张票的问题。具体流程可以用图 7-5 来表示。

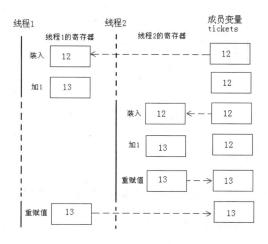

图 7-5　两个线程同时执行共享数据的操作

7.6.2　synchronized 关键字

为了让多线程共享区域中数据的安全性，可以通过关键字 synchronized 来加保护伞。synchronized 有两种使用方式。

1. 同步方法

把 synchronized 放在方法声明中，表示整个方法为同步方法，例如：

```
public synchronized boolean sell() {    //同步售票方法，返回值表示是否还有票可卖
    boolean flag = true;
    if(tickets < 100) {
        tickets = tickets + 1;   //更改票数
        System.out.println(Thread.currentThread().getName()
            + ":卖出第" + tickets + "张票");
    } else {
        flag = false;
    }
    try {
```

```
        Thread.sleep(15);  //为了增大出错的几率,让线程睡眠 15 毫秒
    } catch (InterruptedException e) { e.printStackTrace(); }
    return flag;
}
```

多线程程序运行过程中,JVM 会保证某个线程中该 synchronized 方法在执行结束前不会被别的线程打断,这种运行机制称为同步线程机制;而先前没有使用 synchronized 修饰的方法,一个线程在执行过程中可能会被其他线程打断,这种运行机制是异步线程机制。同步线程机制和异步线程机制的具体区别如图 7-6 所示。

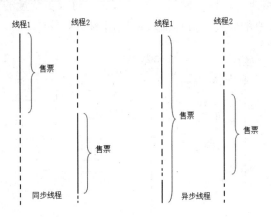

图 7-6 同步线程和异步线程运行情况的比较

一般来说,在线程体内执行的方法代码中如果操作到(访问或修改)共享数据(成员变量),那么就需要给其方法加上 synchronized 标志。这样才能保证在其他线程使用这个共享数据之前,当前这个线程能运行到结束。

当然,同步也是需要付出代价的,线程中调用到了同步方法时,JVM 都需要执行某个监控程序来保证这个机制。

2. 同步代码块

把线程体内会操作到共享数据的代码语句封装在"{}"之内,用 synchronized 放在某个对象前面修饰这个代码块。例如:

```
public boolean sell() {      //售票方法,返回值表示是否还有票可卖
    boolean flag = true;
    synchronized(this) {     //同步会操作到共享数据的代码块
        if(tickets < 100) {
            tickets = tickets + 1;  //更改票数
            System.out.println(Thread.currentThread().getName()
                + ":卖出第" + tickets + "张票");
        } else {
            flag = false;
        }
    }
```

```
//为了增大出错的几率，让线程睡眠 15 毫秒
try {
    Thread.sleep(15);
} catch(InterruptedException e) { e.printStackTrace(); }
return flag;
}
```

这种情况只是同步了会操作到共享数据的代码，比同步整个方法会更有效率。

7.6.3 对象锁

同步机制的实现主要是利用到了"对象锁"。在 JVM 中，每个对象和类在逻辑上都是与一个监视器相关联的。对于对象来说，关联的监视器保护的是对象的实例变量；对于类来说，关联的监视器保护的是类的类变量(静态变量)。如果一个对象里没有实例变量，或者一个类中没有类变量，相关联的监视器就什么也不监视。

为了实现监视器的排他性监视能力，JVM 为每一个对象都关联一个锁。这个锁用来在任何时候只允许被一个线程拥有。通常情况下，线程访问当前对象的实例变量时不需锁。但是如果当前线程获取了当前对象的锁，那么在它释放这个锁之前，其他任何线程都不能获取当前对象的锁了。也就是说，一个线程在访问对象的实例变量时获取了当前对象的锁，在这个线程访问结束之前，其他任何线程都不能访问这个对象的实例变量了。概括成一句话就是，在某一时刻一个对象的锁只能被一个线程拥有。

使用"电话亭"的比喻来帮助读者理解对象锁：假设一有个带锁的电话亭，当一个线程运行 synchronized 方法或执行 synchronized 代码块时，它便进入电话亭并将它锁起来。当另一个线程试图运行这个 synchronized 方法或 synchronized 代码块时，它无法打开电话亭的门，只能在门口等待，直到第一个线程退出 synchronized 方法或 synchronized 代码块并打开锁后，它才有机会进入这个电话亭。

Java 编程人员并不一定要手动为对象执行加锁、解锁操作。只需要使用同步方法或者同步代码块就可以标志一个监视区域。当每次进入一个监视区域时，JVM 都会自动锁上所指定的对象或者类，退出这个监视区域时，JVM 会自动打开指定的对象或类上的这把锁。

在 Java SE 1.5 以上的版本中，又提供了另外一种显式加锁机制，即使用 java.util.concurrent.locks.Lock 接口提供的 lock 方法来获取锁，用 unlock 方法来释放锁。在实现线程安全的控制中，通常会使用可重入锁 ReentrantLock(当某个线程获得锁后，其他线程将等待这个锁被释放后才可以获得这个锁)实现类来完成这个功能。代码如下所示：

```
private Lock lock = new ReentrantLock();   //创建 Lock 实例
...
public boolean sell() {    //售票方法，返回值表示是否还有票可卖
    boolean flag = true;
    lock.lock();   //获取锁
    if(tickets < 100) {
```

```
            tickets = tickets + 1;   //更改票数
            System.out.println(Thread.currentThread().getName()
                    + ":卖出第" + tickets + "张票");
        } else {
            flag = false;
        }
        lock.unlock();   //释放锁
        try {
            Thread.sleep(15);
        } catch (InterruptedException e) { e.printStackTrace(); }
        return flag;
    }
```

通常，Lock 方式提供了比 synchronized 代码块更广泛的锁定操作、允许更灵活的结构。因此，在使用 Java SE 1.5 以上版本编写多线程程序时，建议使用 Lock 来显式加锁。

7.6.4 死锁

Java 语言中的同步特性给控制多线程安全问题带来很大的方便。但在使用时考虑不周的话，就可能会引发线程死锁的问题。看如下程序：

```
/** 死锁问题演示 */
public class DeadLockTest implements Runnable {
    public boolean flag = true;
    private static final Object res1 = new Object();   //资源1
    private static final Object res2 = new Object();   //资源2
    public void run() {
        if (flag) {
            /* 锁定资源 res1 */
            synchronized (res1) {
                System.out.println("锁定资源1，等待资源2...");
                try {
                    Thread.sleep(1000);
                } catch (InterruptedException e) { }
                /* 锁定资源 res2 */
                synchronized (res2) {
                    System.out.println("Complete.");
                }
            }
        } else {
            /* 锁定资源 res2 */
            synchronized (res2) {
                System.out.println("锁定资源2，等待资源1***");
                try {
                    Thread.sleep(1000);
```

```
                } catch (InterruptedException e) { }
                /* 锁定资源 res1 */
                synchronized (res1) {
                    System.out.println("Complete.");
                }
            }
        }
    }
    public static void main(String[] args) {
        DeadLockTest r1 = new DeadLockTest();
        DeadLockTest r2 = new DeadLockTest();
        r2.flag = false;
        Thread t1 = new Thread(r1);
        Thread t2 = new Thread(r2);
        t1.start();
        t2.start();
    }
}
```

执行这个程序后，在控制台的输出结果为：

```
锁定资源1，等待资源2...
锁定资源2，等待资源1***
```

然后，程序就卡住了，形成了死锁。死锁产生的原因为：线程 1 锁住资源 A 等待资源 B，线程 2 锁住资源 B 等待资源 A，两个线程都在等待自己需要的资源，而这些资源被另外的线程锁住，这些线程你等我、我等你，谁也不愿意让出资源。在编写多线程的应用程序时，特别需要小心，以免出现死锁问题。著名的"哲学家进餐问题"其实描述的就是多线程死锁问题。

要解决死锁问题，主要的措施就是加大锁的粒度，不要分别同步各个资源的操作代码块，而是统一放在一个同步块中。有兴趣的读者可以上网搜索"哲学家进餐问题"，理解它的解决办法。

7.7 线程交互

7.7.1 Object 提供的 wait 和 notify 方法

wait 方法和 notify 方法是 Java 同步机制中重要的组成部分，与 synchronized 关键字结合起来使用，可以建立很多优秀的同步模型。

> 注意：java.lang.Object 类中提供了 wait、notify、notifyAll 方法，只能在 synchronized 方法、snychronized 代码块、Lock 代码块中使用，否则就会报 java.lang.IllegalMonitorStateException 异常。

当 wait 方法被调用时,当前线程将被中断运行,并且放弃该对象的锁;当另外的线程执行了某个对象的 notify 方法后,会唤醒在此对象等待池中的某个线程,使之成为可运行的线程;notifyAll 方法会唤醒所有等待这个对象的线程,使之成为可运行的线程。

对 wait、notify 和 notifyAll 这 3 个方法的理解可以归纳为如图 7-7 所示的情形。

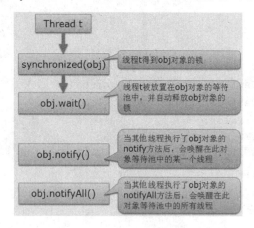

图 7-7　wait 方法和 notify 方法的理解

7.7.2　生产者-消费者问题

下面来看一个线程交互的经典问题:生产者-消费者(Producer-Consumer)问题。这个问题的解决就是通过使用 wait 和 notifyAll 方法。

问题描述是这样的:生产者将生产出来的产品放置到仓库,而消费者从仓库处取走产品。仓库一次只能存放固定数量的产品,如果生产者生产了过多的产品,仓库就得通知生产者停止生产,如果仓库有空位存放产品了,再通知生产者继续生产;如果仓库中没有产品了,仓库会通行消费者先停止取产品,如果仓库中有产品了,再通知消费者来取走产品。这里可能出现的问题有:

- 生产者生产产品比消费者消费产品快时,消费者可能会漏掉一些产品没有取到。
- 消费者消费产品比生产者生产产品快时,消费者可能会两次取到同一个产品。

如下代码就是此问题的解决方案:

```java
/** 生产者-消费者问题 */
public class ProductTest {
    public static void main(String[] args) {
        Repertory repertory = new Repertory();          //仓库
        new Thread(new Producer(repertory)).start();    //生产者线程
        new Thread(new Consumer(repertory)).start();    //消费者线程
    }
}
class Repertory {       //仓库
    //默认为 0 个产品
    private int product = 0;
```

```java
        //生产者生产出来的产品放置到仓库中
        public synchronized void addProduct() {
            if (this.product >= 5) {
                try {
                    this.wait();    //产品已满,请稍候再生产
                } catch (InterruptedException e) {
                    e.printStackTrace();
                }
            } else {
                product++;
                System.out.println("生产者生产第" + product + "个产品");
                this.notifyAll();    //通知等待区的消费者可以取产品了
            }
        }
        //消费者从仓库中取产品
        public synchronized void getProduct() {
            if (this.product <= 0) {
                try {
                    this.wait();    //缺货,请稍候再取
                } catch (InterruptedException e) {
                    e.printStackTrace();
                }
            } else {
                System.out.println("消费者取走了第" + product + "个产品");
                product--;
                this.notifyAll();    //通知等待区的生产者可以生产产品了
            }
        }
}

class Producer implements Runnable {    //生产者线程要执行的任务
    private Repertory repertory;
    public Producer(Repertory repertory) {
        this.repertory = repertory;
    }
    public void run() {
        System.out.println("生产者开始生产产品");
        while (true) {
            try {
                Thread.sleep((int)(Math.random() * 10) * 100);
            } catch (InterruptedException e) {
                e.printStackTrace();
            }
            repertory.addProduct();    //生产产品
        }
    }
}
```

```
class Consumer implements Runnable {    //消费者线程要执行的任务
    private Repertory repertory;
    public Consumer(Repertory repertory) {
        this.repertory = repertory;
    }
    public void run() {
        System.out.println("消费者开始取走产品");
        while (true) {
            try {
                Thread.sleep((int) (Math.random() * 10) * 100);
            } catch (InterruptedException e) {
                e.printStackTrace();
            }
            repertory.getProduct(); // 取产品
        }
    }
}
```

下面是这个程序运行后的输出结果。注意，由于环境不同，每次运行该程序时输出结果都可能会不同：

```
生产者开始生产产品
消费者开始取走产品
生产者生产第 1 个产品
生产者生产第 2 个产品
消费者取走了第 2 个产品
消费者取走了第 1 个产品
生产者生产第 1 个产品
消费者取走了第 1 个产品
生产者生产第 1 个产品
消费者取走了第 1 个产品
生产者生产第 1 个产品
生产者生产第 2 个产品
消费者取走了第 2 个产品
生产者生产第 2 个产品
生产者生产第 3 个产品
...
```

7.8　用 Timer 类调度任务

从 Java 1.3 开始，JDK 提供了 java.util.Timer 类用于定时执行任务。java.util.Timer 类代表一个计时器，与每个 Timer 对象相对应的是单个后台线程，用于顺序地执行所有计时器任务。这个计时器执行的任务用 java.util.TimerTask 子类的一个实例来代表。

java.util.TimerTask 类是一个抽象类，要创建一个定时任务时，只需要继承自这个类并且实现 run()方法，把要定时执行的任务代码添加到 run()方法体中。如下面的代码所示：

```java
class MyTask extends TimerTask {   //定时任务类
   public void run() {    //实现 run()方法
       System.out.println("起床...");
   }
}
```

定义好定时任务类后，就可以用 Timer 类来定时执行。Timer 类中的常用方法如下。

- public void schedule(TimerTask task, long delay, long period)：重复地以固定的延迟时间去执行一个任务。
- public void scheduleAtFixedRate(TimerTask task, long delay, long period)：重复地以固定的频率去执行一个任务。
- public void cancel()：终止此计时器，丢弃所有当前已安排的任务。

下面的代码是一个定时执行 MyTask 任务的示例：

```java
import java.util.Timer;
import java.util.TimerTask;
/** 定时任务调度 */
public class TimerTest {
   public static void main(String[] args) {
       //创建一个计时器
       Timer timer = new Timer();
       //立即开始执行指定任务，并间隔 1 秒就重复执行一次
       //timer.schedule(new MyTask(), 0, 1000);
       timer.scheduleAtFixedRate(new MyTask(), 0, 1000);
       try {
           Thread.sleep(10000);   //主线程睡眠 10 秒
       } catch (InterruptedException ex) {
           ex.printStackTrace();
       }
       timer.cancel();   //终止此计时器，丢弃所有当前已安排的任务
   }
}
```

程序运行后，会每隔 1 秒在控制台上输出一次"起床..."。10 秒后，会终止此计时器，程序结束。

7.9 上 机 实 训

1. 实训目的

(1) 掌握多线程程序的创建和启动。

(2) 理解多线程同步的机制。

2. 实训内容

(1) 实现两个线程，一个打印奇数，另一个打印偶数，这两个线程并发执行。

(2) 用多线程程序来模拟"龟兔赛跑"案例：乌龟和兔子进行 1000 米赛跑，1 秒钟兔子前进 5 米，乌龟只前进 1 米。但兔子每 20 米要休息 500 毫秒，而乌龟是每 100 米休息 500 毫秒。判断谁先到终点就结束程序，并显示获胜方。

本 章 习 题

一、选择题

(1) 实现 Runnable 接口的类必须要重新覆盖哪一个方法？

    A. public void run()   B. public void start()

    C. public void resume()   D. public void stop()

(2) 针对如下程序：

```java
public class TestRunnable implements Runnable {
    public void run() {
        //这里放置业务代码
    }
}
```

下列哪一个可以用来建立及启动线程？

    A. TestRunnable tr = new TestRunnable(); tr.start();

    B. TestRunnable tr = new TestRunnable(); Thread t = new Thread(tr); t.run();

    C. TestRunnable tr = new TestRunnable(); Thread t = new Thread(tr); t.start();

    D. TestRunnable tr = new TestRunnable(); tr.run();

(3) 对于如下程序：

```java
class MyThread extends Thread {
    public static void main(String[] args) {
        MyThread t1 = new MyThread();
        MyThread t2 = new MyThread();
        t1.start();
        System.out.println("one");
        t2.start();
        System.out.println("two");
    }
    public void run() {
        System.out.println("Thread Start");
    }
}
```

该程序代码的运行结果是什么?

- A. One
  Thread Start
  Two
  Thread Start
- B. One
  Two
  Thread Start
  Thread Start
- C. Thread Start
  One
  Two
  Thread Start
- D. 以上答案皆有可能

(4) 通知 notify 阻塞等待状态的线程,是为了下列哪一个目的?

- A. 防止该线程再度回到 CPU 运行
- B. 抛出 InteruptedException 异常
- C. 被阻塞的线程可以回到可运行池,再度等待运行的机会
- D. 会对线程进行锁定的动作

(5) 使用_____关键子,可保护线程存取公共数据的安全。

A. final　　B. synchronized　　C. protected　　D. public

(6) Java 针对线程之间的沟通,在 Object 类上提供了哪两个方法?(复选题)

A. stop();　　B. wait();　　C. interrupted();　　D. notify();　　E. call();

(7) 下列哪一个方法可以将目前正在运行的线程从 CPU 移出?

A. yield();　　B. join();　　C. wait();　　D. sleep();

(8) 如果其中有一个线程的运行时间很冗长,我们希望让这个线程在系统空闲时才运行,要如何为设置适当的运行优先权?(此线程名称为 aThread)(复选题)

- A. aThread.setPriority(Thread.MIN_PRIORITY);
- B. aThread.setPriority(Thread.MAX_PRIORITY);
- C. aThread.setPriority(Thread.NORM_PRIORITY);
- D. aThread.setPriority(1);
- E. aThread.setPriority(10);

二、分析题

判断下面代码的执行结果并分析原因:

```
public class SynchronizedExercies {
    public static void main(String[] args) {
        MyRunner2 mr = new MyRunner2();
        Thread thread = new Thread(mr);
        thread.start();
        mr.method2();
    }
}
class MyRunner2 implements Runnable {
    private int b = 0;
```

```java
    public void run() {
        method1();
    }
    public synchronized void method1() {
        b = 100;
        try {
            Thread.sleep(5000);
        } catch (InterruptedException e) { e.printStackTrace(); }
        System.out.println("b = " + b);
    }
    public void method2() {
        try {
            Thread.sleep(2000);
        } catch (InterruptedException e) { e.printStackTrace(); }
        b = 500;
    }
}
```

第 8 章
使用泛型

学习目的与要求：

泛型是 Java SE 1.5 版本中引入的一个新特性，它简化了一些复杂代码的编写方式，使得 Java 代码的编写发生了较大的改变。本章着重讲解了泛型的概念和语法、泛型的基本使用、如何自定义泛型类和接口，以及泛型的一些优缺点。通过本章的学习，读者应该掌握泛型的基本使用。

Java SE 1.5 以上版本中新增了一个新的特性,叫泛型,它改变了 Java SE API 中的许多类和方法的使用方式。使用泛型,可以创建出各种类型安全的类、接口和方法。

许多算法或数据结构,无论使用或存储哪一种数据类型,它们在逻辑上都是一样的。而使用泛型定义的一个算法或数据结构,它就独立于特定的数据类型,可以将这个算法或数据结构应用到各种数据类型中。也正是因为泛型的功能如此强大,从而促使 Java 代码的编写发生了根本性的变化,下面就来介绍这一激动人心的特性。

8.1 泛型概述

在以往没有泛型的情况下编写 Java 程序,通常是使用 Object 类型来进行多种类型数据的操作。这时,操作最多的就是针对该 Object 进行数据的强制转换,而这种转换是基于开发者对该数据类型明确的情况下进行的(例如将 Object 型转换为 String 型)。倘若类型不一致,编译器在编译过程中不会报错,但在运行时,却会出现 ClassCastException 异常。

举一个示例来说明泛型存在的必要性:现在需要自己编写一个简易的对象容器类,它可以存放任意数量对象,最关键的是它存放的对象的类型不应该特定于某一类型,即要有通用性。这种情况下,就会使用 Object 类型数组来完成这个要求。根据这些要求可以编写出如下代码:

```java
/** 自定义的简易容器类 */
class MyList {
    private int size = 0;        //存放的对象的数量
    private Object[] cache;      //用来存放对象的数组

    public MyList(){
        cache = new Object[10];  //默认容量为10
    }

    public void add(Object obj) {  //往容器里添加对象
        int oldCapacity = cache.length;
        if(size == oldCapacity) {
            //如果存放的对象数量达到容量数时,扩容到原来的2倍
            cache = Arrays.copyOf(cache, 2*oldCapacity);
        }
        cache[size++] = obj;
    }
    public Object get(int index) {  //根据下标获取容器中的对象
        if(index >= size) {
            throw new IndexOutOfBoundsException("下标超出边界");
        }
        return cache[index];
    }
```

```
    public int size() {    //获取容器中存放的对象数量
        return size;
    }
}
```

这个容器类里使用 Object 数组来存放对象,提供了存对象、按下标取对象、获取所存放对象的数量等方法。下面就是使用这个容器类的示例:

```
/** 自定义容器类的使用示例 */
public class MyListTest {
    public static void main(String[] args) {
        MyList list = new MyList();
        list.add("sun");
        list.add("java");
        list.add("scjp");

        int size = list == null ? 0 : list.size();
        for(int i=0; i<size; i++) {
            String str = (String)list.get(i);
            System.out.println(str.toUpperCase());
        }
    }
}
```

但是,这个容器类在使用时也潜在地存在一点问题,如编程人员可能会不小心地把一个整数对象也添加到这个容器对象中了,如下面的代码所示:

```
list.add(Integer.valueOf(123456));
```

编译过程中并不会出现问题。但在取出对象后强制类型转换成 String 类型时就出现异常了。这种问题在泛型出现之前是无法避免的。

那么,泛型是什么呢?所谓泛型,就是在定义类、接口、方法、方法的参数或成员变量的时候,指定它们的操作对象的类型为通用类型(也就是任意数据类型)。在具体使用类、接口、方法、方法参数或成员变量的时候,将通用类型转换成指定的数据类型来使用。泛型为提高大型程序的类型安全和可维护性带来了很大的潜力。如下示例是简易容器类使用泛型来改写后的代码:

```
/** 使用泛型改写后的简易容器类 */
class MyGenericList<E> {
    private int size = 0;    //存放的对象的数量
    private E[] cache;    //用来存放对象的数组
    public MyGenericList() {
        cache = (E[])new Object[10];    //默认容量为10
    }
    public void add(E obj) {    //往容器里添加对象
        int oldCapacity = cache.length;
```

```
            if(size == oldCapacity) {//如果存放的对象数量达到容量数时,扩容到原来的 2 倍
                cache = Arrays.copyOf(cache, 2*oldCapacity);
            }
            cache[size++] = obj;
        }
        public E get(int index){    //根据下标获取容器中的对象
            if(index >= size) {
                throw new IndexOutOfBoundsException("下标超出边界");
            }
            return cache[index];
        }
        public int size() {   //获取容器中存放的对象数量
            return size;
        }
    }
```

现在使用这个泛型容器类的方式如下所示:

```
MyGenericList<String> ml = new MyGenericList<String>();
ml.add("sun");
ml.add("java");
int size2 = ml == null ? 0 : ml.size();
for (int i=0; i<size2; i++) {
    String str2 = ml.get(i);
    System.out.println(str2.toUpperCase());
}
```

在创建 MyGenericList 实例时，需要指定好要存放的对象类型。创建之后，也只能往这个容器中放置定义时指定类型的对象了，取出容器中的对象时也无须进行强制类型转换了。这样就使得这个容器类具有了更高的通用性。

使用泛型的好处在于，它在编译的时候进行类型安全检查，并且在运行时所有的转换都是强制的、隐式的，大大提高了代码的重用率。下面就来详细介绍泛型的语法知识。

8.2 泛型类和接口的定义及使用

8.2.1 定义泛型类和接口

在定义 MyGenericList 类时，通过在类名后面添加一对尖括号，在尖括号中用"E"来代表一个类型参数的名称：

```
class MyGenericList<E> { }
```

表示在创建这个类的实例时，需要明确地传递一个数据类型进来。也就是说，这个类型参数就是在创建本泛型类的实例时需要指定的实际类型的占位符。

定义泛型类的时候要注意：静态方法中不能使用类的泛型参数。因为泛型类中的泛型参数是在创建类的对象时被替换为确定类型的，而静态方法是通过类名直接访问，这时还并没有用确定类型去替换这个泛型参数。

另外，定义泛型接口的语法也跟定义泛型类的语法类似。示例如下：

```
interface MyGenericTypeInterface<T> { }
```

> **注意**：类型参数的名称使用什么字符都可以。但是，按照一般使用惯例，建议使用单个大写字母来表示。在 Java SE API 中常用的类型参数名有以下几种。
> E：表示集合中的元素类型。
> K：表示"键值对"中的键的类型。
> V：表示"键值对"中的值的类型。
> T：表示其他所有的类型。

8.2.2 从泛型类派生子类

与普通类一样，泛型类也是可以继承的。任何一个泛型类都可以作为父类或子类。不过泛型类与非泛型类在继承时的主要区别在于：泛型类的子类必须将泛型父类所需要的类型参数沿着继承链向上传递。这与构造方法参数必须沿着继承链向上传递的方式类似。

当一个类的父类是泛型类时，这个子类必须把类型参数传递给父类。示例如下：

```
/** 带两个泛型参数的父类 */
class SuperClass<T, U> {
    private T o;
    private U o2;
    public SuperClass(T o, U o2) {
        this.o = o;
        this.o2 = o2;
    }
    @Override
    public String toString() {
        return "T:" + o + ",U:" + o2;
    }
}
/** 泛型类的继承 */
class SubClass <T, U> extends SuperClass<T, U> {
    public SubClass(T o, U o2) {
        super(o, o2);
    }
}
```

使用泛型子类和使用其他泛型类没有任何区别，使用者无需知道它是否继承了其他的泛型类。使用示例如下：

```
public class SuperClassTest {
    public static void main(String[] args) {
        SubClass sc = new SubClass("string", Double.valueOf(123.456));
        System.out.println(sc.toString());
    }
}
```

当然，也可以把泛型类的子类定义成特定于指定类型的类。示例如下：

```
class TpecialSubClass extends SuperClass<String, Integer> {
    public TpecialSubClass(String str, Integer integer) {
        super(str, integer);
    }
}
```

这个子类的使用方式如下：

```
TpecialSubClass sc2 =
 new TpecialSubClass("string", Integer.valueOf(123));
System.out.println(sc2.toString());
```

8.2.3 实现泛型接口

定义泛型接口的具体子类的语法跟定义泛型子类的语法相似，这个具体子类也必须把类型参数传递给所实现的接口。示例如下：

```
interface MyGenericTypeInterface<T> { }
class MyImplement<T> implements MyGenericTypeInterface<T> {}
```

不过，也可以把实现泛型接口的具体子类定义成特定类型的子类，这个子类就不再是泛型类了：

```
class IntegerImplement implements MyGenericTypeInterface <Integer> { }
```

8.3 有界类型参数

在前面的示例中，泛型的类型参数可以在实际使用时替换成任意类型。在一般情况下，这是没有问题的，但有时开发人员可能需要对传递给类型参数的类型加以一定的限制。例如，要创建一个泛型类，它包含了一个求数组元素总和的方法，这个数组的类型可以是整型和浮点型，但肯定不能是字符串类型或其他非数值类型。如果写出如下所示的泛型类：

```
class Statistics<T> {
```

```java
    private T[] arrs;
    public Statistics(T[] arrs) {
        this.arrs = arrs;
    }
    public double count() {    //计算数组中元素数值的总和
        double sum = 0.0;
        for (int i=0; i<arrs.length; ++i) {
            sum += arrs[i].doubleValue();     //编译报错
        }
        return sum;
    }
}
```

其中的"arrs[i].doubleValue();"是获取 Integer 或者 Double 等数值包装类的 double 值。显然，并不是所有的类型都会支持这个方法，因此编译肯定会报错。本程序的意图只是想使用数值类型(java.lang.Number 类)的对象，这样才会支持 doubValue()方法，求和才有实际意义。

为了解决这个问题，Java 针对泛型提供了有界类型参数。即在指定一个泛型类的类型参数时，可以通过 extends 关键字为它指定一个上界。这样，传递给这个泛型类的所有实际类型都必须是这个类的子类。具体语法如下：

```
class 类名<T extends 类型名>
```

使用这种方式就可以正确定义 Statistics 类了。代码如下所示：

```java
class Statistics<T extends Number> {
    private T[] arrs;
    public Statistics(T[] arrs) {
        this.arrs = arrs;
    }
    public double count() {    //计算数组中元素数值的总和
        double sum = 0.0;
        for (int i=0; i<arrs.length; ++i) {
            sum += arrs[i].doubleValue();
        }
        return sum;
    }
}
```

具体使用时，就只能用 Number 类的子类来作为该泛型类的类型参数了，代码如下：

```java
/** 有界类型参数的测试 */
public class StatisticsTest {
    public static void main(String[] args) {
        Statistics st = new Statistics(new Integer[] {1,2,3,4,5});
        System.out.println(st.count());
```

        }
}
```

实际上，接口也可以用来做上界。例如：

```
class Test<T extends Runnable> { }
```

一个类型参数可以有多个上界，上界类型用"&"分隔。例如：

```
class Test2<T extends Runnable & Comparable & Serializable> { }
```

> **注意**：在有界类型参数的多个上界中，可以有多个接口，但最多只能有一个类。如果用一个类作为限界，它必须是限界列表中的第一个。

8.4 泛型方法

Java 类中也是可以定义泛型方法的。一个方法如果被声明成泛型方法，那么它将拥有一个或多个类型参数，与泛型类不同的是，这些类型参数只能在它所修饰的泛型方法内部使用。泛型方法的定义语法如下：

```
访问控制符 [修饰符] <类型参数列表> 返回值类型 方法名(参数列表)
```

泛型方法主要用于定义类中需要具有泛型能力的静态方法。因为，泛型类中的任何实例方法本质上都是泛型方法，无须再用这种形式定义。而类中的静态方法无法访问泛型类的类型参数，在需要具有泛型能力的时候，就必须使其成为泛型方法。例如：

```java
/** 泛型方法的使用示例 */
public class GenericMethodTest {
    public static void main(String[] args) {
        GenericMethod.max(100, 123.23, 23, 76);  //调用泛型方法
    }
}
class GenericMethod {
    //泛型的静态方法
    public static <T extends Number> void max(T... args) {
        T temp = (T)Integer.valueOf(0);
        for(T t : args) {
            if(t.doubleValue() > temp.doubleValue()) {
                temp = t;
            }
        }
        System.out.println(temp);
    }
}
```
```

> **注意**：在使用泛型类时，必须在创建对象的时候指定类型参数的值；而使用泛型方法的时候，通常不必指明参数类型，因为编译器会自动找出具体的类型。这称为类型参数推断。因此，可以像调用普通方法一样调用泛型方法。

8.5　类型参数的通配符

类型参数中经常还会使用到通配符"?"。例如，在使用 8.1 节中定义的泛型类 MyGenericList<E>作为某个方法的参数时，可以使用如下方式：

```
public static void method(MyGenericList<?> ml) { }
```

它表示参数 ml 可以是任意类型参数的 MyGenericList。

这个方法就可以按如下方式使用：

```
MyGenericList<String> ml1 = new MyGenericList<String>();
MyGenericList<Integer> ml2 = new MyGenericList<Integer>();
method(ml1);
method(ml2);
```

但是这种情况下，method 方法的参数可以接受的类型可能对于程序员设计的意图而言太广泛了一点。因为可能希望的只是让 method 方法可以接受某一类型或其子类类型参数的 MyGenericList 实例，而不是任意类型参数的 MyGenericList 实例。所以，经常需要对通配符有所限制。Java 语法提供了给通配符设置上界和下界的语法。

- 通配符上界的设置语法：<? extends Number>表示这个类型参数必须是 Number 类或其子类的实例。
- 通配符下界的设置语法：<? super Integer>表示这个类型参数必须是 Integer 类或其父类的实例。

> **注意**：通配符只能用于属性、局部变量、参数类型和返回值类型，不能用于命名类和接口。

8.6　擦　　除

通常，开发人员不必知道有关 Java 编译器将源代码转换成为 class 文件的细节。但在使用泛型时，对这个过程进行一般的了解是有必要的，这样才能理解泛型的工作原理，避免出现泛型使用上的一些错误。

Java 在 JDK 1.5 以前的版本中是没有泛型的，为了保证对以前版本的兼容，Java 采用了被称为擦除的方式来处理泛型。擦除的工作原理是这样的：当 Java 代码被编译时，泛型类型的全部信息会被删除(擦除)。也就是使用类型参数来了替换它们的限界类型，如果没有指定界限，则默认类型是 Object，然后运用相应的强制转换(由类型参数来决定)以维持与类型参数的类型兼容。编译器会强制这种类型兼容。对于泛型来说，这意味着在运行时并不存在类型参数，它们仅仅是一种源代码机制。

为了更好地理解泛型是如何工作的，看下面的例子：

```java
package com.qiujy.corejava.ch08;
class Generic<T> {    //无上界的泛型类
    T obj;
    public Generic(T obj) {
        this.obj = obj;
    }
    public T getObj() {
        return this.obj;
    }
}
```

这个类编译成 class 文件后，可以使用 JDK 提供的 javap.exe 工具对它进行反编译，获取 class 文件的反汇编代码。这个命令工具的使用方式如下：

```
javap com.qiujy.corejava.ch08.Generic
```

命令执行后的输出结果为：

```
class com.qiujy.corejava.ch08.Generic extends java.lang.Object {
    java.lang.Object obj;
    public com.qiujy.corejava.ch08.Generic(java.lang.Object);
    public java.lang.Object getObj();
}
```

从上述结果中可以看出，所有类型参数 T 占据的位置都被 java.lang.Object 所取代了。

如果类型参数指定了上界，那么所有类型参数 T 占据的位置会用上界类型来代替。示例代码如下：

```java
class GenericNumber<T extends Number> {   //有上界的泛型类
    T obj;
    public GenericNumber(T obj) {
        this.obj = obj;
    }
    public T getObj() {
        return this.obj;
    }
}
```

对这个类的字节码也使用 javap.exe 工具进行反编译，输出的结果为：

```
class com.qiujy.corejava.ch08.GenericNumber extends java.lang.Object {
    java.lang.Number obj;
```

```
    public com.qiujy.corejava.ch08.GenericNumber(java.lang.Number);
    public java.lang.Number getObj();
}
```

在使用泛型对象时，实际上所有的类型信息也都会被擦拭，编译器自动插入强制类型转换。

代码如下：

```
Generic<Integer> gi = new Generic<Integer>(123);
Integer inte = gi.getObj();
```

gi.getObj()的实际返回值是 Object 类型的，但编译器在把这段代码编译时成字节码时，会把它的返回值类型强制转换成指定的类型"Integer"。

即如下代码：

```
Integer inte = (Integer)gi.getObj();
```

8.7 泛型的局限

由于 Java 的泛型是用擦除方式来实现的，因此，泛型的使用存在一定的局限性，主要表示在以下几个方面。

(1) 不能使用基本类型的类型参数：因为，在擦除时，基本类型无法用 Object 类来代替。可以使用基本类型的包装类来代替它们。

(2) 静态成员无法使用类型参数：因为静态成员(包括类属性和类方法)独立于任何对象，是在对象创建之前就已经存在了，此时，编译器根本还无法知道它使用的是哪一个具体的类型。

(3) 不能使用泛型类异常：Java 代码中不能抛出也不能捕获泛型类的异常。

(4) 不能使用泛型数组：这是 Java 语法的规定。类似"Generic<Integer> arr[] = new Generic<Integer>[10];"这样的代码编译时会报错的。

(5) 不能实例化参数类型对象：也就是说，不能直接使用泛型的参数类型来构造一个对象。例如，下面这种写法是错误的：

```
public class Test<T> {
    T obj = new T();   //编译报错
}
```

以上就是关于泛型的定义和使用。作为一种功能强大的机制，它为开发人员编程提供了很大的便利，但同时也增加了一些出错的可能，所以，在使用时一定要谨慎。

在大多数情况下，泛型是被设计用来处理集合类的使用的。在实际应用中，熟练掌握 Java SE API 中提供的泛型集合类的使用，就能满足大多数程序对泛型的需要了。

8.8 上机实训

1. 实训目的

(1) 掌握泛型的正确使用方法。
(2) 会自定义泛型类型。

2. 实训内容

(1) 用数组和泛型封装一个可以存放指定类型元素的栈结构(后进先出 LIFO)。然后测试成功。

(2) 查看 Java SE API 文档中对 HashSet<E>的描述，编写一个程序，用它来存放 5 个字符串，然后再获取它存放的元素的个数。

第 9 章
Java 集合框架

学习目的与要求：

Java 集合框架是 Java SE 中最为常用、最为重要的一部分，Java 集合使用特定的数据结构来存放对象，以适应复杂多变的业务需要。本章着重讲解了集合框架中比较重要的一些集合类。

通过对本章内容的学习，读者应该掌握常用集合类各自的特点以及使用场合，能够根据具体业务的需要来选择合适的集合类。

9.1 Java 集合框架概述

Java 中的集合，又叫容器。它是一个对象，专门用来存储并管理一组其他对象，存放在集合内的对象称为元素。

简单地说，集合对象用来存储、检索、操作和统计一组元素。

在 Java SE API 的 java.util 包中专门设计了一组接口和类，用来实现以不同方式存放对象的存储结构。这样一组接口和类的设计结构被统称为 Java 集合框架(Java Collections Framework，JCF)。

集合框架中的主要接口和常用实现类的层次结构如图 9-1 所示。

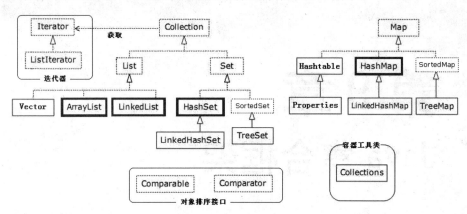

图 9-1 Java 集合框架中的主要接口和常用实现类

下面就来分别介绍这些主要接口及常用实现类的相关用法。

9.2 Collection 接口及 Iterator 接口

9.2.1 Collection 接口

Collection 接口声明了一组管理它所存储元素的方法，下面几个表格分类介绍了它提供的常用方法。

(1) Collection 中单个元素添加、删除的方法，如表 9-1 所示。

表 9-1 添加删除操作方法列表

方 法 名	方法说明
boolean add(E e)	将对象添加给集合
boolean remove(Object o)	如果集合中有与 o 相匹配的对象，则删除对象 o

(2) Collection 中元素查询的方法，如表 9-2 所示。

表 9-2 查询操作方法列表

方 法 名	方法说明
int size()	返回当前集合中元素的数量
boolean isEmpty()	查找此 collection 中是否包含元素
boolean contains(Object o)	查找此 collection 是否包含指定的元素
boolean containsAll(Collection<?> c)	查找集合中是否含有集合 c 中所有的元素
Iterator iterator()	返回一个该集合上的迭代器，用来访问该集合中的各个元素

(3) 组操作，作用于元素组或整个集合，如表 9-3 所示。

表 9-3 组操作方法列表

方 法 名	方法说明
boolean addAll(Collection<? extends E> c)	将指定的集合 c 中所有元素添加给该集合
void clear()	删除集合中所有元素
void removeAll(Collection<?> c)	从集合中删除集合 c 中的所有元素
void retainAll(Collection<?> c)	从当前集合中删除指定集合 c 中不包含的元素

(4) 转换操作，集合与数组间的转换，如表 9-4 所示。

表 9-4 转换操作方法列表

方 法 名	方法说明
Object[] toArray()	把此 collection 转成对象数组
<T> T[] toArray(T[] a)	返回一个内含集合所有元素的 array

需要注意的是，Collection 是使用泛型定义的接口，如果不想使用泛型方式操作的话，可以把泛型参数当作 Object 看待。

另外，Java SE API 并没有针对 Collection 接口提供直接实现类，而是提供更具体的子接口实现类，以提供更具特点的对象存储结构。

9.2.2 Iterator 接口

Collection 接口中并未声明直接获取集合中某个元素的方法。Collection 接口继承 Iterable 接口，Iterable 接口提供的 iterator()方法会返回一个用于遍历集合内所有元素的迭代器。另外，Iterable 接口还允许其子类的对象成为"for-each"语句的目标。

Iterator 接口代表迭代器，可以对集合进行迭代(遍历集合内的所有元素)，它声明的方法如表 9-5 所示。

表 9-5 迭代器接口中的方法列表

方 法 名	方法说明
boolean hasNext()	判断是否还有元素可以迭代
E next()	返回迭代到的下一个元素
void remove()	删除迭代器返回的最后一个元素

使用迭代器迭代集合中的元素时，先用 hasNext 方法判断是否有元素可以迭代，如果有，就通过 next 方法返回下一个元素。具体操作代码类似于如下片段：

```
Collection<String> coll = ...;
for(Iterator<String> it = coll.iterator(); collection.hasNext();) {
    String str = it.next();
    System.out.println(str);
}
```

前面也提到过，凡是实现了 Iterable 接口的集合，都可以用 for-each 来循环访问它的所有元素，具体操作代码类似于如下片段：

```
Collection<String> coll = ...;
for(String str : coll) {
    System.out.println(str);
}
```

> **注意**：集合的迭代操作，就是指从前到后把集合中的所有元素都访问一遍。集合迭代器就是具有集合迭代功能的类。

9.3 Set 接口及实现类

9.3.1 Set 接口

Set 接口继承自 Collection 接口，但它并没有在 Collection 接口的基础上增加新的方法。它代表的是不包含重复元素的集合。更准确地说，Set 不包含满足 e1.equals(e2)的元素。正如其名称所暗示的，此接口模仿了数学上的集合概念。

往 Set 集合中存放对象时，它会自动调用对象的 equals 方法来比较是否与 Set 集合中的已有元素重复。因此，要存放到 Set 集合中的对象，在对应的类中就需要重写 equals 方法和 hashCode 方法来实现对象相等的规则。

> **注意**：Java SE API 提供的 8 种基本数据类型包装类、String 类、Date 类和 Calendar 类，都已经重写了 equals 和 hashCode 方法，可以安全地存放到 Set 集合中。

9.3.2 HashSet 实现类

HashSet 类是 Set 接口的一个具体实现类，也是实际开发中使用得最多的一个 Set。它的内部使用散列表(也叫哈希表)来保存元素，所以 HashSet 也常被称为散列集。

HashSet 在存放对象时，首先会根据每个对象的哈希码值(调用 hashCode 方法获得)用固定的算法算出它的存储索引；然后把该对象存放到散列表的相应位置(表元)中。如果该散列表的相应位置还没有其他元素，就直接存入；如果该位置有元素了，就会将新对象跟该位置上原有的所有对象一一进行 equals 比较(调用 equals 方法)，以查看散列表该位置中是否已经存在这个对象，还不存在就存放到当前位置其他元素的后面；如果已经存在，就无须再存放了。所以，HashSet 中不会包含重复的元素。

散列表内部元素的存储结构如图 9-2 所示。

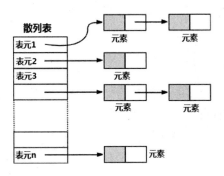

图 9-2　散列表中元素的存储结构

另外，使用迭代器迭代 Set 中存放的所有元素时，它将依次访问所有的散列表元，而由于散列机制将各个元素分散放置在散列表中的各个位置上，因此这些元素显然是以随机顺序被访问的。也就是说，HashSet 并不保证元素存入时的顺序和取出时的顺序是一致的。下面通过一个示例来演示 HashSet 的相关用法，代码清单如下所示：

```java
import java.util.*;
/** HashSet 使用示例 */
public class HashSetTest {
    public static void main(String[] args) {
        Set<String> set = new HashSet<String>();
        set.add("hyy");
        set.add("qxy");
        set.add("qjy");
        set.add("qxy");
        System.out.println("set.size()=" + set.size());
        for (Iterator<String> it = set.iterator();it.hasNext();) {
            String str = it.next();
            System.out.println(str);
        }
```

```
    }
}
```

程序运行后的输出结果为:

```
set.size()=3
hyy
qjy
qxy
```

这个示例中散列集里添加的是 String 对象,String 类已经重写了 Object 类提供的 equals()方法和 hashCode()方法,因此重复的元素没有添加到散列集中。如果要添加一个自定义类的对象到散列集,又该如何呢?

首先来创建一个员工类,代码清单如下:

```
/** 员工类 */
public class Employee {
    private int id; //编号
    private String name;  //姓名
    private double salary; //月薪
    private int age; //出生日期
    public Employee() {}
    public Employee(int id, String name, double salary, int age) {
        this.id = id;
        this.name = name;
        this.salary = salary;
        this.age = age;
    }
    //这里省略所有属性的getter和setter方法

    public String toString() {
        return "[id="+id+",name="+name+",age="+age+",salary="+salary+"]";
    }
}
```

下面创建几个员工对象,把它们添加到散列集中,代码如下:

```
import java.util.*;
/** HashSet 使用示例 */
public class EmployeeHashSetTest {
    public static void main(String[] args) {
        Set<Employee> set = new HashSet<Employee>();
        set.add(new Employee(1, "zs", 3500.0, 25));
        set.add(new Employee(2, "李四", 3100.0, 24));
        set.add(new Employee(3, "王五", 6500.0, 28));
        set.add(new Employee(1, "zs", 3500.0, 25));
        for(Employee e : set) {   //用 for-each 来遍历所有元素
```

```
            System.out.println(e);
        }
    }
}
```

该程序运行后的输出结果为：

```
[id=1,name=zs,age=25,salary=3500.0]
[id=3,name=王五,age=28,salary=6500.0]
[id=2,name=李四,age=24,salary=3100.0]
[id=1,name=zs,age=25,salary=3500.0]
```

从输出结果可以看出，这 4 个员工对象都添加到散列集中了。仔细观察后发现，其中第 1 次和最后 1 次添加的员工对象，它们的所有属性值都相同，从业务角度上说，这两个对象应该是重复的。怎么才能去除这种业务意义上的重复元素呢？

从前面叙述的 HashSet 散列集存放元素的原理中可以知道，它是通过调用对象的 equals()方法来判断元素是否重复，而 Employee 并没有重写 equals()和 hashCode()方法，没有实现业务意义上的相等规则，所以，所有新创建出来的 Employee 对象都不会 equals 相等。因此，需要通过在 Employee 类中重写 equals()和 hashCode()方法来实现业务意义上的相等。把 Employee 类修改成如下方式：

```java
/** 员工类 */
public class Employee {
    private int id; //编号
    private String name;  //姓名
    private double salary; //月薪
    private int age; //出生日期
    public Employee() {}
    public Employee(int id, String name, double salary, int age) {
        this.id = id;
        this.name = name;
        this.salary = salary;
        this.age = age;
    }
    //这里省略所有属性的getter和setter方法

    public String toString() {
        return "[id="+id+",name="+name+",age="+age+",salary="+salary+"]";
    }
    /////////////////////////////重写equals和hashCode方法
    @Override
    public boolean equals(Object obj) {
        if (obj == null) { return false; }
        if (getClass() != obj.getClass()) { return false; }
        final Employee other = (Employee)obj;
        if (this.id != other.id) { return false; }
        if ((this.name == null)?
```

```
            (other.name != null) : !this.name.equals(other.name)) {
            return false;
        }
        if (this.salary != other.salary) { return false; }
        if (this.age != other.age) { return false; }
        return true;
    }
    @Override
    public int hashCode() {
        int hash = 5;
        hash = 19 * hash + this.id;
        hash = 19 * hash + (this.name != null ? this.name.hashCode() : 0);
        hash = 19 * hash + (int)(Double.doubleToLongBits(this.salary)
          ^ (Double.doubleToLongBits(this.salary) >>> 32));
        hash = 19 * hash + this.age;
        return hash;
    }
}
```

重新运行测试类 EmployeeHashSetTest，输出的结果为：

```
[id=1,name=zs,age=25,salary=3500.0]
[id=2,name=李四,age=24,salary=3100.0]
[id=3,name=王五,age=28,salary=6500.0]
```

此时的散列集中就不包含重复的 Employee 对象了。

9.3.3 LinkedHashSet 实现类

LinkedHashSet 根据元素的哈希码进行存放，同时用链表记录元素的加入顺序，所以也被称为链式散列集。内部的存储数据结构如图 9-3 所示。

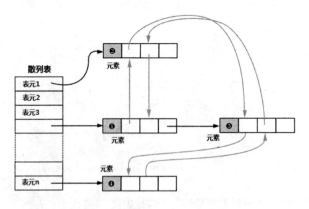

图 9-3 链式散列表内部的存储结构

由于 LinkedHashSet 会用链表来维护元素的加入顺序，增加了维护链表的开支，它的运行效率上会比 HashSet 稍逊一筹。下面是使用 LinkedHashSet 的一个示例：

```java
import java.util.*;
/** LinkedHashSet 使用示例 */
public class LinkedHashSetTest {
    public static void main(String[] args) {
        Set<String> set = new LinkedHashSet<String>();
        set.add("第一个元素");
        set.add("第二个元素");
        set.add("第三个元素");
        set.add("第一个元素");
        for(String str : set) { //遍历元素
            System.out.println(str);
        }
    }
}
```

程序运行后的输出结果为:

```
第一个元素
第二个元素
第三个元素
```

从程序运行的输出结果可以看出,LinkedHashSet 不允许重复元素,但会保存元素的存放顺序。

9.4 List 接口及实现类

9.4.1 List 接口

List 接口继承了 Collection 接口,它是一个有序的集合,即它会保存元素存入的顺序,所以也被称为序列。该接口在 Collection 提供的操作方法基础上添加了面向位置的元素操作方法,如表 9-6 所示。

表 9-6 List 接口的方法

方 法 名	方法说明
void add(int index, E element)	在列表的指定位置插入指定元素
E get(int index)	返回列表中指定位置的元素
E remove(int index)	移除列表中指定位置的元素
E set(int index, E element)	用指定元素替换列表中指定位置的元素
int indexOf(Object o)	返回此列表中第一次出现的指定元素的索引
int lastIndexOf(Object o)	返回此列表中最后出现的指定元素的索引
List<E> subList(int fromIndex, int toIndex)	返回列表中指定的 fromIndex(包括)和 toIndex(不包括)之间的子列表

这些面向位置的元素操作方法使得 List 集合的使用更加方便。另外，它还增加了一个返回 List 专用迭代器的 listIterator()方法。List 专用迭代器 ListIterator 针对列表可以按任意方向(从前到后，从后到前)进行遍历，由于实际应用中并不常见，具体使用方法可查看 JDK 帮助文档，在此不再赘述。

9.4.2 ArrayList 类

ArrayList 类是 List 接口的典型实现。它采用可随需要而增长的动态数组结构来实现。在 Java 中，标准数组是定长的。在数组创建之后，它们不能被加长或缩短，这也就意味着我们只能在定义数组时确定它的容量。但实际应用中，一般在运行时才能知道需要多大的数组。为了解决这个问题，集合框架定义了 ArrayList 类。本质上，ArrayList 是一个变长的对象数组，所以，ArrayList 被称为数组列表。也就是说，ArrayList 能够动态地增加或减小其容量。数组列表以一个原始大小被创建，当要存放的元素超过了它的容量时，它会自动增大容量；当列表中的对象被删除后，数组也会自动缩小。数组列表内部的存储结构如图 9-4 所示。ArrayList 中使用索引来取出元素的效率是最高的，因为它使用索引直接定位对象。但对 ArrayList 中的元素做删除或插入的速度很慢，因为它内部使用的是数组，删除某个位置的元素或在某个位置上插入元素时，它要移动后面的所有元素以保持索引的连续，如图 9-5 所示。

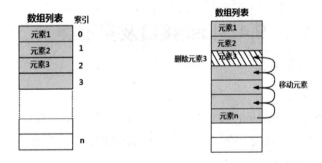

图 9-4 数组列表内部的存储结构　　图 9-5 ArrayList 删除元素的过程

来看下面这个 ArrayList 的使用示例程序：

```java
import java.util.*;
/** ArrayList 使用示例 */
public class ArrayListTest {
    public static void main(String[] args) {
        List<String> list = new ArrayList<String>();
        list.add("aaa");
        list.add("bbb");
        list.add("cccc");
        list.add("aaa");
        System.out.println("list 存放了" + list.size() + "个元素");
        //遍历所有元素
```

```
    for(Iterator<String> it = list.iterator();it.hasNext();) {
        String str = it.next();
        System.out.println(str);
    }
    //按位置取元素
    System.out.println("索引为0的元素为: " + list.get(0));
    System.out.println("索引为2的元素为: " + list.get(2));
}
```

该程序运行后的输出结果为:

```
list存放了4个元素
aaa
bbb
cccc
aaa
索引为0处的元素为: aaa
索引为2处的元素为: cccc
```

从输出结果中可以看出,数组列表保存元素的存放顺序,并允许有重复元素。另外,也可以使用 for-each 语句来迭代数组列表中的所有元素:

```
for(String str : list) {
    System.out.println(str);
}
```

还可以用普通 for 语句根据位置来迭代数组列表中的所有元素:

```
int size = list == null ? 0 : list.size();
for(int i=0; i<size; i++) {
    String str = list.get(i);
    System.out.println(str);
}
```

9.4.3 LinkedList 实现类

LinkedList 是 List 接口的另一个常用实现类。它采用双向链表结构来保存元素。在双向链表中的每个节点上,除了存放元素,还提供了两个变量,用来存放下一个节点的引用和上一个节点的引用,如图 9-6 所示。

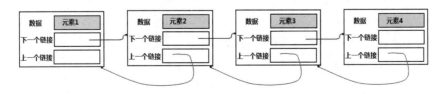

图 9-6 链接列表内部的存储结构

从双向链表结构中删除一个元素是非常容易的，只需要更新被删除元素前后的链接即可，如图 9-7 所示。

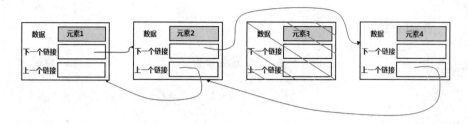

图 9-7　从链表结构中删除一个元素

因此，LinkedList 针对频繁的插入或删除元素的操作效率很高。但它不适合快速地随机访问某个位置的元素。例如，访问 LinkedList 的第 n 个元素时，它都必须从头开始查看，然后跳过前面的 n-1 个元素，效率较低。下面是 LinkedList 的一个使用示例：

```java
import java.util.*;
/** LinkedList 使用示例 */
public class LinkedListTest {
    public static void main(String[] args) {
        LinkedList<String> lkList = new LinkedList<String>();
        lkList.add("B");
        lkList.add("D");
        lkList.add("C");
        System.out.println("初始化后 lkList 内容: " + lkList);
        lkList.addLast("Z");
        lkList.addFirst("A0");
        lkList.add(1, "A1");
        System.out.println("添加操作后 lkList 内容: " + lkList);

        lkList.remove("C"); //执行删除操作
        lkList.remove(2); //执行删除第二个元素操作
        lkList.removeFirst(); //执行删除第一个元素操作
        lkList.removeLast(); //执行删除最后一个元素操作
        System.out.println("删除操作后 lkList 内容: " + lkList);
        System.out.println("最后 lkList 内容: ");

        for(String str : lkList) { //遍历 LinkedList 中的元素
            System.out.println(str);
        }
    }
}
```

程序运行后的输出结果为：

```
初始化后 lkList 内容: [B, D, C]
添加操作后 lkList 内容: [A0, A1, B, D, C, Z]
```

```
删除操作后 lkList 内容：[A1, D]
最后 lkList 内容：
A1
D
```

9.5　Map 接口及实现类

前面介绍的 List 接口和 Set 接口以及它们的实现类，都是直接把某个元素存储到集合内部的数据结构中的，要查询某一个元素时，都需要先拥有要查找元素的确切拷贝。这不是一种通用的查找方法。通常，都会根据某些关键字信息来查找相关的元素。映射(Map)就是这样的一个数据存储结构。

映射用来存放许多键/值对，它是根据关键字来找到与它对应的一个值。例如，可以用映射来存放一个公司的所有员工信息，关键字是员工的编号 ID，值是 Employee 对象。

9.5.1　Map 接口

Java SE API 中设计了 Map 接口来代表映射。该接口描述了从不重复的键到值的映射，并提供了相应的操作方法。

Map 接口定义了存储键/值对的方法，Map 中不能有重复的键，Map 实现类中存储的映射对都是通过键来唯一标识的。Map 实现类的内部都是用 Set 来存放映射对的"键"，所以存入 Map 中的映射对的"键"对应的类必须重写 equals 方法和 hashcode 方法。经常都是使用 String 对象作为 Map 的"键"。

Map 接口中定义的一些常用方法如下。

(1) 添加、删除操作，如表 9-7 所示。

表 9-7　添加、删除操作的方法

方法名	方法说明
V put(K key, V value)	将指定的值与键关联，放入该映射。如果该键已经存在，那么与此键相关的新值将取代旧值。方法返回键关联的旧值，如果键原先并不存在，则返回 null
V remove(Object key)	根据指定的键把此映射对从 Map 中移除
void putAll(Map<? extends K, ? extends V> m)	将来自特定映射的所有元素添加给该映射
void clear()	从映射中删除所有映射对

(2) 容器类中元素查询的方法，如表 9-8 所示。

表 9-8　查询操作方法列表

方法名	方法说明
V get(Object key)	获得与指定的键相关的值。如果没有找到，则返回 null

续表

方 法 名	方法说明
boolean containsKey(Object key)	判断映射中是否存在指定的键的键/值对
boolean containsValue(Object value)	判断映射中是否存在指定值的键/值对
int size()	返回当前映射中键/值对的数量
boolean isEmpty()	判断映射是否为空

另外，Map 接口还提供三种集合视图，允许以键集、值集合和键/值映射关系集的形式查看某个映射的内容。获取相应集合视图的方法如表 9-9 所示。

表 9-9 获取相应集合视图的操作方法

方 法 名	方法说明
Set keySet()	返回映像中所有键的视图 set 集，因为映射中键的集合必须是唯一的，用 Set 支持。 还可以从键集中删除元素，同时，键和它相关的值将从源映射中被删除，但是不能添加任何元素
Collection values()	返回映像中所有值的视图 connection 集，因为映射中值的集合不是唯一的，用 Collection 支持。 还可以从视图中删除元素，同时，值和它的关键字将从源映射中被删除，但是不能添加任何元素
Set entrySet()	返回 Map.Entry 对象的视图集，即映射中的键/值对，因为映射对是唯一的，用 Set 支持。 还可以从视图中删除元素，同时，这些元素将从源映射中被删除，但是不能添加任何元素

了解了 Map 接口提供的基本操作方法之后，接下来介绍常用实现类的相关用法。

9.5.2 HashMap 类

HashMap 基于散列表的 Map 接口实现，它是实际开发中使用频率最高的一个映射，它的内部对"键"采用 Set 进行散列存放，所以根据"键"去取"值"的效率很高。并且它允许使用 null 键和 null 值，但不保证映射对的存放顺序。

下面是使用 HashMap 的示例代码：

```
import java.util.*;
/** HashMap 的使用示例 */
public class HashMapTest {
    public static void main(String[] args) {
        Map<Integer, String> map = new HashMap<Integer, String>();
        map.put(101, "张三");   //存放键/值对
        map.put(30, "李四");
```

```
        map.put(202, "王五");
        //获取所存放的键/值对的数量
        System.out.println("存放的键/值对的数量:" + map.size());
        //获取所有键的 Set 集
        Set<Integer> keys = map.keySet();
        for(Iterator<Integer> it = keys.iterator();it.hasNext();)
        { //遍历键集
            Integer key = it.next();
            String value = map.get(key);   //根据键取出对应的值
            System.out.println("key=" + key + ",value=" + value);
        }
    }
}
```

程序运行后的输出结果为:

```
存放的键/值对的数量:3
key=101,value=张三
key=202,value=王五
key=30,value=李四
```

Map 对象中的键和值的遍历还可以使用 for-each 语句,也可以获取它的键值对对象 (Map.Entry 类的实例)的 Set 集,然后再遍历 Entry 对象的 Set 集,代码片段如下所示:

```
for(Integer key : map.keySet()) {   //for-each 语句遍历
    String value = map.get(key);
    System.out.println("key=" + key + ",value=" + value);
}
//获取键值对对象的 Set 集进行遍历
for(Entry<Integer, String> entry : map.entrySet()) {
    System.out.println(
      "key=" + entry.getKey() + ",value=" + entry.getKey());
}
```

9.5.3 LinkedHashMap 类

LinkedHashMap 是 HashMap 的子类,它使用散列表存放键/值对,同时又使用双向链表根据键来保存映射对的加入顺序。示例代码如下:

```
/** LinkedHashMap 使用示例 */
public class LinkedHashMapTest {
    public static void main(String[] args) {
        Map<Integer, String> map = new LinkedHashMap<Integer, String>();
        map.put(101, "张三");   //存放键/值对
        map.put(30, "李四");
        map.put(202, "王五");
```

```java
        //获取所存放的键/值对的数量
        System.out.println("存放的键/值对的数量:" + map.size());
        //获取所有键的 Set 集
        Set<Integer> keys = map.keySet();
        for(Iterator<Integer> it = keys.iterator();it.hasNext();)
        { //遍历键集
            Integer key = it.next();
            String value = map.get(key);  //根据键取出对应的值
            System.out.println("key=" + key + ",value=" + value);
        }
    }
}
```

程序运行后的输出结果为:

```
存放的键/值对的数量:3
key=101,value=张三
key=30,value=李四
key=202,value=王五
```

9.6 遗留的集合类

在 Java SE 1.0 和 1.1 版本中定义的一些集合类，目前仍然存在于当前的 Java SE API 中，但它们已经被重构，以便于与新的集合 API 交互。遗留的集合类主要有 Vector 类、Stack 类、Hashtable 类和 Properties 类。

9.6.1 Vector 类

Vector 也叫向量，它实现了 List 接口，内部也是使用动态数组来存储对象的，提供的元素操作方法几乎跟 ArrayList 一样，可以认为就是旧版的 ArrayList 类。

与 ArrayList 不同的是，它提供了一个返回元素枚举(Enumeration)对象的 elements()方法，这个枚举(Enumeration)接口也提供了类似 Iterator 接口的功能，能够迭代所有的元素。具体使用示例如下：

```java
import java.util.*;
/** Vector 使用示例 */
public class VectorTest {
    public static void main(String[] args) {
        Vector<String> ve = new Vector<String>();
        //添加元素
        ve.add("aaa");
        ve.add("程序设计语言");
        ve.add("corejava");
```

```
            //遍历所有元素
            for (Enumeration<String> e = ve.elements(); e.hasMoreElements();)
            {
                System.out.println(e.nextElement());
            }
        }
    }
```

另外，它还有一点与 ArrayList 不同，就是 Vector 是同步的(即线程安全的)；而 ArrayList 是不同步的(即线程不安全的)。在无须考虑线程的情况下，使用 ArrayList 会有更高的运行效率。

9.6.2 Stack 类

Stack 类是 Vector 的子类，它是以后进先出(LIFO)方式存储元素的堆栈。Stack 类中增加了 5 个方法对 Vector 类进行了扩展，这 5 个方法如表 9-10 所示。

表 9-10 Stack 类的栈操作方法列表

方法名	方法说明
public E push(E item)	把元素压入堆栈顶部
public E pop()	移除堆栈顶部的对象，并作为此方法的值返回该对象
public E peek()	查看堆栈顶部的对象，但不从堆栈中移除它
public boolean empty()	测试堆栈是否为空
public int search(Object o)	返回对象在堆栈中的位置，以 1 为基数

它的具体使用示例代码如下：

```
import java.util.Stack;
public class StackTest { /** Stack 使用示例 */
    public static void main(String[] args) {
        Stack<Integer> stack = new Stack<Integer>();
        stack.push(123);
        stack.push(456);
        stack.push(789);
        System.out.println(stack.pop());
        System.out.println(stack.pop());
        System.out.println(stack.pop());
    }
}
```

程序运行后的输出结果为：

```
789
456
123
```

> 注意：Java SE API 6.0 版本中新增的 Deque 接口及其实现提供了"后进先出"堆栈操作的更完整和更一致的集合，应该优先选择这些集合，而非 Stack 类。例如：
> ```
> Deque<Integer> stack = new ArrayDeque<Integer>();
> stack.push(123);
> Integer integer = stack.pop();
> ```

9.6.3 Hashtable 类

Hashtable 类的功能与 HashMap 类似，它们都实现自相同的 Map 接口。只是 Hashtable 类的各个方法都是同步的。如果不需要同步，或者不需要与旧代码相兼容，应该使用 HashMap 类。

来看一个 Hashtable 类的使用示例，把 9.5.2 节 HashMap 的示例修改成 Hashtable，其他代码完全不用修改即可使用：

```java
import java.util.*;
/** Hashtable 的使用示例 */
public class HashtableTest {
    public static void main(String[] args) {
        Map<Integer, String> map = new Hashtable<Integer, String>();
        map.put(101, "张三");   //存放键/值对
        map.put(30, "李四");
        map.put(202, "王五");
        //获取所存放的键/值对的数量
        System.out.println("存放的键/值对的数量:" + map.size());
        Set<Integer> keys = map.keySet();//获取所有键的 Set 集
        for(Iterator<Integer> it = keys.iterator();it.hasNext();)
        { //遍历键集
            Integer key = it.next();
            String value = map.get(key);   //根据键取出对应的值
            System.out.println("key=" + key + ",value=" + value);
        }
    }
}
```

9.6.4 Properties 类

Properties 类是 Hashtable 类的子类，也叫属性集。它是一个非常特殊的映射结构，主要有下面两个特殊特性：
- 键和值都是字符串。所以它不是泛型类，不支持泛型操作。
- 属性集的键值对可以保存到一个文件，也可以从一个文件中加载。

由于它存放的键/值对都是字符串类型的，因此在存取数据时也不建议使用 put()、putAll()和 get()这类存取元素方法，而是使用 setProperty(String key, String value)方法和 getProperty(String key)方法。下面是一段通过 Properties 类从文件中加载属性键值对并把键值对输出到命令行的代码：

```java
import java.io.*;
import java.util.Properties;
/** 使用 Properties 从指定文件中读取键/值对 */
public class PropertiesTest {
    public static void main(String[] args) {
        //获取文件，并读入到输入流
        InputStream is = Thread.currentThread()
                    .getContextClassLoader()
                    .getResourceAsStream("config.properties");
        //创建属性集对象
        Properties prop = new Properties();
        try {
            prop.load(is);    //从流中加载数据
        } catch (IOException e) {
            e.printStackTrace();
        }
        System.out.println("username-->" + prop.getProperty("username"));
        System.out.println("password-->" + prop.getProperty("password"));
    }
}
```

创建一个属性文件，命名为 config.properties，存放在类路径中。属性文件中内容为：

```
#key=value
username=qjyong
password=123456
```

属性文件中以 "#" 开始的行是注释，可以忽略。运行此程序后的输出结果为：

```
username-->qjyong
password-->123456
```

Properties 类在实际程序开发中经常被使用到，主要是用来读取程序的一些初始化配置参数信息。

9.7 排序集合

Java 集合框架中提供了几个接口和类，可以按照指定的顺序将元素存入该集合中。当迭代该集合时，各个元素自动按照排序后的顺序出现。这些支持排序功能的集合称为排序集合。而要让添加到这些集合中的元素支持排序功能，就需要实现自 Comparable 接口。下面就来介绍排序的相关知识以及常用的排序集合。

9.7.1 Comparable 接口

java.lang.Comparable 接口会强行对实现它的每个类的对象进行整体排序。这种排序被称为类的自然排序。这个接口中申明了一个自然比较方法，该方法的声明形式如下：

```
int compareTo(T o)
```

该方法比较此对象与指定对象的顺序。如果该对象小于指定对象，就返回负整数；如果该对象等于指定对象，就返回零；如果该对象大于指定对象，就返回正整数。

要让自定义的类支持排序功能，就需要实现 Comparable 接口，并在 compareTo()方法中定义排序规则。

如下代码展示了一个自定义的 Student 类，实现了 Comparable 接口，并在 compareTo()方法中定义了排序规则：

```java
/** 实现Comparable接口的学生类 */
public class Student implements Comparable {
    private int id;           //编号
    private String name;      //姓名
    private double score;     //考试得分
    public Student() { }
    public Student(int id, String name, double score) {
        this.id = id;
        this.name = name;
        this.score = score;
    }
    //省略所有属性的getter和setter方法
    //实现compareTo方法，按成绩升序排序
    public int compareTo(Object o) {
        Student other = (Student)o;
        if(this.score > other.score) {
            return 1;
        } else if(this.score < other.score) {
            return -1;
        } else {
            return 0;
        }
    }
    @Override
    public boolean equals(Object obj) {
        if (obj == null) { return false; }
        if (getClass() != obj.getClass()) { return false; }
        final Student other = (Student) obj;
```

```java
        if (this.id != other.id) { return false; }
        if ((this.name == null)?
          (other.name != null) : !this.name.equals(other.name)) {
            return false;
        }
        if (this.score != other.score) { return false; }
        return true;
    }
    @Override
    public int hashCode() {
        int hash = 3;
        hash = 47 * hash + this.id;
        hash = 47 * hash + (this.name != null ? this.name.hashCode() : 0);
        hash = 47 * hash + (int)(Double.doubleToLongBits(this.score)
          ^(Double.doubleToLongBits(this.score) >>> 32));
        return hash;
    }
    @Override
    public String toString() {
        return "[id="+ id +",name=" + name + ",score=" + score+"]";
    }
}
```

> **注意**：Java SE API 中的 8 个基本数据类型包装类、String 类、Date 类、Calendar 类都实现了 Comparable 接口。其中，数字类使用比较数字大小来实现排序规则；String 类使用比较字母的字典顺序来实现排序规则；Date 类和 Calendar 类使用比较时间顺序来实现排序规则。

9.7.2 TreeSet 类

TreeSet 类是 Set 系列中用来支持元素自然排序的一个集合，它的内部采用"红黑树"来存储排序后的元素，所以也被称为树集。"红黑树"数据结构如图 9-8 所示。

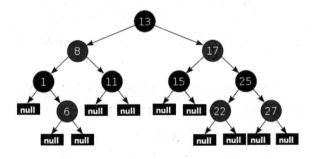

图 9-8 红黑树数据结构

每当把一个元素添加给树集时，该元素将被纳入树状结构相应的排序位置。也就是说，TreeSet 会按元素的自然排序来存放每个元素。当树集中的元素添加完毕时，所有元素也就按自然排序存放好了。

下面的示例代码中，用 TreeSet 来存放多个学生对象，并迭代显示 TreeSet 中存放的所有元素：

```java
import java.util.*;
/** TreeSet 使用示例 */
public class TreeSetTest {
    public static void main(String[] args) {
        Set<Student> set = new TreeSet<Student>();
        //添加元素
        set.add(new Student(1, "zs", 75.0));
        set.add(new Student(2, "ls", 65.0));
        set.add(new Student(3, "ww", 85.0));
        set.add(new Student(1, "zs", 75.0));
        //迭代所有元素
        for(Student stu : set) {
            System.out.println(stu);
        }
    }
}
```

程序运行后的输出结果为：

```
[id=2,name=ls,score=65.0]
[id=1,name=zs,score=75.0]
[id=3,name=ww,score=85.0]
```

可见，TreeSet 确实是根据自然排序把存入的元素进行排序存放，并且也具有 Set 集合的特性，那就是不允许存放重复的元素。

9.7.3 Comparator 接口

不过，使用 Comparable 接口来定义排序顺序有着明显的局限性，一个类只能实现该接口一次，即只能定义一种自然排序的规则。如果有这样的一个需求：需要在一个集合中按学生的考试得分升序对一组学生进行排序，而在另一个集合中却需要按学生的姓名自然顺序对这组学生进行排序，应该怎么办呢？

在这种情况下，就需要让不同的排序集合使用不同的比较方法。具体的做法就是把一个实现了 Comparator 接口的类(这个类也叫排序器)的对象作为参数传递给该排序集合的构造方法，这个排序集合就会按照排序器指定的排序规则对元素进行排序存放。

java.lang.Comparator 接口只拥有一个方法，它的形式如下：

```
int compare(T o1, T o2)
```

此方法用来比较排序的两个参数。根据第一个参数小于、等于或大于第二个参数，分别返回负整数、零或正整数。

现在用 Comparator 来解决上面的这个问题：根据业务需要定义两个比较器类，一个是比较学生的考试得分，另一个是比较学生的姓名，代码如下所示：

```java
import java.util.*;
/** 学生考试得分比较器 */
class StudentScoreComparator implements Comparator<Student> {
    public int compare(Student o1, Student o2) {
        if(o1.getScore() > o2.getScore()) {
            return 1;
        } else if(o1.getScore() < o2.getScore()) {
            return -1;
        } else {
            return 0;
        }
    }
}
/** 学生姓名比较器 */
class StudentNameComparator implements Comparator<Student> {
    public int compare(Student o1, Student o2) {
        return o1.getName().compareTo(o2.getName());
    }
}
```

使用这两个比较器来创建不同的排序集合，就会得到不同的排序结果，代码如下：

```java
import java.util.*;
/** 对排序集合使用比较器 */
public class ComparatorTest {
    public static void main(String[] args) {
        //指定使用考试得分比较器
        Set<Student> set =
          new TreeSet<Student>(new StudentScoreComparator());
        //添加元素
        set.add(new Student(1, "zs", 75.0));
        set.add(new Student(2, "ls", 65.0));
        set.add(new Student(3, "ww", 85.0));
        set.add(new Student(1, "zs", 75.0));
        //迭代所有元素
        System.out.println("使用考试得分比较器的排序结果");
        for(Student stu : set) {
            System.out.println(stu);
        }
```

```
            //指定使用姓名比较器
            Set<Student> set2 =
              new TreeSet<Student>(new StudentNameComparator());
             //添加元素
            set2.add(new Student(1, "zs", 75.0));
            set2.add(new Student(2, "ls", 65.0));
            set2.add(new Student(3, "ww", 85.0));
            set2.add(new Student(1, "zs", 75.0));
            //迭代所有元素
            System.out.println("使用姓名比较器的排序结果");
            for(Student stu : set2) {
                System.out.println(stu);
            }
        }
    }
```

该程序运行后的输出结果为：

```
使用考试得分比较器的排序结果
[id=2,name=ls,score=65.0]
[id=1,name=zs,score=75.0]
[id=3,name=ww,score=85.0]
使用姓名比较器的排序结果
[id=2,name=ls,score=65.0]
[id=3,name=ww,score=85.0]
[id=1,name=zs,score=75.0]
```

9.7.4 TreeMap 类

Java 集合框架中也提供了一个具有排序功能的映射类 TreeMap，TreeMap 类是根据其键的自然顺序对键值对进行排序的，当然也可以提供比较器(实现 Comparator 接口的类的实例)对键值对进行排序。示例代码如下：

```
import java.util.*;
/** TreeMap 使用示例 */
public class TreeMapTest {
    public static void main(String[] args) {
        Map<Integer, Student> map = new TreeMap<Integer, Student>();
        map.put(1, new Student(1, "zs", 75.0));
        map.put(3, new Student(3, "ww", 85.0));
        map.put(2, new Student(2, "ls", 65.0));
        map.put(1, new Student(1, "zs", 75.0));

        for(Integer key : map.keySet()) {
            Student stu = map.get(key);
```

```
            System.out.println("key-->" + key + ",value-->" + stu);
        }
    }
}
```

程序中的 map 以学生的 id 作为键来存放键/值映射对，由于 id 为 int 类型，作为键时会自动包装成 Integer 类的对象，此该类实现了 Comparable 接口，可以进行自然排序，因此，遍历此 map 中存放的元素时，会按 id 升序排列输出，结果如下：

```
key-->1,value-->[id=1,name=zs,score=75.0]
key-->2,value-->[id=2,name=ls,score=65.0]
key-->3,value-->[id=3,name=ww,score=85.0]
```

9.8 集合工具类

Java SE API 中提供了一个集合工具类 Collections 类，它提供一些针对集合的常用算法操作，包括求极值、排序、混排、查找等。另外还针对集合的线程安全问题提供了解决方案。下面分类来介绍 Collections 类提供的一些功能方法。

9.8.1 算法操作

1. 极值

Collections 类中提供了以下几个方法求出指定集合中的极值。

- public static <T extends Object & Comparable<? super T>> T max(Collection<? extends T> coll)：根据元素的自然顺序，返回给定 collection 中的最大元素。collection 中的所有元素都必须实现 Comparable 接口。
- public static <T> T max(Collection<? extends T> coll, Comparator<? super T> comp)：根据指定比较器产生的顺序，返回给定 collection 中的最大元素。
- public static <T extends Object & Comparable<? super T>> T min(Collection<? extends T> coll)：根据元素的自然顺序返回给定 collection 中的最小元素。
- public static <T> T min(Collection<? extends T> coll, Comparator<? super T> comp)：根据指定比较器产生的顺序，返回给定 collection 中的最小元素。

2. 排序

Collections 类中提供了以下两个方法对指定集合中的元素进行排序。

- public static <T extends Comparable<? super T>> void sort(List<T> list)：根据元素的自然顺序对指定列表按升序进行排序。列表中的所有元素都必须实现 Comparable 接口。
- public static <T> void sort(List<T> list, Comparator<? super T> c)：根据指定比较器

产生的顺序对指定列表进行排序。

3. 混排

Collections 类中还提供了以下两个方法对指定 List 集合中元素进行混排，所谓混排，其实就是随机打乱元素在集合中的顺序。

- public static void shuffle(List<?> list)：使用默认随机源对指定列表进行置换。
- public static void shuffle(List<?> list, Random rnd)：使用指定的随机源对指定列表进行置换。

4. 查找

Collections 类也提供了以下两个方法，用来在指定集合中查找指定的元素。

- public static <T>intbinarySearch(List<? extends Comparable<? super T>> list, T key)：使用二分搜索法搜索指定列表，以获得指定对象。在进行此调用之前，必须根据列表元素的自然顺序对列表进行升序排序。
- public static <T>intbinarySearch(List<? extends T> list,T key, Comparator<? super T> c)：使用二分搜索法搜索指定列表，以获得指定对象。在进行此调用之前，必须根据指定的比较器对列表进行升序排序。

Collections 类提供的方法全部都是类方法，直接用类名来调用。这些方法的声明形式看起来比较复杂，但使用起来却相当简单，来看下面这个综合使用示例：

```java
import java.util.*;
/** Collections 集合工具类的使用示例 */
public class CollectionsTest {
    public static void main(String[] args) {
        List<String> list = new ArrayList<String>();
        list.add("cccc");
        list.add("aaa");
        list.add("dddd");
        list.add("eeee");
        list.add("bbb");
        System.out.println("List:" + list);
        System.out.println("最大值: " + Collections.max(list));
        System.out.println("最小值: " + Collections.min(list));
        Collections.sort(list); //排序
        System.out.println("排序后: " + list);
        System.out.println("查找\"cccc\"所在的位置: "
            + Collections.binarySearch(list, "cccc"));
        Collections.shuffle(list);  //混排
        System.out.println("混排后: " + list);
    }
}
```

该程序某次运行时的输出结果为：

```
List:[cccc, aaa, dddd, eeee, bbb]
最大值：eeee
最小值：aaa
排序后：[aaa, bbb, cccc, dddd, eeee]
查找"cccc"所在的位置：2
混排后：[aaa, dddd, bbb, cccc, eeee]
```

9.8.2　同步控制

前面介绍的 HashSet、LinkedHashSet、ArrayList、LinkedList、HashMap、LinkedHashMap、TreeSet 和 TreeMap 类都是不同步的，即线程不安全的。如果多个线程同时操作这些集合类的一个实例，就可能会出现一些错误情况。

针对这种情况，Collections 类提供了把一个不同步的集合类实例转换成同步的集合类实例的工具方法，具体如下所示：

```java
public static <T> Collection<T> synchronizedCollection(Collection<T> c)
public static <T> Set<T> synchronizedSet(Set<T> s)
public static <T> SortedSet<T> synchronizedSortedSet(SortedSet<T> s)
public static <T> List<T> synchronizedList(List<T> list)
public static <K,V> Map<K,V> synchronizedMap(Map<K,V> m)
public static <K,V> SortedMap<K,V> synchronizedSortedMap(SortedMap<K,V> m)
```

这些方法都可以将指定参数的集合类对象转换成支持同步的同类型对象。但需要注意一点：在返回的支持同步的集合类对象上进行迭代操作时(使用 Iterator 遍历或 for-each 遍历)，必须手工在返回的集合类对象上进行同步(即添加 synchronized 关键字)。

9.9　如何选择合适的集合类

Java SE API 中提供了如此多集合类，在实际开发中应该如何选择合适的容器呢？显然，主要从存放数据的要求和读写数据的效率两个方面进行考虑。

(1) 从存放数据的要求方面考虑，可以从以下几个角度出发：
- 如果数据存放对顺序没有要求，那么首先就是 HashSet。
- 如果数据存放对顺序有要求，那么首先就是 ArrayList。
- 如果数据存放需要保存顺序，且需要频繁地增删元素，那就选择 LinkedList。
- 如果数据需要以"键-值"对存放，就用 HashMap。
- 如果数据需要按指定的自然顺序排序，就用 TreeSet 或 TreeMap。

(2) 另外还需要从数据的读写效率方面考虑：
- 以 Hash 开头的集合类，元素的读取和修改的效率都最高。

- 以 Array 开头的集合类，元素的读取快但修改慢。
- 以 Linked 开头的集合类，元素的读取慢但修改快。

9.10 上机实训

1. 实训目的

(1) 掌握 HashSet 的原理及使用。

(2) 掌握 ArrayList 的原理及使用。

(3) 掌握 HashMap 的原理及使用。

2. 实训内容

(1) 创建一个员工类，它具有如下属性和方法。
- 有 String sid、String name、String position、double salary 属性。
- 重写 toString()方法、hashCode()方法、equals()方法(根据编号比较)。

使用集合框架类完成以下几个要求。
① 创建 5 个员工对象。
② 把员工对象放置到 HashSet 中，把它们遍历输出。
③ 把员工对象放置到 TreeSet 中，根据薪水降序排序遍历输出。
④ 把员工对放置到 ArrayList 中，把它们遍历输出。

(2) 用 LinkedList 封装一个栈结构(后进先出 LIFO)。

(3) 用一个 HashMap 来存放图书。

① 创建一个图书类 Book.java，它的属性有编号(String ISBN)、书名(String title)、作者名(String author)、出版日期(Date pubDate)、价格(double)。
② 创建 5 本图书，以编号(ISBN)为唯一标识存放到 HashMap 中。
③ 遍历出所有的图书信息(尽可能多地使用各种遍历方式)。

本章习题

一、选择题

(1) 下列哪些集合是有序的集合？(多选)

    A. HashSet   B. LinkedHashSet   C. TreeSet   D. ArrayList

(2) 有一个 ArrayList 集合，按如下方式添加元素：

```
ArrayList x = new ArrayList();
x.add("A");
x.add(new Integer(12));
x.add("B");
```

```
x.add("A");
```

打印这个集合 x 的结果是?

    A. 有序的结果: A, 12, B, A

    B. 有序的结果: A, 12, B

    C. 无序的结果: A, 12, B, A

    D. 无序的结果: A, 12, B

(3) 使用集合必须导入哪一个包?

    A. java.collection

    B. java.util

    C. java.lang

    D. java.set 及 java.map

(4) 有一个 TreeMap 集合,按如下方式添加元素:

```
TreeMap t = new TreeMap( );
t.put("101", "Joe");
t.put("105", "Andy");
t.put("103", "Kelly");
t.put("105", "Sam");
```

打印这个集合 t 的结果是?

    A. 101=Joe, 105=Sam, 103=Kelly

    B. 101=Joe, 103=Kelly, 105=Andy, 105=Sam

    C. 101=Joe, 103=Kelly, 105=Sam

    D. 101=Joe, 105=Andy, 103=Kelly, 105=Sam

(5) 实现 Comparable 接口时,需要实现哪一个方法?

    A. compareTo()   B. equals()   C. compare()   D. CompareValue()

第 10 章
I/O 流

学习目的与要求：

Java 程序是通过 I/O 流与数据存储设备(内存、磁盘、光盘、网络等)进行数据交换的。要完成文件内容的读写、网络数据的读取等，都需要通过 I/O 流。本章着重讲解 File 类的使用、流的分类以及各种流的特点和使用方式。通过本章的学习，读者应该掌握 I/O 流的操作。

10.1 File 类

几乎所有的应用程序在完成特定任务时都需要与数据存储设备进行数据交换，最常见的数据存储设备主要有磁盘和网络，I/O 就是指应用程序对这些数据存储设备的数据输入和输出。Java 作为一门高级编程语言，也提供了丰富的 API 来完成对数据的输入和输出。

10.1.1 文件和目录

在计算机系统中，文件可认为是相关记录或放在一起的数据的集合。为了便于分类管理文件，通常会使用目录组织文件的存放，也就是说，目录是一组文件的集合。这些文件和目录一般都存放在硬盘、U 盘、光盘等存储介质中，如图 10-1 所示。

图 10-1 文件的存储介质

在计算机系统中，所有的数据都会被转换成二进制数字进行存储。因此，文件中存放的数据其实就是大量的二进制数字。读取文件的内容其实就是把文件中的二进制数字读取出来，而把数据写入文件就是把二进制数字存储到对应的存储介质中。

10.1.2 Java 对文件的抽象

Java 语言对物理存储介质中的文件和目录进行了抽象，使用 java.io.File 类来代表存储介质中的文件和目录。也就是说，存储介质中的一个文件在 Java 程序里是用一个 File 对象来代表，存储介质中的一个目录在 Java 程序中也是用一个 File 对象来代表。操作 File 对象就相当于在操作存储介质中对应的文件或目录。

File 类中定义了一系列与操作系统平台无关的方法，用于操作文件和目录。通过查阅 Java SE API 帮助文档，可以了解到 java.io.File 类的相关属性和方法。下面来介绍它的一些常用构造器、属性和方法。

1. 常用构造器

public File(String pathname)：这个构造方法以 pathname 为路径创建 File 对象。

pathname 可以是绝对路径，也可以是相对路径。如果 pathname 是相对路径，则是相对于操作系统的"user.dir"系统属性所指定的路径(系统属性"user.dir"所指定的路径就是当前字节码运行时所在的目录)。

> 注意：文件的绝对路径：从磁盘的根目录到该文件的全路径名。
>
> 文件的相对路径：相对于指定目录到该文件的路径名。
>
> 例如：在 Windows 系统的 C:\abc\bcd 路径下的 e.txt 文件，它的绝对路径就是 c:\abc\bcd\a.txt；它相对于 C:\abc 目录的路径就是 bcd\a.txt。

2. 常用属性

public static final String separator：存储了当前系统的路径分隔符。在 Unix、Linux 系统上，此字段的值是"/"；在 Windows 系统上，它的值是"\"。如果编写的 Java 程序需要在不同操作系统平台运行，则文件的路径分隔符就应该使用这个属性值来代表。

3. 访问文件属性的方法

File 类中针对文件属性的访问提供了以下一些方法。

- public boolean canRead()：判断文件是否可读。
- public boolean canWrite()：判断文件是否可写。
- public boolean exists()：判断文件是否存在。
- public boolean isDirectory()：判断是否为目录。
- public boolean isFile()：判断是否为文件。
- public boolean isHidden()：判断文件是否隐藏。
- public long lastModified()：返回最后修改的时间(毫秒值)。
- public long length()：返回文件以字节为单位的长度。
- public String getName()：获取文件名。
- public String getPath()：获取文件的路径。
- public String getAbsolutePath()：获取此文件的绝对路径名。
- public String getCanonicalPath()：获取此文件的规范路径名。
- public File getAbsoluteFile()：得到绝对路径规范表示的文件对象。
- public String getParent()：得到该文件的父目录路径名。
- public URI toURI()：返回此文件的统一资源标识符名。

下面的示例演示如何访问存储介质中指定文件的一些属性信息：

```java
import java.io.*;
/** 用 File 类显示文件属性信息 */
public class FileAttributeTest {
    public static void main(String[] args) throws IOException {
        //把存储介质中指定路径中的文件抽象成 File 类对象
        File file = new File("D:\\IOTest\\src.txt");
        System.out.println("文件或目录是否存在:" + file.exists());
        System.out.println("是文件吗:" + file.isFile());
        System.out.println("是目录吗:" + file.isDirectory());
```

```java
        System.out.println("名称:" + file.getName());
        System.out.println("路径: " + file.getPath());
        System.out.println("绝对路径: " + file.getAbsolutePath());
        System.out.println("绝对路径规范表示: " + file.getCanonicalPath());
        System.out.println("最后修改时间:" + file.lastModified());
        System.out.println("文件大小:" + file.length() + " 字节");
    }
}
```

运行这个程序前，先准备。在本地磁盘 D 下创建一个名为 IOTest 的目录，并在该目录下创建一个名为 src.txt 的文件，在其中写入一些字符内容。程序运行后，输出结果为：

```
文件或目录是否存在:true
是文件吗:true
是目录吗:false
名称:src.txt
路径: D:\IOTest\src.txt
绝对路径: D:\IOTest\src.txt
绝对路径规范表示: D:\IOTest\src.txt
最后修改时间:1245202454515
文件大小:1021873 字节
```

4. 文件的操作

File 类提供了如下一些常用的文件操作方法。

- public boolean createNewFile()：不存在时创建此文件对象所代表的空文件。
- public boolean delete()：删除文件。如果是目录，必须是空目录才能删除。
- public boolean mkdir()：创建此抽象路径名指定的目录。
- public boolean mkdirs()：创建此抽象路径名指定的目录，包括所有必需但又还不存在的父目录。
- public boolean renameTo(File dest)：重命名此抽象路径名表示的文件。

5. 浏览目录中的文件和子目录方法

下面这些是 File 类中提供的用于浏览目录下的子文件和子目录的方法。

- public String[] list()：返回此目录中的文件名和目录名的数组。
- public File[] listFiles()：返回此目录中的文件和目录的 File 实例数组。
- public File[] listFiles(FilenameFilter filter)：返回此目录中满足指定过滤器的文件和目录。参数 java.io.FilenameFilter 接口用于完成文件名过滤的功能。

下面的示例演示如何操作一个文件或目录：

```java
import java.io.*;
/** 文件操作演示 */
public class FileOperateTest {
```

```java
public static void main(String[] args) throws IOException {
    File dir1 = new File("D:\\IOTest\\dir1");
    if (!dir1.exists()) {   //如果 D:\IOTest\dir1 不存在，就创建为目录
        dir1.mkdir();
    }
    //创建以 dir1 为父目录，名为"dir2"的 File 对象
    File dir2 = new File(dir1, "dir2");
    if (!dir2.exists()) {   //如果还不存在，就创建为目录
        dir2.mkdirs();
    }
    File dir4 = new File(dir1, "dir3\\dir4");
    if (!dir4.exists()) {
        dir4.mkdirs();
    }
    //创建以 dir2 为父目录，名为"test.txt"的 File 对象
    File file = new File(dir2, "test.txt");
    if (!file.exists()) {   //如果还不存在，就创建为文件
        file.createNewFile();
    }
    System.out.println(dir1.getAbsolutePath()); //输出 dir1 的绝对路径名
    listChilds(dir1, 0); //递归显示 dir1 下的所有文件和目录信息
    deleteAll(dir1); //删除目录
}
//递归显示指定目录下的所有文件和目录信息。level 用来记录当前递归的层次
public static void listChilds(File dir, int level) {
    //生成有层次感的空格
    StringBuilder sb = new StringBuilder("|--");
    for (int i=0; i<level; i++) { sb.insert(0, "|  "); }
    File[] childs = dir.listFiles();
    //递归出口
    int length = childs == null ? 0 : childs.length;
    for (int i=0; i<length; i++) {
        System.out.println(sb.toString() + childs[i].getName());
        if (childs[i].isDirectory()) {
            listChilds(childs[i], level + 1);
        }
    }
}
//删除目录或文件，如果参数 file 代表目录，会删除当前目录以及目录下的所有内容
public static void deleteAll(File file) {
    //如果 file 代表文件，就删除该文件
    if (file.isFile()) {
        System.out.println("删除文件: " + file.getAbsolutePath());
        file.delete();
        return;
```

```
        }
        //如果file代表目录,先删除目录下的所有子目录和文件
        File[] lists = file.listFiles();
        for (int i=0; i<lists.length; i++) {
            deleteAll(lists[i]);   //递归删除当前目录下的所有子目录和文件
        }
        System.out.println("删除目录: " + file.getAbsolutePath());
        file.delete();
    }
}
```

程序运行后的输出结果如下:

```
D:\IOTest\dir1
|--dir2
|  |--test.txt
|--dir3
|  |--dir4
删除文件: D:\IOTest\dir1\dir2\test.txt
删除目录: D:\IOTest\dir1\dir2
删除目录: D:\IOTest\dir1\dir3\dir4
删除目录: D:\IOTest\dir1\dir3
删除目录: D:\IOTest\dir1
```

以上介绍的 File 类的方法使用,并不需要读者死记硬背,而是在实际使用时再详细查看 Java SE API 文档。另外,File 类无法访问文件的具体内容,既不能从文件中读取出数据,也不能往文件里写入数据,要完成这些操作,就必须使用 I/O 流。

10.2 I/O 原理

流(Stream)是一个抽象的概念,代表一串数据的集合,当 Java 程序需要从数据源读取数据时,就需要开启一个到数据源的流。同样,当程序需要输出数据到目的地时,也需要开启一个流。流的创建是为了更方便地处理数据的输入输出。

可以把数据流比喻成现实生活中的水流,每个人的家中要用上自来水,就需要在家和自来水厂之间接上一根水管,这样水厂的水才能通过水管流到家中。同样,要把河流中的水引导到自来水厂,也需要在河流和水厂之间接上一根水管,这样,河流中的水才能流到水厂去。

在 Java 程序中,要想获取到数据源中的数据,需要在程序和数据源之间建立一个数据输入的通道,这样才能从数据源中获取数据;如果 Java 程序中要把数据写到数据源中,也需要在程序和数据源之间建立一个数据输出的通道。在 Java 程序中,创建输入流对象时就会自动建立这个数据输入通道,而创建输出流对象时,就会自动建立这个数据输出通道。如图 10-2 所示。

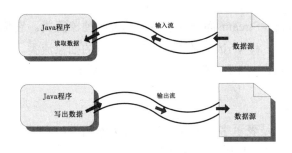

图 10-2 I/O 原理图

10.3 流类概述

10.3.1 I/O 流分类

Java SE API 中提供了大量的流类,用来满足不同的需求,这些流类可以按如下方式进行分类:

- 按数据流向,可分为输入流和输出流。输入流是指程序可以从中读取数据的流;输出流是指程序能向其中写出数据的流。
- 按数据传输单位,可分为字节流和字符流。字节流是指以字节为单位传输数据的流;字符流是指以字符为单位传输数据的流。
- 按流的功能,可分为节点流和处理流。节点流是指用于直接操作目标设备的流;而处理流是对另一个流的连接和封装,用来提供更为强大、灵活的读写功能。所以,处理流也称为过滤器流。如图 10-3 所示。

图 10-3 节点流和处理流

10.3.2 抽象流类

Java SE API 所提供的流类位于 java.io 包中,都分别继承自 4 种抽象流类,这 4 种抽象流类按分类方式显示在表 10-1 中。

表 10-1 抽象流类

	字 节 流	字 符 流
输入流	InputStream	Reader
输出流	OutputStream	Writer

InputStream 和 OutputStream 都是以字节为单位的抽象流类。它们规定了字节流的输入和输出基本操作；Reader 和 Writer 都是以字符为单位的抽象流类。它们规定了字符流的输入和输出基本操作。下面分别来介绍这些抽象流类的基本知识。

1. InputStream

InputStream 抽象类是表示字节输入流的所有类的超类，它以字节为单位从数据源中读取数据。它的继承层次结构大致如图 10-4 所示。

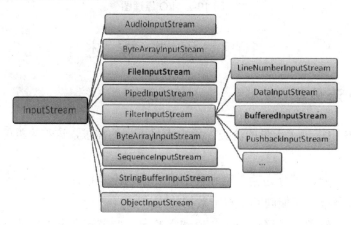

图 10-4 InputStream 的层次结构

InputStream 定义了 Java 的输入流模型。下面是它的一些常用方法的简要说明。

- public abstract int read() throws IOException：从输入流中读取数据的下一个字节，返回读到的字节值。若遇到流的末尾，返回-1。
- public int read(byte[] b) throws IOException：从输入流中读取 b.length 个字节的数据并存储到缓冲区数组 b 中，返回的是实际读到的字节总数。
- public int read(byte[] b, int off, intlen) throws IOException：读取 len 个字节的数据，并从数组 b 的 off 位置开始写入到这个数组中。
- public void close() throws IOException：关闭此输入流并释放与此流关联的所有系统资源。
- public int available() throws IOException：返回此输入流下一个方法调用可以不受阻塞地从此输入流读取(或跳过)的估计字节数。
- public skip(long n) throws IOException：跳过和丢弃此输入流中数据的 n 个字节，返回实现跳过的字节数。

2. OutputStream

OutputStream 抽象类是表示字节输出流的所有类的超类，它以字节为单位向数据源写出数据。它的继承层次结构如图 10-5 所示。

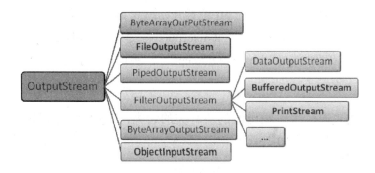

图 10-5　OutputStream 的层次结构

下面是 OutputStream 类的常用方法介绍。

- public abstract void write(int b) throws IOException：将指定的字节写入此输出流。
- public void write(byte[] b) throws IOException：将 b.length 个字节从指定的 byte 数组写入此输出流。
- public void write(byte[] b, int off, intlen) throws IOException：将指定 byte 数组中从偏移量 off 开始的 len 个字节写入此输出流。
- public void flush() throws IOException：刷新此输出流，并强制写出所有缓冲的输出字节。
- public void close() throws IOException：关闭此输出流，并释放与此流有关的所有系统资源。

3. Reader

Reader 抽象类是表示字符输入流的所有类的超类，它以字符为单位从数据源中读取数据。它的继承层次结构如图 10-6 所示。

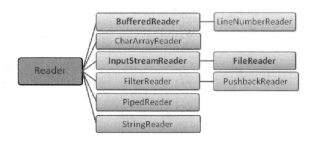

图 10-6　Reader 的层次结构

下面是 Reader 类的常用方法介绍。

- public int read() throws IOException：读取单个字符，返回作为整数读取的字符，如果已到达流的末尾，返回-1。
- public int read(char[] cbuf) throws IOException：将字符读入数组，返回读到的字符数。
- public abstract int read(char[] cbuf, int off, int len) throws IOException：读取 len 个字

符的数据，并从数组 cbuf 的 off 位置开始写入到这个数组中。
- public abstract void close() throws IOException：关闭该流并释放与之关联的所有资源。
- public long skip(long n) throws IOException：跳过 n 个字符。

4. Writer

Writer 抽象类是表示字符输出流的所有类的超类，它以字符为单位向数据源写出数据。它的继承层次结构如图 10-7 所示。

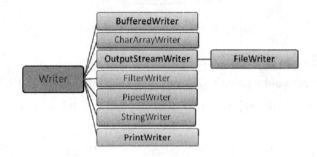

图 10-7　Writer 的层次结构

下面是 Writer 类提供的常用方法介绍。
- public void write(int c) throws IOException：写入单个字符。
- public void write(char[] cbuf) throws IOException：写入字符数组。
- public abstract void write(char[] cbuf, int off, int len) throws IOException：写入字符数组的某一部分。
- public void write(String str) throws IOException：写入字符串。
- public void write(String str, int off, int len) throws IOException：写字符串的某一部分。
- public abstract void close() throws IOException：关闭此流，但要先刷新它。
- public abstract void flush() throws IOException：刷新该流的缓冲，将缓冲的数据全写到目的地。

介绍了流的分类和基本抽象流类之后，下面来详细介绍常用流类的用法。

10.4　文　件　流

文件流是指那些专门用于操作数据源中的文件的流。文件流主要有 FileInputStream、FileOutStream、FileReader、FileWriter 这 4 个类，下面根据它们读写数据时的操作单位，分成两组来进行介绍。

10.4.1　FileInputStream 和 FileOutputStream

FileInputStream 和 FileOutputStream 是以字节为操作单位的文件输入流和文件输出流。

利用这两个类，可以对文件进行读写操作。如下代码是使用 FileInputStream 类来读取指定文件的数据的示例：

```java
import java.io.*;
/** 用FileInputStream来读取数据源中的数据 */
public class FileInputStreamTest {
    public static void main(String[] args) {
        FileInputStream fin = null;
        try {
            //step1: 创建一个连接到指定文件的FileInputStream对象
            fin = new FileInputStream("D:\\IOTest\\src.txt");
            System.out.println("可读取的字节数: " + fin.available());
            //step2: 读数据, 循环读取文件中数据,
            //每次读取一个字节,并返回读取的字节,如果遇到文件尾,返回-1
            for(int b=-1; (b=fin.read())!=-1; ){
                System.out.print((char)b);
            }
            System.out.println();
        } catch (FileNotFoundException e) {
            e.printStackTrace();
        } catch (IOException e) {  //捕获并处理I/O异常
            e.printStackTrace();
        } finally {
            try {
                if (null != fin) {
                    fin.close();  //step3: 关闭输入流
                }
            } catch (IOException e) {
                e.printStackTrace();
            }
        }
    }
}
```

其中"D:\IOTest\src.txt"的内容如下：

```
hello world
中国北京
```

运行以上这个程序时，它的输出结果为：

```
可读取的字节数：21
hello world
ÖÐ¹ú±±¾©
```

这个程序中使用文件字节输入流从指定文件中读取数据，并输出到控制台中。从输出结果可以看到源文件中的中文字符会乱码。这是因为在 Unicode 编码中，一个英文字符是

用一个字节编码的,而一个中文字符则是用两个字节编码的。字节流读取时,遇到中文字符时,它也把中文字拆成两个字节读取出来,并把每个字节强制转换成字符,这样就出现乱码了。所以,文本文件的内容需要读取出并显示时,不建议使用字节流。

下面再来看一个使用 FileOutputStream 类往指定文件中写入数据的示例:

```java
import java.io.*;
/** 用 FileOutputStream 类往指定文件中写入数据 */
public class FileOutputStreamTest {
    public static void main(String[] args) {
        FileOutputStream out = null;
        try {
            //step1:创建一个向指定名的文件中写入数据的 FileOutputStream
            //第二个参数设置为 true 表示:使用追加模式来添加字节
            out = new FileOutputStream("D:\\IOTest\\dest.txt", true);
            //step2:写数据
            out.write('#');
            out.write("helloWorld".getBytes());
            out.write("你好".getBytes());
            //step3:刷新输出流
            out.flush();
        } catch (FileNotFoundException e) {
            e.printStackTrace();
        } catch (IOException e) { // 捕获 I/O 异常
            e.printStackTrace();
        } finally {
            if(out != null) {
                try {
                    out.close();  //step3:关闭输出流
                } catch (IOException e) {
                    e.printStackTrace();
                }
            }
        }
    }
}
```

运行这个程序后,可以在 D:\IOTest 下看到有一个 dest.txt 文件。当用 Windows 系统自带的记事本打开时,它的内容如图 10-8 所示。

图 10-8 dest.txt 文件的内容

注意： 从图 10-8 可以看到，用文件字节输出流往文件中写入的中文字符没有乱码。这是因为程序先会根据平台默认的字符编码方式把中文字符转成了字节数组，然后再一个字节一个字节地写出到文件。Windows 操作系统的记事本程序在打开文本文件时能自动"认出"中文字符。

从上面这两个 I/O 流操作文件的代码中，可以归纳出使用 I/O 流类操作文件的一般步骤如下。

(1) 创建连接到指定数据源的 I/O 流对象。

(2) 利用 I/O 流类提供的方法进行数据的读取或写出。在整个操作过程中，都需要处理 java.io.IOException 异常。另外，如果是向输出流写出数据，还需要在写出操作完成后，调用 flush()方法，来强制把缓冲区的数据写出到目标文件中。

(3) 操作完毕后，一定要调用 close()方法关闭该 I/O 流对象。I/O 流类的 close()方法会释放流所占用的系统资源，这些资源在操作系统中的数量是有限的。

一般来说，FileInputStream 和 FileOutputStream 类用来操作二进制文件比较合适，例如图片、声音、视频等文件。下面是一个用文件字节流完成图片复制功能的示例代码：

```java
import java.io.*;
/** 用FileInputStream和FileOutputStream类完成图片复制 */
public class CopyPictureTest {
    public static void main(String[] args) {
        InputStream is = null;
        OutputStream os = null;
        try {
            //创建针对源文件的输入流
            is = new FileInputStream("D:\\IOTest\\src.png");
            //创建针对目标文件的输出流
            os = new FileOutputStream("D:\\IOTest\\dest.png");
            for(int b = -1; (b = is.read()) != -1;) {  //循环读取数据
                os.write(b);   //把读取到的字节数据写出到输出流
            }
            os.flush();   //刷新缓冲区
        } catch (FileNotFoundException ex) {
            ex.printStackTrace();
        } catch (IOException ex) {
            ex.printStackTrace();
        } finally {
            //关闭流
            if(null != is) {
                try { is.close(); }
                catch(IOException ex) { ex.printStackTrace(); }
            }
            if(null != os) {
```

```
            try { os.close(); }
            catch(IOException ex) { ex.printStackTrace(); }
        }
    }
}
```

程序运行后，就可以把 D:\IOTest 目录下的 src.png 复制成当前目录下的 dest.png 文件。为了提高读取和写出数据的效率，还可以使用一次读取一个字节数组和一次写出一个字节数组的方法，代码片段如下：

```
byte[] buf = new byte[8192];    //缓冲区
//循环读取数据，一次读取一个字节数组
for(int count = -1; (count = is.read(buf))!= -1; ) {
    os.write(buf, 0, count);    //把读取到的字节数据写出到输出流
}
```

10.4.2 FileReader 和 FileWriter

FileReader 和 FileWriter 是以字符为操作单位的文件输入流和文件输出流。因此，用 FileReader 和 FileWriter 来操作字符文本文件是最合适不过了。如下示例是复制字符文本文件的代码示例：

```
import java.io.*;
/** 用 FileReader 和 FileWriter 实现字符文本文件复制的功能 */
public class TextCopyTest {
    public static void main(String[] args) {
        FileReader fr = null;
        FileWriter fw = null;
        try {
            //step1: 创建 I/O 流对象
            fr = new FileReader("d:\\IOTest\\src.txt");
            fw = new FileWriter("d:\\IOTest\\dest2.txt");
            //step2: I/O 流操作
            char[] cbuf = new char[8192];
            for(int count = -1; (count = fr.read(cbuf)) != -1;) {    //读
                fw.write(cbuf, 0, count);    //写
            }
            fw.flush();    //刷新输出流
        } catch (FileNotFoundException e) {
            e.printStackTrace();
        } catch (IOException e) {
            e.printStackTrace();
        } finally {
            //step3: 关闭流
```

```
            if(null != fr) {
                try { fr.close(); }
                catch(IOException ex) { ex.printStackTrace(); }
            }
            if(null != fw) {
                try { fw.close(); }
                catch(IOException ex) { ex.printStackTrace(); }
            }
        }
    }
}
```

运行这个文件后，在 D:\IOTest 目录下新产生了一个文件 "dest2.txt"，它的内容跟 "src.txt" 的内容完全相同。

10.5 缓 冲 流

为了提高数据读写的速度，Java SE API 为我们提供了带缓冲功能的流类，在使用这些带缓冲功能的流类时，它会创建一个内部缓冲区数组，在读取字节或字符时，会先把从数据源读取到的数据填充到该内部缓冲区，然后再返回；在写入字节或字符时，会先把要写入的数据填充该内部缓冲区，然后一次性把缓冲区中的数据写入到目标数据源中。这样就提高了 I/O 操作的效率。缓冲流都属于处理流，也就是说，缓冲流并不直接操作数据源，而是对已存在流的一个包装，以此来增强它的功能。Java SE API 中提供的缓冲流类共有 4 个，分别用来对相应的 4 种基本抽象流类进行包装。

- BufferedInputStream：针对字节输入流类(InputStream 系列)的缓冲流类。
- BufferedOutputStream：针对字节输出流类(OutputStreamt 系列)的缓冲流类。
- BufferedReader：针对字符输入流类(Reader 系列)的缓冲流类。
- BufferedWriter：针对字符输出流类(Writer 系列)的缓冲流类。

缓冲流类中的方法分别都是继承自 4 种基本抽象类中的方法，下面是用缓冲流来改写字符文本文件复制功能的代码：

```
import java.io.*;
/**用 BufferedReader 和 BufferedWriter 实现字符文本文件复制的功能 */
public class BufferedTextCopyTest {
    public static void main(String[] args) {
        BufferedReader br = null;
        BufferedWriter bw = null;
        try {
            //创建缓冲流对象：它是过滤流，是对节点流的包装
            br = new BufferedReader(new FileReader("d:\\IOTest\\src.txt"));
            bw = new BufferedWriter(
              new FileWriter("d:\\IOTest\\destBF.txt"));
```

```
            //一次读取字符文本文件的一行字符
            for (String str = null; (str = br.readLine()) != null; ) {
                bw.write(str);   //一次写入一行字符串
                bw.newLine();    //写入行分隔符
            }
            bw.flush();    //刷新缓冲区。这个方法一定要调用
        } catch (IOException e) {
            e.printStackTrace();
        } finally {
            //step3: 关闭I/O流。关闭处理流时，会自动关闭它所包装的底层流
            try {
                if (null != bw) {
                    bw.close();
                }
            } catch (IOException e) {
                e.printStackTrace();
            }
            try {
                if (null != br) { br.close(); }
            } catch (IOException e) {
                e.printStackTrace();
            }
        }
    }
}
```

在操作字节文件或字符文本文件时，都建议使用以上介绍的缓冲流，这样程序的效率会提高很多。需要注意的是：使用缓冲输出流时，在写出数据后关闭该流前，一定要调用 flush()方法刷新缓冲流，即强制把缓冲区中最后一次缓存的数据写出到目标。

> **注意**：在使用处理流的过程中，当关闭过滤流时，它会自动关闭它所包装的底层流。所以，在这种情况下，无须再手动关闭处理流所包装的底层流了。

10.6 转 换 流

有时需要在字节流和字符流之间进行转换，以方便操作。Java SE API 据此提供了两个转换流类：InputStreamReader 和 OutputStreamWriter。

10.6.1 InputStreamReader

InputStreamReader 类用来把字节流转换成字符流，即将字节流中读取到的字节按指定字符集解码成 Unicode 字符。它需要与 InputStream "套接"。主要有以下两个构造方法。

- public InputStreamReader(InputStream in)：创建一个使用默认字符集的 InputStreamReader 对象。
- public InputStreamReader(InputStream in, String charsetName)：创建一个使用指定字符集的 InputStreamReader 对象。

InputStreamReader 类并没有比父类 Reader 提供更多的方法，使用起来也简单。来看下面这个示例程序：

```java
import java.io.*;
/** 转换流的使用示例 */
public class ByteToCharTest {
   public static void main(String[] args) {
      System.out.println("请输入信息(退出输入e或exit):");
      //使用系统默认的字符编码方案，把"标准"输入流(键盘输入)这个字节流
      //包装成字符流，再包装成缓冲流
      BufferedReader br = new BufferedReader(
        new InputStreamReader(System.in));
      try {
         //读取用户输入的一行数据 -->阻塞程序
         for (String s = null; (s = br.readLine()) != null;) {
            if (s.equalsIgnoreCase("e") || s.equalsIgnoreCase("exit")){
               System.out.println("安全退出!!");
               break;
            }
            //将读取到的整行字符串转成大写输出
            System.out.println("-->:" + s.toUpperCase());
            System.out.println("继续输入信息");
         }
      } catch (IOException e) {
         e.printStackTrace();
      } finally {
         if (null != br) {
            try { br.close(); }
            catch(IOException e) { e.printStackTrace(); }
         }
      }
   }
}
```

在这个程序中，首先把"标准"输入流 System.in 这个字节流用主机系统默认的字符编码方案包装成字符流，为了进一步提高效率，又把它包装成了缓冲流。然后利用这个缓冲流来读取键盘输入的数据并转成大写字符输出。

程序运行时，可以在命令提示符中与程序进行交互：

请输入信息(退出输入e或exit):

```
Hello World
-->:HELLO WORLD
继续输入信息
a
-->:A
继续输入信息
e
安全退出!!
```

10.6.2 OutputStreamWriter

OutputStreamWriter 类用来把字符流转换成字节流，即把要写出的 Unicode 字符按指定字符集编码成字节。它需要与 OutputStream "套接"。也有两个主要的构造方法。

- public OutputStreamWriter(OutputStream out)：创建一个使用默认字符编码的 OutputStreamWriter 对象。
- public OutputStreamWriter(OutputStream out, String charsetName)：创建一个使用指定字符集的 OutputStreamWriter 对象。

OutputStreamWriter 类也没有比父类 Writer 提供更多的方法，它的用法也很简单，这里就不再赘述。

10.7 数 据 流

为了更加方便地操作 Java 中的基本类型数据，Java SE API 中提供了数据流。

数据流主要有两个类：DataInputStream 和 DataOutputStream，分别用来读取和写出基本类型的数据。

DataInputStream 类中提供了下列读取基本数据类型数据的方法。

- public final booleanreadBoolean()：从输入流中读取一个布尔型的值。
- public final byte readByte()：从输入流中读取一个 8 位的字节。
- public final char readChare()：读取一个 16 位的 Unicode 字符。
- public final float readFloat()：读取一个 32 位的单精度浮点数。
- public final double readDouble()：读取一个 64 位的双精度浮点数。
- public final float readFloat()：读取一个 32 位的单精度浮点数。
- public final short readShort()：读取一个 16 位的短整数。
- public final intreadInt()：请取一个 32 位的整数。
- public final long readLong()：读取一个 64 位的长整数。
- public final void readFully(byte[] b)：将字节读取到一个字节数组，直到充满整个字节数组。
- public final void readFully(byte[] b, int off, intlen)：将字节读取到一个字节数组，直

到充满整个字节数组。
- public final String readUTF()：读取一个由 UTF 格式字符组成的字符串。
- public intskipBypes(int n)：跳过 n 字节。

在 DataOutputStream 类中也提供了与这些 read()方法对应的 writer()方法。读者可以在 Java SE API 帮助文档中查看相关的详细信息。下面是一个往指定文件中写入 Java 基本类型数据的代码清单：

```java
import java.io.*;
/** 数据流使用示例 */
public class DataOutputStreamTest {
    public static void main(String[] args) {
        DataOutputStream dos = null;
        try {
            //创建连接到指定文件的数据输出流对象
            dos = new DataOutputStream(
              new FileOutputStream("d:\\IOTest\\destData.dat"));
            dos.writeUTF("ab中国");   //写 UTF 字符串
            dos.writeBoolean(false);   //写入布尔值
            dos.writeLong(1234567890L);   //写入长整数
            System.out.println("写文件成功!");
        } catch (IOException e) {
            e.printStackTrace();
        } finally {
            if (null != dos) {
                try { dos.close(); }
                catch(IOException e) { e.printStackTrace(); }
            }
        }
    }
}
```

运行这个程序后，会在 D:\IOTest 目录下产生一个"destData.dat"文件，用记事本打开这个文件，显示的内容如下：

ab涓 渶   I?

这些内容是一堆看不出意义的乱码，需要借助 DataInputStream 类就能正确读取出它的内容。这个功能的实现就留给读者作为练习了。

10.8 打 印 流

PrintStream 和 PrintWriter 都属于打印流，它们提供了一系列的 print()和 println()方法，用于实现将基本类型的数据、字符串和对象数据格式化成字符串输出。与其他输出流不同，PrintStream 和 PrintWriter 的输出操作永远也不会抛出 IOException 异常。

在前面章节的程序中，我们大量使用到"System.out.println"语句，其中的 System.out 就是 PrintStream 类的一个实例。

下面是一个使用打印流的代码清单：

```java
import java.io.*;
/** 把标准的输出改成指定的文件输出 */
public class PrintStreamTest {
    public static void main(String[] args) {
        FileOutputStream fos = null;
        try {
            fos = new FileOutputStream(new File("D:\\IOTest\\text.txt"));
        } catch (FileNotFoundException e) {
            e.printStackTrace();
        }
        //创建打印输出流，设置为自动刷新模式
        //写入换行符或字节'\n'时都会刷新输出缓冲区
        PrintStream ps = new PrintStream(fos, true);
        if (ps != null) {
            //把标准输出流(控制台输出)改成指定的打印输出流
            System.setOut(ps);
        }
        for (int i=0; i<=255; i++) {   //输出ASCII字符
            System.out.print((char)i); //输出ASCII字符
            if (i%50 == 0) {   //每50个数据一行
                System.out.println(); // 换行
            }
        }
        ps.close();
    }
}
```

运行这个程序后，会在 D:\IOTest 目录下产生一个"text.txt"文件，其内容如图 10-9 所示。

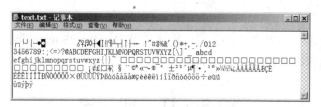

图 10-9　text.txt 文件中的内容

另外，Java SE API 1.5 以上版本中，还在 PrintStream 类中提供了类似 C 语言样式的 printf 功能，它提供程序的标准格式化输出。

这个方法的定义如下：

```
public PrintStream printf(String format, Object... args)
```

其中的 format 参数是指定在格式字符串的语法中描述的格式字符串；args 可变参数是指格式字符串中的格式说明符引用的参数值。其中格式字符串中常用的格式字符如表 10-2 所示。

表 10-2　常用格式字符

格式字符	描　　述
%s	将参数值格式化为字符串
%d %o %x	将整数参数值格式化为十进制、八进制或十六进制值
%f %g	格式化浮点数。%g 代表使用科学计数法
%n	将换行符插入字符串或流
%%	将百分比(%)符号插入字符串或流

这个方法的具体使用示例代码如下：

```java
/** PrintStream 的 printf 方法的使用示例 */
public class PrintfTest {
    public static void main(String[] args) {
        String name = "Java";
        int id = 123456;
        double salary = 3456.78;
        System.out.printf(
            "我的名字叫%s,编号为%d,月薪为%f%n", name, id, salary);
    }
}
```

程序运行时的输出结果为：

```
我的名字叫Java,编号为123456,月薪为3456.780000
```

最后说明一下，PrintStream 打印的所有字符都使用平台的默认字符编码转换为字节。在需要写入字符而不是写入字节的情况下，应该使用 PrintWriter 类。PrintWriter 类的使用与 PrintStream 类的使用类似。

10.9　对　象　流

JDK 提供的 ObjectOutputStream 和 ObjectInputStream 类是用于存储和读取基本类型数据或对象的处理流，它最强大之处就是可以把 Java 中的对象写到文件中，也能把对象从文件中还原回来。用 ObjectOutputStream 类保存基本类型数据或对象的机制叫作序列化；用 ObjectInputStream 类读取基本数据类型或对象的机制叫作反序列化。

10.9.1 序列化和反序列化操作

Java 语言要求：能被序列化的对象所对应的类必须实现 java.io.Serializable 接口。Serializable 接口并没有方法，仅作为标记，用来表示实现该接口的类可以用于序列化。

还需要注意的是：static 或 transient 修饰的属性不会被序列化，在反序列化时，static 或 transient 属性的值会被设置为对应类中定义的初始化值；如果属性是对其他对象的引用，那么就得看被引用对象对应的类是否也是可序列化的，如果对应类是可序列化的，则这个属性也会被序列化，否则也不会被序列化。

如下所示定义了一个可序列化的 Student 类：

```java
/** 可序列化的 POJO */
public class Student implements java.io.Serializable {

    private int id;
    private String name;
    private transient int age;   //transient 属性不需要序列化
    private static String classId;   //static 属性不会被序列化
    public Student() {}

    public Student(int id, String name, int age) {
        classId = "java007";
        this.id = id;
        this.name = name;
        this.age = age;
    }

    //省略所有属性的 getter()方法和 setter()方法
    @Override
    public String toString() {
        System.out.println("班级编号是: " + classId);
        return "id=" + id +", name=" + name + ", age=" + age;
    }
}
```

序列化的好处在于，它可以将任何实现了 Serializable 接口的对象转换为字节数据，这些数据可以保存在文件中，以后仍可以还原为原来的对象状态。即使这个文件通过网络传输到别处也能还原成对象。

下面就来创建一个学生对象，并把它序列化到一个文件(objectSeri.dat)中：

```java
import java.io.*;
/** 对象序列化操作 */
public class SerializationTest {
```

```java
    public static void main(String[] args) {

        ObjectOutputStream oos = null;

        try {
            //创建连接到指定文件的对象输出流实例
            oos = new ObjectOutputStream(
                    new FileOutputStream("D:\\IOTest\\objectSeri.dat"));
            //把 stu 对象序列化到文件中
            oos.writeObject(new Student(101, "张三", 22));
            oos.flush();    //刷新输出流
            System.out.println("序列化成功!!!");
        } catch (IOException e) {
            e.printStackTrace();
        } finally {
            if (null != oos) {
                try { oos.close(); }
                catch(IOException e) { e.printStackTrace(); }
            }
        }
    }
}
```

以下代码是把指定文件中的对象数据反序列化回来,打印输出它的信息:

```java
import java.io.*;
/** 对象反序列化示例 */
public class DeserializationTest {

    public static void main(String[] args) {

        ObjectInputStream ois = null;

        try {
            //创建连接到指定文件的对象输入流实例
            ois = new ObjectInputStream(
                    new FileInputStream("D:\\IOTest\\objectSeri.dat"));
            Student stu = (Student)ois.readObject();    //读取对象
            System.out.println(stu); //输出读到的对象信息
        } catch (ClassNotFoundException e) {
            e.printStackTrace();
        } catch (IOException e) {
            e.printStackTrace();
        } finally {
            if (null != ois) {
                try { ois.close(); }
```

```
            catch(IOException e) { e.printStackTrace(); }
        }
    }
}
```

程序的运行结果如下：

```
班级编号是：null
id=101, name=张三, age=0
```

从运行结果来看，读取出来的数据中 classId 和 age 的值丢了，这是因为它们分别是用 static 和 transient 修饰的，根本没序列化到文件中。我们用记事本来查看 objectSeri.dat 文件的内容，如图 10-10 所示。

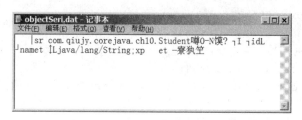

图 10-10 对象序列化后的数据

虽然看不太懂它的详细细节，但是只要能够通过相应的方式正确地读取它的数据就可以了。

10.9.2 序列化的版本标识

实现 Serializable 接口的类都应该提供一个表示序列化版本标识符的静态变量：

```
private static final long serialVersionUID = ...;
```

serialVersionUID 用来表明类的不同版本间的兼容性。默认情况下，如果类中没有显式定义这个静态变量，它的值就是 Java 运行时环境根据类的内部细节自动生成。如果对类的源代码做了修改，再重新编译，新生成的类文件的 serialVersionUID 的取值有可能也会发生变化。如果这时仍用老版本的类来反序列化对象，就会因为类版本不兼容而失败。

serialVersionUID 的默认值完全依赖于 Java 编译器的实现。对于同一个类，用不同的 Java 编译器编译，有可能会导致不同的 serialVersionUID 值。为了保持 serialVersionUID 的独立性和确定性，强烈建议在一个可序列化类中显式定义 serialVersionUID，并为它赋予明确的值。

Eclipse 工具可以根据类的信息帮我们生成一个 serialVersionUID 的值，在没有给实现 Serializable 接口的类显式指定 serialVersionUID 时，Eclipse 会提示"警告"，只需要点击提示图标"[图]"就会弹出建议操作的提示，选择"add generated serial version ID"就可以自动为这个类添加一个 serialVersionUID，如图 10-11 所示。

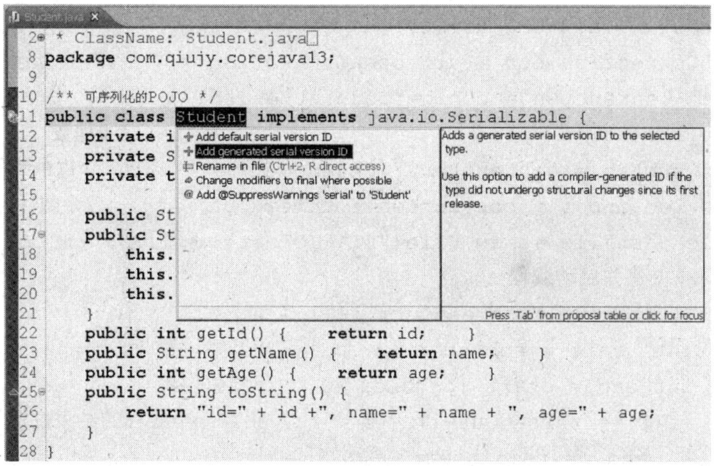

图 10-11　Eclipse 为可序列化的类自动添加 serialVersionUID

10.10　随机存取文件流

RandomAccessFile 是一种特殊的流类，它可以在文件任何地方读取或写入数据。打开一个随机存取文件后，要么对它进行只读操作，要么就对它同时进行读写操作。具体的选择是把构造方法的第二个参数指定成一个"r"(只读)或者"rw"(同时读写)、"rws"、"rwd"来实现的。例如：

```
RandomAccessFile in = new RandomAccessFile("d:\\IOTest\\bjhyn.wmv", "r");
RandomAccessFile inout =
  new RandomAccessFile("d:\\IOTest\\dest.wmv", "rwd");
```

随机存取文件的行为类似于存储在文件系统中的一个大型 byte 数组，它提供了一个指向该数组的游标或索引，称为文件指针，该文件指针用来标志着要进行读写操作的下一字节的位置，getFilePointer 方法可以返回文件指针的当前位置。而使用 seek 方法可以将文件指针移动到文件内部的任意字节位置。随机存取文件流中提供了很多读取数据和写入数据的方法，具体可以参看帮助文档的详细介绍。需要注意的是：随机存取文件只限于操作磁盘文件，不能访问来自网络或内存映像的流。

下面是一个使用多线程下载网络资源并通过 RandomAccessFile 类写入到本地磁盘的示例程序：

```
import java.io.*;
import java.net.*;
/** 利用多线程下载文件的示例 */
public class MultiThreadDownloadTest {
    public static void main(String[] args) throws IOException {
        String urlStr =
            "http://60s.cnr.cn/attachment/197860_124064280820UC.mp3";//资源名
```

```java
        URL url = new URL(urlStr);                          //创建 URL
        URLConnection con = url.openConnection();           //建立连接
        int  contentLen = con.getContentLength();           //获得资源总长度
        int threadQut = 5;                                  //线程数
        int subLen = contentLen / threadQut;                //每个线程要下载的大小
        int remainder = contentLen % threadQut;             //余数
        File destFile = new File("D:\\IOTest\\国歌.mp3"); //目标文件
        /////创建并启动线程
        for (int i=0; i<threadQut; i++) {
            int start = subLen * i;           //开始位置
            int end = start + subLen -1;      //结束位置
            if(i == threadQut-1) {            //最后一个线程的结束位置
                end += remainder;
            }
            Thread t = new Thread(
              new DownloadRunnable(start, end, url, destFile));
            t.start();
        }
    }
}
/** 线程下载类 */
class DownloadRunnable implements Runnable {
    private final int start;          //开始位置
    private final int end;            //结束位置
    private final URL srcURL;         //数据源 URL
    private final File destFile;      //目标文件
    public static final int BUFFER_SIZE = 8192;  //缓冲区大小
    public DownloadRunnable(int start, int end, URL srcURL,
      File destFile) {
        this.start = start;
        this.end = end;
        this.srcURL = srcURL;
        this.destFile = destFile;
    }
    public void run() {
        System.out.println(Thread.currentThread().getName() + "启动...");
        BufferedInputStream bis = null;
        RandomAccessFile ras = null;
        byte[] buf = new byte[BUFFER_SIZE]; //创建一个缓冲区
        URLConnection con = null;
        try {
            con = srcURL.openConnection();   //创建网络连接
            //设置连接的请求头字段：获取资源数据的范围从 start 到 end
            con.setRequestProperty("Range", "bytes=" + start + "-" + end);
            //网络连接中获取输入流并包装成缓冲流
```

```
                bis = new BufferedInputStream(con.getInputStream());
                ras = new RandomAccessFile(destFile, "rw");
                ras.seek(start);    //把文件指针移动到start位置
                int len = -1;   //读取到的字节数
                while((len = bis.read(buf)) != -1) {   //从网络中读取数据
                    ras.write(buf, 0, len);    //用随机存取流写到目标文件
                }
                System.out.println(Thread.currentThread().getName()+ "已下载完");
            } catch(IOException e) {
                e.printStackTrace();
            } finally {
                //关闭所有的I/O流对象
            if(ras != null) {
                try { ras.close(); }
                catch(IOException e) { e.printStackTrace(); }
            }
            if(bis != null) {
                try { bis.close(); }
                catch(IOException e) { e.printStackTrace(); }
            }
        }
    }
}
```

在本机保持连网的情况下，运行本程序。一段时间后就会在本地磁盘 D:\IOTest 目录下产生了一个"国歌.mp3"音乐文件。

本例是一个比较综合的例子，使用到了线程、I/O 流、网络连接的知识，读者能看懂即可。大致的原理是：获取网络资源的总长度，把网络资源按线程数分成块，每一块数据由一个线程下载；每个线程下载的数据，都用 RandomAccessFile 流写出到指定文件的指定位置中。

10.11 上 机 实 训

1. 实训目的

(1) 掌握 File 类的操作。
(2) 熟练使用文件流操作文件。
(3) 熟练使用缓冲流包装文件流的操作。

2. 实训内容

(1) 用递归的方法，列出指定目录下的所有子目录和子文件(包括子目录下的子目录和子文件)。

(2) 编写一个程序，能够把指定路径的文本文件内容显示在命令提示窗口中。

(3) 用 I/O 流实现文件复制的功能。

(4) 编写一个 Account 类，它有编号 id、姓名 name、密码 password、邮箱 email、注册日期 registedTime 属性。创建一个 Account 实例，把它序列化到 D:\account.dat 文件(其中邮箱不需要序列化)。再编写一个方法把它从这个文件中反序列化成对象。

本 章 习 题

选择题

(1) 下列哪些为字节输入流类？(多选)

    A. FileInputStream   B. ObjectOutputStream

    C. InputStreamReader   D. StringWriter

    E. LineNumberInputStream

(2) 下列哪些输出输入流类负责与文件系统串连？(多选)

    A. FileWriter   B. FileInputStream

    C. InputStreamReader   D. FileReader

    E. InputStream

(3) 要使对象序列化，一定要实现下列哪一个接口？

    A. Runnable   B. Serializable

    C. Referenceable   D. Registry

(4) 下列哪些关键字修饰的数据不会被序列化？(多选)

    A. static   B. volatile

    C. transient   D. private

(5) 下列哪一个为代表连接至标准输入设备的流？

    A. System.in   B. System.out

    C. OutputStream   D. System.err

(6) 下列哪一个 System.out 输出方式是错误的？

    A. System.out.print(123);   B. System.out.printf("123");

    C. System.out.println(new Object());   D. int[] a ={1,2,3,4}; System.out.print(a);

(7) 下面哪一个类可以用来删除文件？

    A. FileInputStream

    B. FileReader

    C. File

    D. FileOutputStream

(8) 下列哪些代码能正确编译？(多选)

    A. File f = new File("text.txt");

FileReader fr = new FileReader(f);
B.　File f = new File("text.txt");
　　　FileWriter fr = new FileWriter(f, true);
C.　File f = new File("text.txt");
　　　InputStreamReader isr = new InputStreamReader(f);
D.　File f = new File("text.txt");
　　　BufferedWriter bw = new BufferedWriter(f);

第 11 章 网络编程

学习目的与要求：

目前的应用程序都是以网络为基础的，掌握 Java 语言中的网络编程技术显得尤其重要。本章介绍网络编程的一些基础知识、Java 对网络编程提供支持类的使用，着重讲解 TCP、UDP 的编程特点及步骤。

通过本章的学习，读者应该掌握基于 Java 的 TCP、UDP 编程技术。

11.1 网络编程基础知识

随着互联网的快速发展以及网络应用程序的大量出现，网络编程技术已经逐步成为现代程序的主流编程技术了。在实际的开发中，网络编程技术的使用非常常见。本章就来介绍有关网络编程的基础知识、Java 网络编程的实现和几个实际应用案例，使广大初学者能够进入网络编程技术的大门。

网络编程的实质是实现两个或多个物理设备(通常是指计算机)之间的数据传输的过程。在进行网络编程之前，需要读者先了解网络编程的基本概念，本节将从网络基本概念和网络传输协议两个方面进行介绍。

11.1.1 网络基本概念

对于网络编程来说，最主要的是计算机与计算机之间的通信，这里首要的问题就是如何找到网络上的计算机呢？这就需要了解 IP 地址和域名的概念。

1. IP 地址和域名

为了方便地识别网络上的每个设备，网络中的每个设备都应该有一个唯一的数字标识，这个唯一的数字标识就是 IP 地址。

在计算机网络中，目前命名 IP 地址的规定主要采用 IPv4 协议，该协议规定每个 IP 地址由 4 个 0~255 之间的数字组成，例如 117.79.93.222。每个接入网络的计算机都拥有唯一的 IP 地址。

> **注意：** 接入网络的计算机，它的这个 IP 地址可能是固定的，也可能是动态的。例如网络上各种服务器，它们都会从网络服务提供商得到一个固定不变的 IP 地址；而家庭中使用 ADSL 拨号上网的宽带用户，会由网络服务提供商随机分配一个 IP 地址。但是，每个计算机在联网以后都拥有一个唯一的合法 IP 地址。

由于 IP 地址全是数字，不容易记忆，为了方便记忆，人们又使用了另外一个概念——域名(Domain Name)，域名就是网络中某个计算机的唯一名字，它由字母和数字组成并用分级方式，便于人们记忆。例如，IT 技术门户网站的域名为 www.csdn.net，人们只需要记住这个域名就是可以找到它的网站了。域名的概念可以类比手机中的通信录，由于手机号码不方便记忆，所以都通过添加一个姓名来标识这个手机号码。

另外，需要注意的是一个 IP 地址可以对应多个域名，但一个域名只能对应一个 IP 地址。在网络中传输的数据，都是以 IP 地址作为地址标识的。因此，在实际传输数据前，需要将域名转换为 IP 地址，这个工作由网络服务提供商提供的 DNS 服务器(域名解析)来完成，不需要用户干预。例如，当用户在 Web 浏览器输入域名"www.csdn.net"时，浏览器首先请求 DNS 服务器，将域名转换为它所绑定的 IP 地址(117.79.93.222)，DNS 服务器将转换后的 IP 地址反馈给浏览器，然后再进行实际的数据传输。

当 DNS 服务器正常工作时，使用 IP 地址或域名都可以很方便地找到网络中的某台计算机，当 DNS 服务器不正常工作时，就只能通过 IP 地址访问该设备了。因此，在网络编程中，使用 IP 地址作为寻址依据会比域名更通用一些。

2．端口

IP 地址和域名很好地解决了在网络中寻找到指定计算机的问题，但是为了实现一台计算机可以同时运行多个网络程序，又需要引入另外一个概念——端口(Port)。

端口是指网络通信时同一台计算机上为每个网络应用程序分配的一个唯一数字标识。同一台计算机上的每个网络应用程序对应唯一的端口，这样，就可以通过端口来区分不同网络设备针对同一台计算机上不同网络应用程序发送的网络数据了。换句话说，也就是一台计算机上可以同时运行多个网络应用程序，每个程序都只接收各自指定端口中的数据，发送数据也通过各自指定的端口来发送，相互之间不会产生任何数据干扰。

网络规范协议中规定，端口的号码必须位于 0~65535 之间，每个端口唯一地对应一个网络程序，一个网络程序可以使用多个端口。这样，一个网络程序运行在一台计算上时，不管是客户端还是服务器，至少会占用一个端口进行网络通信。

归纳一下，不同计算机上的网络程序，它们之间进行数据通信时，首先通过 IP 地址查找到该台计算机，然后通过指定端口找到这个唯一的程序，这样，就可以进行网络数据交换了。

3．客户端和服务器

进行网络编程时，理解 IP 地址和端口的概念还不够，还需要了解网络编程相关的软件基础知识。

前面已经介绍过，网络编程就是在两个或多个设备之间进行数据交换。更具体地说，网络编程就是通过编码实现两个或多个程序之间的网络数据交换。网络程序和单机程序相比较，最大的不同就是需要交换数据的程序运行在不同的计算机上，这样的数据交换过程更为复杂。因此，需要来了解一下网络通信的过程。

网络通信最基本的就是"请求-响应"模型。即一问一答的模式，即网络程序的一端发送数据，另外一端在接收到这个数据后应该对发送端做出响应，返回反馈数据。

在网络通信中，第一次主动发起请求的程序称作客户端(Client)程序，简称客户端；而等待和接收请求的程序称作服务器端(Server)程序，简称服务器。一旦它们之间的通信建立后，客户端和服务器可完成的功能完全一样，没有本质的区别。例如，大家常用的 QQ 程序，每个 QQ 用户安装的都是 QQ 客户端程序，而 QQ 服务器端程序则运行在腾讯公司的 QQ 服务器机器上，它为所有的 QQ 用户提供聊天服务。这样的网络编程结构称作"客户端/服务器"结构，也称作 C/S 结构。使用 C/S 结构的程序，在开发时需要分别开发客户端和服务器端，这种结构的优势在于运行速度快。但是它的通用性较差、开发和维护的成本比较高。

其实在运行很多程序时，没必要使用专用的客户端，而使用通用客户端(如浏览器)就可以完成通信。使用浏览器作为客户端的结构称作"浏览器/服务器"结构，也称为 B/S 结构。使用 B/S 结构的程序，在开发时只需要开发服务器端即可，这种结构的优势在于开发和维护成本较低。不足之处在于浏览器的限制较大，表现力不强，完全依赖于网络等。

另外，还有一种叫 P2P(点对点)的程序。P2P 程序是一种特殊的程序，一个 P2P 程序中既包含客户端程序，也包含服务器端程序。例如 BT 程序、电驴程序，它们使用自身的客户端程序连接其他的种子(服务器端)来获取数据，而使用自身的服务器端程序向其他的客户端发送数据。

11.1.2 网络传输协议

1. OSI 七层模型

在谈到网络传输协议时，不能不说到 OSI 模型。OSI 参考模型的全称是开放系统互连参考模型(Open System Interconnection Reference Model，OSI/RM)，它是由国际标准化组织 ISO 提出的一个网络系统互连模型。ISO 组织把网络通信的工作分为 7 层。1~4 层是低层，这些层与数据移动密切相关。5~7 层是高层，包含应用程序级的数据。每一层负责一项具体的工作，然后把数据传送到下一层。如图 11-1 所示。

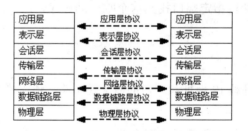

图 11-1　OSI 模型结构

每一层的功能都不一样，但是每一层的目的都是为上层提供一定的服务，屏蔽低层的细节。

- 物理层：涉及到通信在信道上传输的原始比特流，它实现传输数据所需要的机械、电气、功能性及过程等手段。
- 数据链路层：主要任务是提供对物理层的控制，检测并纠正可能出现的错误，使之对网络层显现一条无错线路；并且进行流量调控。
- 网络层：检查网络拓扑，以决定传输报文的最佳路由，其关键问题是确定数据包从源端到目的端如何选择路由。
- 传输层：基本功能是从会话层接收数据，在必要的时候把它分成较小的单元，传递给网络层，并确保到达对方的各段信息正确无误。

- 会话层：允许不同机器上的用户建立会话关系，在协调不同应用程序之间的通信时要涉及会话层，该层使每个应用程序知道其他应用程序的状态。
- 表示层：关注于所传输的信息的语法和意义，它把来自应用层与计算机有关的数据格式处理成与计算机无关的格式。
- 应用层：包含大量人们普遍需要的协议，并且具有文件传输功能。其任务是显示接收到的信息，把用户的新数据发送到低层。

2. TCP/IP 协议

OSI 模型目前主要用于教学理解。实际使用中，网络硬件设备基本都是参考 TCP/IP 模型。可以把 TCP/IP 模型理解成 OSI 模型的简化版本。这两种模型的关系如图 11-2 所示。

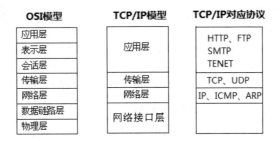

图 11-2　OSI 模型和 TCP/IP 模型及协议对应关系

针对 TCP/IP 模型的各层，都有对应数据传输格式，这个数据传输的格式就是常说的协议(Protocol)，这些与 TCP/IP 模型对应的协议统称为 TCP/IP 协议。

TCP/IP 是英文 Transmission Control Protocol / Internet Protocol 的缩写，意思是"传输控制协议/网际协议"。TCP/IP 实际上是一组协议，它包括上百个各种功能的协议，如远程登录、文件传输和电子邮件等。

TCP/IP 传输层协议主要有 TCP 和 UDP 两种协议，代表不同的网络数据传输方式。

- TCP：是一个面向连接的，字节流无差错地传输的协议。数据的发送方和接收方之间必须建立连接，然后进行可靠的数据传输，如果数据发送失败，则客户端会自动重发该数据。
- UDP：是一个不可靠的无连接的数据传输协议。UDP 是 User Datagram Protocol 的简称，即用户数据报协议，使用这种方式进行网络通信时，不需要建立专门的连接，传输也不是很可靠，如果发送失败则客户端无法获得。每个数据报都是一个独立的信息，包括完整的源地址或目的地址，它在网络上以任何可能的路径传往目的地，因此能否到达目的地，到达目的地的时间以及内容的正确性都是不能保证的。

可以把 TCP 协议比喻成打电话方式进行通信，必须在通话双方建立连接，一方没听清楚另一方所说的话，会要求对方重说；而 UDP 协议类似于发短信方式进行通信，发送方发送短信时，并不用管接收方是否在信号区，也不管接收方是否一定能接收到。

下面对这两种协议做一个简单比较。

- 传输效率：使用 UDP 时，每个数据报中都给出了完整的地址信息，因此无须建立发送方和接收方的连接。对于 TCP 协议，由于它是一个面向连接的协议，在进行数据传输之前必然要建立连接，所以在 TCP 中多了一个连接建立的时间。
- 数据传输大小：使用 UDP 传输数据时是有大小限制的，每次每个被传输的数据报必须限定在 64KB 之内。而 TCP 没有这方面的限制，一旦连接建立起来，双方就可以按统一的格式传输大量的数据。
- 可靠性：UDP 是一个不可靠的协议，发送方所发送的数据报并不一定以相同的次序到达接收方。而 TCP 是一个可靠的协议，它确保接收方完全正确地获取发送方所发送的全部数据。

在这里，读者可能会有疑虑，既然有了保证可靠传输的 TCP 协议，为什么还要非可靠传输的 UDP 协议呢？

主要的原因有两个：

- 可靠的传输是要付出代价的，对数据内容正确性的检验必然占用计算机的处理时间和网络的带宽，因此 TCP 传输的效率不如 UDP 高。
- 在许多应用中并不需要保证严格的传输可靠性，比如视频会议系统，并不要求音频视频数据绝对的正确，只要保证连贯性就可以了，这种情况下，显然使用 UDP 会更合理一些。

这两种数据传输协议在实际的网络编程中都会大量应用到，有些网络应用程序甚至会结合使用这两种方式来进行数据的传递。

11.2 Java 与网络

Java 作为一门面向互联网的编程语言，对网络编程提供了很好的支持。Java SE API 中与网络编程有关的接口和类都位于 java.net 包中，本节将介绍一些常用的网络编程类。

11.2.1 InetAddress 类

InetAddress 类用来表示互联网地址(IP 地址)，它封装了 IP 地址和域名相关的操作方法。该类没有构造方法，都是通过该类提供的静态方法来创建该类的实例对象，这些静态方法如表 11-1 所示。

表 11-1 获取 InetAddress 实例对象的方法

方法名	说明
static InetAddress[] getAllByName(String host)	在给定主机名的情况下，根据系统上配置的名称服务返回其 IP 地址所组成的数组

续表

方 法 名	说 明
static InetAddress getByAddress(byte[] addr)	在给定原始 IP 地址的情况下，返回 InetAddress 对象
static InetAddress getByAddress(String host, byte[] addr)	根据提供的主机名和 IP 地址创建 InetAddress
static InetAddress getByName(String host)	在给定主机名的情况下确定主机的 IP 地址
static InetAddress getLocalHost()	返回本地主机地址

该类的用法如下面的代码所示：

```java
import java.net.*;
/** InetAddress 类的使用示例 */
public class InetAddressTest {

    public static void main(String[] args) throws UnknownHostException {

        //使用域名创建 InetAddress 对象
        InetAddress inet1 = InetAddress.getByName("www.csdn.net");
        System.out.println(inet1);
        //使用 IP 创建 InetAddress 对象
        InetAddress inet2 = InetAddress.getByName("117.79.93.222");
        System.out.println(inet2);
        //获得本机 InetAddress 对象
        InetAddress inet3 = InetAddress.getLocalHost();
        System.out.println(inet3);
        //获得 InetAddress 对象中存储的域名
        String host = inet3.getHostName();
        System.out.println("本机名：" + host);
        //获得 InetAddress 对象中存储的 IP
        String ip = inet3.getHostAddress();
        System.out.println("本机 IP：" + ip);
    }
}
```

在连上互联网的情况下运行该程序时，输出的结果为：

```
www.csdn.net/117.79.93.222
/117.79.93.222
t60-qiujy/117.79.93.222
本机名：t60-qiujy
本机 IP：192.168.1.101
```

注意：IP 地址 127.0.0.1 是个专用地址，称为本地回送地址，代表的是本地计算机。

11.2.2 URL 类

URL 是 Uniform Resource Location 的缩写，中文就是"统一资源定位符"。通俗地说，URL 是 Internet 上用来描述信息资源的字符串，主要用在各种万维网客户程序和服务器程序上。URL 以一种统一的格式描述各种信息资源，包括文件、服务器的地址和目录等，这种格式已经成为描述数据资源位置的标准方式。例如下面的 URL 字符串：

```
http://blog.csdn.net/qjyong/
```

这个 URL 代表的是 blog.csdn.net 网站下的 qjyong 目录。

Java SE API 中用 java.net.URL 类来代表资源的 URL 串。它的常用构造方法如下。

- URL(String spec)：根据 URL 字符串创建 URL 对象。
- URL(URL context, String spec)：通过在指定的上下文中对给定的 spec 进行解析创建 URL 对象。

它的一些常用方法如表 11-2 所示。

表 11-2 URL 类的常用方法及描述

方 法 名	说　明
public String getProtocol()	获取该 URL 的协议名
public String getHost()	获取该 URL 的主机名
public String getPort()	获取该 URL 的端口号。如果未设置端口号，则返回-1
public String getPath()	获取该 URL 的路径部分
public String getFile()	获取该 URL 的文件名
public String getRef()	获取该 URL 中的锚点名，没有就是返回 null
public String getQuery()	获取该 URL 中的查询部分
public final InputStream openConnection() throws IOException	返回一个 URLConnection 对象，它表示到 URL 所引用的远程对象的连接
public final InputStream openStream() throws IOException	打开到此 URL 的连接并返回一个用于从该连接读入的 InputStream。此方法是下面方法的缩写：openConnection().getInputStream()
public final Object getContent() throws IOException	获取此 URL 的内容。此方法是下面方法的缩写：openConnection().getContent()

下面是 URL 类的一个使用示例：

```
import java.net.*;
import java.io.*;
/** URL 使用示例 */
public class URLTest {
    public static void main(String[] args) {
        URL url = null;
```

```java
        BufferedReader in = null;
        try {
            url = new URL("http://blog.csdn.net/qjyong");
            System.out.println("URL 相关属性----------------------------");
            //获取协议
            System.out.println("Protocol: " + url.getProtocol());
            //获取主机名
            System.out.println("hostname: " + url.getHost());
            //获取端口号
            System.out.println("port    : " + url.getPort());
            //获取文件
            System.out.println("file    : " + url.getFile());
            //把URL转化为字符串
            System.out.println("toString: " + url.toString());
            System.out.println("-------------------------");
            in = new BufferedReader(
              new InputStreamReader(url.openStream()));
            //读取信息
            for (String line; (line = in.readLine()) != null;) {
                System.out.println(line);
            }
        } catch (MalformedURLException e) {
            e.printStackTrace();
        } catch (IOException e) {
            e.printStackTrace();
        } finally {
            if (null != in) {
                try { in.close(); }
                catch(IOException ex) { ex.printStackTrace(); }
            }
        }
    }
}
```

在连上互联网的计算机上运行本程序，输出的结果为：

```
URL 相关属性-------------------------
Protocol: http
hostname: blog.csdn.net
port    : -1
file    : /qjyong
toString: http://blog.csdn.net/qjyong
--------------------------------

<!DOCTYPE html PUBLIC "-//W3C//DTD XHTML 1.0 Transitional//EN"
"http://www.w3.org/TR/xhtml1/DTD/xhtml1-transitional.dtd">
```

```
<html xmlns="http://www.w3.org/1999/xhtml">
<head>
<meta name="author" content="qjyong" />
<meta name="Copyright" content="Csdn" />
省略了相关内容...
```

> **注意**：URI 是 Uniform Resource Identifier 的缩写，中文翻译为统一资源标识符，它是个符号结构，用于指定构成 Web 资源的字符串的各个不同部分。URL 是一种特殊类型的 URI，它包含了用于查找某个资源的足够信息。

11.2.3 URLConnection 类

URLConnection 类是一个抽象类，代表应用程序与 URL 之间的通信链接。此类的实例用于读取和写入此 URL 所引用的资源。URLConnection 允许用 POST、GET 或其他 HTTP 请求方式将请求数据发送到服务器。使用 URLConnection 对象的一般步骤如下。

(1) 创建一个 URL 对象。

(2) 通过 URL 对象的 openConnection()方法创建 URLConnection 对象。

(3) 通过 URLConnection 对象提供的方法可以设置参数和一般请求属性。常用的请求属性设置方法如下。

- public void setRequestProperty(String key, String value)：设置指定的请求关键字对应的值。
- public void setDoInput(boolean doinput)：设置是否使用 URL 连接进行输入。默认值为 true。
- public void setDoOutput(boolean dooutput)：设置是否使用 URL 连接进行输出。默认值为 false。如果设置为 true，就可以获取一个字节输出流，用于将数据发送给服务器。
- public void setUseCaches(boolean usecaches)：设置此连接是否使用任何可用的缓存。默认值为 true。

(4) 调用 URLConnection 对象的 connect 方法连接到该远程资源。

(5) 连接到服务器后，就是可以查询头部信息了。查询头部信息的常用方法如下。

- public String getHeaderField(String name)：返回指定头字段的值。
- public Map<String, List<String>> getHeaderFields()：返回头字段不可修改的 Map。
- public String getContentType()：返回 content-type 头字段的值。
- public String getContentEncoding()：返回 content-encoding 头字段的值。
- public int getContentLength()：返回 content-length 头字段的值。
- public long getLastModified()：返回 last-modified 头字段的值。

(6) 获取输入流访问资源数据/获取输出流写出数据。使用 getInputStream()方法，获取一个字节输入流,以便读取资源信息;而使用 getOutputStream()方法获取输出流就可以向网络资源写出数据。

下面来看一个演示 URLConnection 类使用的示例:

```java
import java.io.*;
import java.net.*;
import java.util.*;
/** URLConnection 类的使用示例 */
public class URLConnectionTest {
    public static void main(String[] args) {
        URL url = null;
        BufferedReader in = null;
        try {
            url = new URL("http://blog.csdn.net/qjyong");   //创建 URL 对象
            URLConnection conn = url.openConnection(); //创建连接对象
            conn.connect();   //连接到指定资源

            //获取响应的头信息 Map 并进行遍历
            Map<String, List<String>> headerMap = conn.getHeaderFields();
            for(Map.Entry<String, List<String>> entry
                : headerMap.entrySet()) {
                String key = entry.getKey();
                List<String> values = entry.getValue();
                StringBuilder sb = new StringBuilder();
                int size = values == null ? 0 : values.size();
                for(int i=0; i<size; i++) {
                    if(i > 0) { sb.append(","); }
                    sb.append(values.get(i));
                }
                System.out.println(key + ":" + sb.toString());
            }
            System.out.println("--------------------");
            //获取输入流,从中读取资源数据
            in = new BufferedReader(
                new InputStreamReader(connection.getInputStream()));
            //遍历输出读取到的数据
            for (String line = null; (line = in.readLine()) != null;) {
                System.out.println(line);
            }
        } catch (MalformedURLException e) {
            e.printStackTrace();
        } catch (IOException e) {
            e.printStackTrace();
        } finally {
            if (null != in) {   //关闭输入流
```

```
            try { in.close(); }
            catch(IOException ex) { ex.printStackTrace(); }
        }
    }
}
```

程序运行后的输出结果为:

```
null:HTTP/1.1 200 OK
X-AspNet-Version:2.0.50727
Date:Sat, 08 Mar 2013 17:09:20 GMT
Vary:Accept-Encoding
Content-Length:41700
X-UA-Compatible:IE=EmulateIE7
Content-Type:text/html; charset=utf-8
Connection:keep-alive
Server:nginx/0.6.36
X-Powered-By:ASP.NET
Cache-Control:private
getContentEnoding():null
getContentType():text/html; charset=utf-8
--------------------

<!DOCTYPE html PUBLIC "-//W3C//DTD XHTML 1.0 Transitional//EN"
"http://www.w3.org/TR/xhtml1/DTD/xhtml1-transitional.dtd">
<html xmlns="http://www.w3.org/1999/xhtml">
<head>
<meta name="author" content="qjyong" />
<meta name="Copyright" content="Csdn" />
...
```

这个示例演示了使用 URLConnection 类来获取 Web 服务器的数据。其实, 它还可以向 Web 服务器发送表单数据并接收服务器返回的响应数据。来看下面这个示例:

```
import java.util.*;
import java.io.*;
import java.net.*;

/** 使用 URLConnection 发送表单数据并处理返回数据 */
public class HTTPRequestTest {
    public static void main(String[] args) {
        Properties props = new Properties();
        props.setProperty(
           "Content-type", "application/x-www-form-urlencoded");
        Props.setProperty("t", "blog");
        props.setProperty("q", "java");
```

```java
        props.setProperty("page", "2");
        try {
            sendPostRequest(
                new URL("http://so.csdn.net/search"), props);
        } catch (IOException ex) {
            ex.printStackTrace();
        }
    }
    public static void sendPostRequest(URL url, Properties pairs)
        throws IOException {
        HttpURLConnection conn = (HttpURLConnection)url.openConnection();
        //post 请求的参数名值对要放在 HTTP 正文内，需要使用 URL 连接进行输出
        conn.setDoOutput(true);

        //把请求参数添加到连接对象中。请求参数的形式为"名=值&名2=值2"
        PrintWriter out = new PrintWriter(
            new OutputStreamWriter(conn.getOutputStream()), true);
        for(Iterator it = pairs.keySet().iterator(); it.hasNext(); ) {
            String key = (String)it.next();
            String value = pairs.getProperty(key);
            out.write(key);
            out.write("=");
            out.write(value);
            if(it.hasNext()) {
                out.write("&");
            }
        }
        out.close();
        conn.connect();
        //获取输入流用于读取响应数据
        BufferedReader br = new BufferedReader(
            new InputStreamReader(conn.getInputStream()));
        //遍历输出读取到的数据
        for (String line = null; (line = br.readLine()) != null;) {
            System.out.println(line);
        }
        br.close();
    }
}
```

该程序向"http://so.csdn.net/search"发送了一个请求，请求参数"t=blog"表示要查询的是博客中的文章，请求参数"q=java"表示要查询包含"java"关键字的文章，请求参数"page=2"表示要查询第2页的内容。它还会把服务器返回的数据内容显示出来。

11.2.4 URLEncoder 和 URLDecoder 类

网络标准协议中规定，URL 字符串中出现的字符必须是 ASCII 字符集中的字符，具体可用的字符如下。

- 大小写英文字母：A~Z 和 a~z。
- 数字：0~9。
- 标点符：".""-""*"和"_"。

其他字符都是不安全的，需要使用一些编码机制将它们转换为字节形式，每个字节用一个包含 3 个字符的字符串"%xy"表示，其中 xy 为该字节的两位十六进制表示形式。推荐的编码机制是 UTF-8。Java SE API 中提供 java.net.URLEncoder 类，把字符串编码成这种形式；而提供的 java.net.URLDecoder 类能把这种形式的串解码成原字符串。

java.net.URLEncoder 类提供了一个静态方法，用来完成字符串编码工作：

```
public static String encode(String s, String enc)
    throws UnsupportedEncodingException
```

使用指定的字符编码机制将字符串转换为 application/x-www-form-urlencoded 格式。

它对 String 编码时，使用以下规则：

- 字母数字字符"a"~"z"、"A"~"Z"和"0"~"9"保持不变。
- 特殊字符"."、"-"、"*"和"_"保持不变。
- 空格字符" "转换为一个加号"+"。
- 所有其他字符都是不安全的，因此首先使用一些编码机制将它们转换为一个或多个字节，然后每个字节用一个包含 3 个字符的字符串"%xy"表示，其中 xy 为该字节的两位十六进制表示形式。推荐的编码机制是 UTF-8。但是，出于兼容性考虑，如果未指定一种编码，则使用相应平台的默认编码。

如果需要通过 URL 来传递一些参数到 Web 服务器，这些参数的值就可能需要进行编码处理。例如，要向百度提供搜索关键字"java 技术"并查询第 8 页的数据，则可以通过使用"http://www.baidu.com/s?wd=java 技术&pn=70"这个 URL 串，但其中的参数值中"技术"这两个字符不是 ASCII 字符，所以需要进行编码。另外，百度用的编码方式是 gb2312，因此这个功能实现代码如下所示：

```java
import java.io.*;
import java.net.*;
/** URLEncoder 使用示例 */
public class URLEncoderTest {
    public static void main(String[] args) {
        //"http://www.baidu.com/s?wd=java 技术&pn=70"
        StringBuilder sb = new StringBuilder("http://www.baidu.com/s?wd=");
        try {
            //编码转换
```

```
            sb.append(URLEncoder.encode("java 技术", "gb2312"));
            sb.append("&pn=70");
        } catch (UnsupportedEncodingException ex) {
            ex.printStackTrace();
        }
        System.out.println("url: " + sb);
        URLConnection conn = null;
        BufferedReader in = null;
        try {
            conn = new URL(sb.toString()).openConnection();
            in = new BufferedReader(
                new InputStreamReader(conn.getInputStream(),"gb2312"));
            for(String str = null; (str = in.readLine())!= null;) {
                System.out.println(str);
            }
        } catch (IOException ex) {
            ex.printStackTrace();
        } finally {
            if (null != in) {   //关闭输入流
                try { in.close(); }
                catch(IOException ex) { ex.printStackTrace(); }
            }
        }
    }
}
```

程序运行后，就可以返回在百度网搜索"java 技术"相关的第 8 页结果内容，结果如下所示：

```
url: http://www.baidu.com/s?wd=java%BC%BC%CA%F5&pn=70
<!--STATUS OK--><html><head>
<meta http-equiv="content-type" content="text/html;charset=gb2312">
<title>百度搜索_java 技术</title>
</head>
<body link="#261CDC">
省略部分内容...
<td align="right" nowrap>百度一下，找到相关网页约 2,320,000 篇，用时 0.001 秒
</td>
</tr>
</table>
省略余下内容...
```

类似地，java.net.URLDecoder 类提供了一个解码的静态方法：

```
public static String decode(String s, String enc)
  throws UnsupportedEncodingException
```

使用指定的编码机制对 application/x-www-form-urlencoded 字符串解码。它的工作机制跟 URLEncoder 相反，使用起来也非常简单，在此不再赘述。

11.3 Java 网络编程

11.3.1 套接字

套接字(Socket)是一个通信端点，是应用程序用来在网络上发送或接收数据包的对象。套接字最早是由伯克利大学实现的，它允许程序把网络连接当成一个流，通过流的方式实现数据的交换。

目前可用的套接字类型主要有以下两种。
- 流式套接字：流式套接字能确保数据以正确的顺序无重复地被送达。Java 中基于 TCP 协议的网络编程使用的就是流式套接字。
- 数据报套接字：不能确保数据能被送达，也无法确保发送的顺序。Java 中基于 UDP 协议的网络编程使用的就是数据报套接字。

这两种套接字都为双向，即可以同时在两个方向(网络通信的两端)进行数据的读写。

11.3.2 基于 TCP 协议的网络编程

Java SE API 在 java.net 包中提供了 InetAddress、Socket、ServerSocket 类，用来支持 TCP 协议的网络编程。

InetAddress 类前面已经介绍过了，下面主要介绍 Socket 和 ServerSocket 类。

1. Socket 类

Socket 叫作客户端套接字，用于执行客户端的 TCP 操作。可以通过表 11-3 列举的常用构造方法来获取客户端 Socket 实例。

表 11-3 获取客户端 Socket 实例的常用构造方法

方 法 名	说 明
Socket(String host, int port)	创建一个流套接字并将其连接到指定主机上的指定端口号
Socket(InetAddress address, int port)	创建一个流套接字并将其连接到指定 IP 地址的指定端口号

它提供的常用方法如下。
- public InetAddress getInetAddress()：获取此套接字连接到的远程 IP 地址；如果套接字是未连接的，则返回 null。
- public int getPort()：返回此套接字连接到的远程端口；如果尚未连接套接字，则返回 0。
- public int getLocalPort()：返回此套接字绑定到的本地端口；如果尚未绑定套接

字，则返回-1。
- public InetAddress getLocalAddress()：获取套接字绑定的本地地址；如果尚未绑定套接字，则返回 InetAddress.anyLocalAddress()。
- public InputStream getInputStream() throws IOException：返回此套接字的输入流。需要注意的是，如果关闭这个方法返回的 InputStream，也将关闭所关联套接字。
- public OutputStream getOutputStream() throws IOException：返回此套接字的输出流。同样需要注意，如果关闭这个方法返回的 OutputStream，也将关闭所关联套接字。
- public void close() throws IOException：关闭此套接字。所有当前阻塞于此套接字上的 I/O 操作中的线程都将抛出 SocketException。套接字被关闭后，便不可在以后的网络连接中使用(即无法重新连接或重新绑定)，需要创建新的套接字。

2. ServerSocket 类

ServerSocket 叫作服务器套接字，每个服务器套接字运行在服务器上特定的端口，监听在这个端口的 TCP 连接。当远程客户端的 Socket 试图与服务器指定端口建立连接时，服务器被激活，打开两个主机之间固有的连接。一旦客户端与服务器建立了连接，两者之间就可以传送数据了。

可以通过构造方法来获取服务器端 Socket 实例对象，构造方法如表 11-4 所示。

表 11-4 获取服务器端 Socket 实例对象的常用构造方法

方 法 名	说 明
ServerSocket()	创建非绑定服务器套接字
ServerSocket(int port)	创建绑定到特定端口的服务器套接字
ServerSocket(int port, int backlog)	利用指定的 backlog 创建服务器套接字并将其绑定到指定的本地端口号
ServerSocket(int port, int backlog, InetAddress bindAddr)	使用指定的端口、侦听 backlog 和要绑定到的本地 IP 地址创建服务器

ServerSocket 提供的常用方法如下。
- Socket accept()：监听并接受到此服务器套接字的连接。返回代表连接上的客户端的套接字。
- void close()：关闭此套接字。

介绍了 Socket 和 ServerSocket 类后，就可以用这两个类来实现 TCP 通信了。

3. TCP 客户端编程步骤

客户端是指网络编程中首先发起连接的程序，客户端一般实现程序界面和基本逻辑实现，在进行实际的客户端编程时，主要由 3 个步骤实现。

(1) 建立网络连接。

客户端网络编程的第一步都是建立网络连接。在建立网络连接时，需要指定连接到的服务器的 IP 地址和端口号。建立完成以后，会形成一条虚拟的连接，后续的操作就可以通过该连接实现数据的交换了。

(2) 交换数据。

连接建立以后，可以通过这个连接交换数据。交换数据一般会按照"请求-响应"模型进行，即由客户端发送一个请求数据到服务器，服务器反馈一个响应数据给客户端；如果客户端不发送请求，服务器端也不会主动响应。根据具体逻辑的需要，客户端与服务器之间可以进行无限次的数据交换。

(3) 关闭网络连接。

在数据交换完成以后，关闭网络连接，释放程序占用的系统资源。

以上 3 个步骤可以用图 11-3 来详细表示。

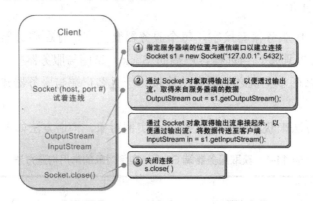

图 11-3　客户端编程步骤

TCP 编程基本上就是这 3 个步骤。在实际编码时，步骤 2 会重复出现，以实现多次的数据交换。

4. TCP 服务器端编程步骤

服务器端是指在网络编程中被动等待连接的程序，服务器端一般用来实现程序的核心逻辑以及数据存储等核心功能。服务器端的编程由 4 个步骤实现，依次介绍如下。

(1) 监听端口。

服务器端属于被动等待连接，所以服务器端启动以后，只需要监听本地计算机的某个固定端口即可。这个端口就是服务器端开放给客户端的端口，服务器端程序运行的本地计算机的 IP 地址就是服务器端程序的 IP 地址。

(2) 获得连接。

当客户端连接到服务器端时，服务器端就可以获得一个代表该客户端的连接对象，这个连接对象包含客户端的一些信息，例如客户端 IP 地址等。服务器端和客户端也是通过该连接对象进行数据交换。一般在服务器端编程中，获得连接后需要开启专门的线程来处理该连接对象。

(3) 交换数据。

服务器端通过获得的连接进行数据交换。服务器端的数据交换步骤一般是首先接收客户端发送过来的数据，然后进行逻辑处理，最后把处理结果数据发送给客户端。简单来说，就是先接收再发送。实质上，服务器端获得的连接对象和客户端创建的连接对象是一样的，只是数据交换的步骤不同。

(4) 关闭连接。

当需要停止网络通信时，就需要关闭服务器端，通过关闭服务器端使得服务器监听的端口以及占用的内存等系统资源可以释放出来。

服务器端编程的 4 个步骤可以用图 11-4 来表示。

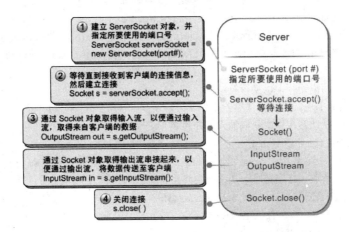

图 11-4　服务器端编程步骤

客户端和服务器编程的步骤及它们之间的数据交换可以用图 11-5 来表示。

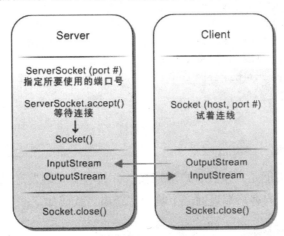

图 11-5　TCP 编程步骤及数据交换过程

5. TCP 网络编程示例

首先来编写一个最简单的网络程序，客户端完成的功能是：客户端连上服务器后，向服务器发送一个字符串。代码如下：

```java
import java.io.*;
import java.net.*;
/** TCP 客户端 */
public class TCPClientTest {
    public static void main(String[] args) {
        Socket s1 = null;
        try {
            //创建一个流式套接字并连接到本机的1234端口
            s1 = new Socket("127.0.0.1", 5432);
            //获取此套接字的输入流并包装成自动刷新的打印流
            PrintWriter out = new PrintWriter(
                new OutputStreamWriter(s1.getOutputStream()), true);
            String ip = s1.getInetAddress().getHostAddress();
            int port = s1.getPort();
            //写出一行，以换行符结束
            out.println("【客户端" + ip + ":"+ port + "】你好");
            //从此套接字中获取输入流并包装
            BufferedReader in = new BufferedReader(
                new InputStreamReader(s1.getInputStream()));
            //读取一行字符串，在读取到终止符(如换行符、回车符)前一直阻塞
            String str = in.readLine();
            System.out.println(str);
        } catch (UnknownHostException ex) {
            ex.printStackTrace();
        } catch (IOException ex) {
            ex.printStackTrace();
        } finally {
            if(null != s1) {
                try { s1.close(); }
                catch(IOException ex) { ex.printStackTrace(); }
            }
        }
    }
}
```

服务器端完成的功能是：接收客户端连接，并接收客户端发送过来的字符串，把字符串输出到命令行，然后向客户端返回一个响应字符串。代码如下：

```java
import java.io.*;
import java.net.*;
/** TCP 服务器端 */
public class TCPServerTest {
    public static void main(String[] args) {
        ServerSocket serverSocket = null;
```

```java
        Socket s = null;
        try {
            //创建服务器端套接字
            serverSocket = new ServerSocket(5432);
            //监听并接收客户端的连接。此方法在连接传入之前一直阻塞
            s = serverSocket.accept();
            //从此套接字中获取输入流并包装
            BufferedReader in = new BufferedReader(
                    new InputStreamReader(s.getInputStream()));
            //读取一行字符串,在读取到终止符(如换行符、回车符)前一直阻塞
            String str = in.readLine();
            System.out.println(str);

            //获取此套接字的输入流并包装成自动刷新的打印流
            PrintWriter out = new PrintWriter(
                    new OutputStreamWriter(s.getOutputStream()), true);
            //写出一行,以换行符结束
            out.println("服务器已经收到你的问好了");
        } catch (IOException ex) {
            ex.printStackTrace();
        } finally {
          if(null != s) {
             try { s.close(); }
             catch(IOException ex) { ex.printStackTrace(); }
          }
          if(null != serverSocket) {
             try {
                serverSocket.close();
             } catch (IOException ex) { ex.printStackTrace(); }
          }
       }
    }
}
```

程序运行时,先运行服务器端程序,然后再运行客户端程序,服务器端程序在命令行的输出结果为:

【客户端127.0.0.1:5432】你好

客户端程序在命令行的输出结果为:

服务器已经收到你的问好了

接下来,编写一个稍微复杂一点的网络程序:实现客户端与服务器通过命令行进行聊天。客户端和服务器要接收对方发送过来的字符串数据,就需要等待,在输入流中,一旦发现有数据,就取出,这就可以用一个专门的线程来完成这个工作。另外,客户端和服务

器向对方发送的字符串也是从命令行中输入的，因此需要等待命令行的输入，一旦有数据，就读取出来并向对方发送。

首先来看专门接收消息的线程类：

```java
import java.net.*;
import java.io.*;
/** 负责接收对方发送来的数据的线程类 */
public class ReceiveMsgThread extends Thread {
    private Socket s;
    public ReceiveMsgThread(Socket s) {
        this.s = s;
    }
    @Override public void run() {
        //从此套接字中获取输入流并包装
        BufferedReader in = null;
        try {
            in = new BufferedReader(
                    new InputStreamReader(s.getInputStream()));
            while (true) {  //用死循环来等待对方发送来的数据
                //读取一行字符串，在读取到终止符(如换行符回车符)前一直阻塞
                System.out.println(in.readLine());
            }
        } catch (IOException e) {
            e.printStackTrace();
        }
    }
}
```

再来看客户端的代码：

```java
import java.io.*;
import java.net.*;
/** TCP 聊天服务器端 */
public class TCPChatClient {
    public static void main(String[] args) {
        Socket s = null;
        try {
            //监听并接收客户端的连接。此方法在连接传入之前一直阻塞
            s = new Socket("127.0.0.1", 5432);
            //启动专门监听对方发送的消息的线程
            new ReceiveMsgThread(s).start();
            //获取此套接字的输入流并包装成自动刷新的打印流
            PrintWriter out = new PrintWriter(
                    new OutputStreamWriter(s.getOutputStream()), true);
            //包装标准输入流(命令行)成缓冲流
            BufferedReader br = new BufferedReader(
```

```
                new InputStreamReader(System.in));
            //监听标准输入的数据,读取并发送给服务器端
            while(true) {
                out.println(br.readLine());
            }
        } catch (IOException ex) {
            ex.printStackTrace();
        } finally {
            if(null != s) {
                try { s.close(); }
                catch(IOException ex) { ex.printStackTrace(); }
            }
        }
    }
}
```

服务器端的代码只有开始几行跟客户端有所不同,其他的都一样:

```
import java.io.*;
import java.net.*;
/** TCP 聊天服务器端 */
public class TCPChatServer {
    public static void main(String[] args) {
        ServerSocket serverSocket = null;
        Socket s = null;
        try {
            //创建服务器端套接字
            serverSocket = new ServerSocket(5432);
            //监听并接收客户端的连接。此方法在连接传入之前一直阻塞
            s = serverSocket.accept();
            //启动专门监听对方发送的消息的线程
            new ReceiveMsgThread(s).start();
            //获取此套接字的输入流并包装成自动刷新的打印流
            PrintWriter out = new PrintWriter(
                new OutputStreamWriter(s.getOutputStream()), true);
            //包装标准输入流(命令行)成缓冲流
            BufferedReader br = new BufferedReader(
                new InputStreamReader(System.in));
            //监听标准输入的数据,读取并发送给客户端
            while(true) {
                out.println(br.readLine());
            }
        } catch (IOException ex) {
            ex.printStackTrace();
        } finally {
            if(null != s) {
```

```
            try { s.close(); }
            catch(IOException ex) { ex.printStackTrace(); }
        }
        if(null != serverSocket) {
            try {
                serverSocket.close();
            } catch(IOException ex) { ex.printStackTrace(); }
        }
    }
}
```

在命令行窗口中先运行服务器端程序，然后在另一个命令行窗口运行客户端程序，就可以实现两个窗口的聊天功能。

11.3.3 基于 UDP 协议的网络编程

UDP 是一种尽力而为的传送数据的方式，它只是把数据的目的地记录在数据包中，然后就直接放在网络上，系统既不保证数据能安全到达，也不保证什么时候可以到达。它是利用 UDP 协议传输数据包的。UDP 是面向无连接的数据传输，不是可靠的，但效率高。如日常的音频、视频的传输，丢失一点数据对播放效果影响不大，就可以使用 UDP 来进行传输。

Java SE API 在 java.net 包中提供了 DatagramSocket、DatagramPacket 类，用来支持 UDP 协议的网络编程。

1. DatagramPacket 类

与 TCP 协议发送和接收字节流不同，UDP 终端交换的是一种称为数据报文的信息。这种信息在 Java 中表示为 DatagramPacket 类的实例。发送信息时，Java 程序创建一个包含了待发送信息的 DatagramPacket 实例，并将其作为参数传递给 DatagramSocket 类的 send() 方法。接收信息时，Java 程序首先创建一个 DatagramPacket 实例，该实例中预先分配了一些空间(一个字节数组 byte[])，并将接收到的信息存放在该空间中。然后把该实例作为参数传递给 DatagramSocket 类的 receive()方法。

除传输的信息本身外，每个 DatagramPacket 实例中还附加了地址和端口信息，其具体含义取决于该数据报文是被发送还是被接收。若是要发送的数据报文，DatagramPacket 实例中的地址则指明了目的地址和端口号，若是接收到的数据报文，DatagramPacket 实例中的地址则指明了所收信息的源地址。

DatagramPacket 类的常用构造方法如表 11-5 所示。

前两种形式的构造方法主要用来创建接收端的 DatagramPacket 实例，因为它没有指定其目的地址。后两种形式主要用来创建发送端的 DatagramPacket 实例。另外，本类还提供一些数据处理的方法，如表 11-6 所示。

表 11-5 DatagramPacket 类的常用构造方法

方 法 名	说 明
DatagramPacket(byte[] buf, int length)	构造 DatagramPacket，用来接收长度为 length 的数据包
DatagramPacket(byte[] buf, int offset, int length)	构造 DatagramPacket，用来接收长度为 length 的包，在缓冲区中指定了偏移量
DatagramPacket(byte[] buf, int length, InetAddress address, int port)	构造数据报包，用来将长度为 length 的包发送到指定主机上的指定端口号
DatagramPacket(byte[] buf, int offset, int length, InetAddress address, int port)	构造数据报包，用来将长度为 length 偏移量为 offset 的包发送到指定主机上的指定端口号

表 11-6 DatagramPacket 类的数据处理方法列表

方 法 名	说 明
public int getOffset()	返回发送或接收的数据存放在缓存区时的偏移量
public byte[] getData()	返回与数据报文相关联的字节数组
public void setData(byte[] buf)	指定一个字节数组作为该数据报文的数据部分

2. DatagramSocket 类

DatagramSocket 类是用来创建发送和接收数据报包的套接字。DatagramSocket 类的常用构造方法如表 11-7 所示。

表 11-7 DatagramSocket 类的常用构造方法

方 法 名	说 明
DatagramSocket()	构造数据报套接字并将其绑定到本地主机上任何可用的端口
DatagramSocket(int port)	创建数据报套接字并将其绑定到本地主机上的指定端口

DatagramSocket 类的常用方法如下。

- void send(DatagramPacket dp) throws IOException：发送数据报包。
- void receive(DatagramPacket dp) throws IOException：接收数据报包。此方法在接收到数据报前一直阻塞。

对于 receive()方法，需要注意一点：数据报包 DatagramPacket 对象的 length 字段包含所接收信息数据的长度。如果信息数据的长度比包的长度长，该信息将被截短，超出部分的其他字节都将自动被丢弃。出于这个原因，接收者应该提供一个有足够大缓存空间的 DatagramPacket 实例，以完整地存放调用 receive()方法时应用程序协议所允许的最大长度的消息。这样就能够保证数据不会丢失。

一个 DatagramPacket 实例一次传输的最大数据量为 65507 字节，即 UDP 数据报文所能负载的最多数据。因此，使用一个有 65600 字节左右缓存数组的数据包总是安全的。

3. 使用 DatagramSocket 发送、接收数据

下面来看一个 UDP 数据发送端程序的代码:

```java
import java.io.IOException;
import java.net.*;
/** UDP 数据发送端 */
public class UDPSender {
    public static void main(String[] args) {
        String str = "通过UDP发送的中文字符数据!";
        byte[] b = str.getBytes();
        DatagramPacket dg = null;
        DatagramSocket socket = null;
        try {
            //创建要发送的数据报包：指定要发送的数据、数据的长度、目的地IP和端口号
            dg = new DatagramPacket(b, b.length,
                InetAddress.getByName("127.0.0.1"), 6789);
            //创建发送数据报包的Socket，通过指定端口来发送
            socket = new DatagramSocket(5555);
            //发送数据报包
            socket.send(dg);
        } catch (UnknownHostException e) {
            e.printStackTrace();
        } catch (SocketException e) {
            e.printStackTrace();
        } catch (IOException e) {
            e.printStackTrace();
        } finally {
            if(null != socket) {
                socket.close();
            }
        }
    }
}
```

再定义一个 UDP 数据接收端程序:

```java
import java.net.*;
import java.io.*;
/** UDP 数据接收端 */
public class UDPReceiver {
    public static void main(String[] args) {
        byte[] b = new byte[65600];
        //创建一个用来接收的长度为length的数据包
        DatagramPacket dg = new DatagramPacket(b, b.length);
        DatagramSocket socket = null;
```

```java
        try {
            //创建一个在指定端口上接收数据报包的Socket
            socket = new DatagramSocket(6789);
            while (true) {   //循环接收数据
                socket.receive(dg);   //在收到数据前一直阻塞
                //使用getData()、getOffset()和getLength()方法来访问刚接收到的数据
                String content = new String(dg.getData(),
                    dg.getOffset(), dg.getLength());
                System.out.println("收到信息:" + content);
            }
        } catch (SocketException e) {
            e.printStackTrace();
        } catch (IOException e) {
            e.printStackTrace();
        } finally {
            if (null != socket) {
                socket.close();
            }
        }
    }
}
```

程序执行时，需要先运行接收端再运行发送端，这样在接收端的命令行中就可以得到如下结果：

收到信息:通过 UDP 发送的中文字符数据!

4. 多个接收者的 UDP 网络编程

上一个示例处理的只是两个端点之间的通信，这种一对一的通信方式被称为单播(Unicast)。而对于某些信息，多个接收者都可能对其感兴趣。对于这种情况，我们可以向每个接收者单播一个数据副本，但是这样做时，由于将同样的数据发送了多次，在一个网络连接上单播同一数据的多个副本非常浪费带宽，效率很低。

幸好网络协议还提供了一对多的网络服务：广播(Broadcast)和多播(Multicast)。对于广播，是本地网络中的所有计算机都会接收到一份数据副本。对于多播，消息是发送给一个多播地址，由集线器(路由器或交换机)将数据分发给那些想要接收发送到该多播地址的数据的计算机。需要注意的是，只有 UDP 套接字才允许广播或多播，而 TCP 套接字是不支持的。

(1) 广播

广播 UDP 数据报与单播数据报相似，唯一的区别是广播使用的是一个广播地址，而不是一个常规的单播 IP 地址。IPv4 的本地广播地址(255.255.255.255)将消息发送到在同一广播网络上的每个主机。但本地广播信息绝不会被路由器转发到非本地网络中去。

在 Java 中，单播和广播的代码是相同的，只需要把数据发送端发送的数据报包对象中

的 IP 地址改为广播地址"255.255.255.255"即可,这样,在本地网络的任何一台计算机上,都可以运行数据接收端来接收数据了。

(2) 多播

与广播一样,多播与单播之间的一个主要区别是地址的形式。一个多播地址指示了一组接收者。IPv4 中的多播地址范围是 224.0.0.0 ~ 239.255.255.255。Java 中,多播应用程序主要通过 MulticastSocket 实例进行通信,它是 DatagramSocket 的一个子类,包含了一些额外的可以控制的多播特定属性。下面通过一个示例来详解多播的使用。

多播数据发送端的编码跟单播时的数据发送端没有太多区别,一般只需要把数据报包对象中的 IP 地址改为多播地址,把套接字改用 MulticastSocket 即可。代码如下所示:

```java
import java.io.IOException;
import java.net.*;
/** 多播数据的发送端 */
public class MulticastSender {
    public static void main(String[] args) {
        String str = "通过 UDP 发送的中文字符数据!";
        byte[] b = str.getBytes();
        DatagramPacket dg = null;
        MulticastSocket socket = null;
        try {
            //创建要发送的数据报包实例:指定的 IP 为多播地址
            dg = new DatagramPacket(b, b.length,
              InetAddress.getByName("224.0.0.0"), 6789);
            //创建发送数据报包的多播 Socket
            socket = new MulticastSocket();
            //发送数据报包
            socket.send(dg);
        } catch (UnknownHostException e) {
            e.printStackTrace();
        } catch (SocketException e) {
            e.printStackTrace();
        } catch (IOException e) {
            e.printStackTrace();
        } finally {
            if(null != socket) {
                socket.close();
            }
        }
    }
}
```

与广播的不同之处是,网络多播只将消息副本发送给指定的一组接收者。这组接收者叫作多播组,通过共享的多播地址确定。多播接收者需要加入多播组以使网络将数据包转发给自己。这一步骤可以通过 MulticastSocket 类的 joinGroup(InetAddress groupAddress)方法实现。具体实现代码如下所示：

```java
import java.net.*;
import java.io.*;
/** 多播数据接收端 */
public class MulticastReceive {
    public static void main(String[] args) {
        byte[] b = new byte[65600];
        //创建一个用来接收的长度为 length 的数据包
        DatagramPacket dg = new DatagramPacket(b, b.length);
        MulticastSocket socket = null;
        try {
            //创建一个在指定端口上接收数据报包的 Socket
            socket = new MulticastSocket(6789);
            //把多播接收者加入了一个指定的多播组
            socket.joinGroup(InetAddress.getByName("224.0.0.0"));
            while (true) {   //循环接收数据
                socket.receive(dg); //在收到数据前一直阻塞
                String content = new String(dg.getData(),
                  dg.getOffset(), dg.getLength());
                System.out.println("收到信息:" + content);
            }
        } catch (SocketException e) {
            e.printStackTrace();
        } catch (IOException e) {
            e.printStackTrace();
        } finally {
            if (null != socket) {
                socket.close();
            }
        }
    }
}
```

这样，在本地网络的任何一台计算机上就都可以运行数据接收端来接收多播数据了。

11.4 上 机 实 训

1. 实训目的

(1) 掌握 Java 中的 TCP 编程。
(2) 掌握 Java 中的 UDP 编程。
(3) 熟练运用 URLConnection 类发送网络请求和处理网络响应数据。

2. 实训内容

(1) 编写一个 Java 网络程序，主要功能是将网络上的一张图片(如 http://csdnimg.cn/www/images/csdnindex_logo.gif)下载到本地磁盘。

(2) 使用 UDP 编程完成两个命令行窗口对聊天的功能。

(3) 用 TCP 编程完成命令行客户端群聊的功能。基本思路是，客户端从命令行发送字符串消息到服务器端，服务器负责把客户端发送来的字符串消息转发给所有客户端，客户端把它显示在命令行。

本章习题

选择题

(1) 我们需要知道哪两项信息，才能在网络间进行应用系统的通信？
    A. IP 地址   B. Mac 地址   C. 端口号   D. 电话号码

(2) 下面哪一个无法建立 URL 对象？
    A. URL url = new URL("java.sun.com/network.html");
    B. URL url = new URL("http://java.sun.com ");
    C. URL url = new URL("http://java.sun.com/J2SE");
       URL url2 = new URL(url, "J2SE/network.html");
    D. URL url = new URL("http", "java.sun.com", 80, "J2SE/network.html");

(3) 下列 URL 解析的结果为：

```
URL url = new URL("http://java.sun.com/J2SE/network.html?lan=JAVA&code=UTF-8");
url.getFile();
```

    A. java.sun.com
    B. /J2SE/network.html?lan=JAVA&code=UTF-8
    C. network.html
    D. network
    E. network.html?lan=JAVA&code=UTF-8

(4) 创建一个 TCP 服务程序的顺序是_____。
    A. 创建一个服务线程处理新的连接
    B. 创建一个服务器 socket
    C. 从服务器 socket 接受客户连接请求
    D. 在服务线程中，从 socket 中获得 I/O 流
    E. 对 I/O 流进行读写操作，完成与客户的交互
    F. 关闭 I/O 流，关闭 socket

第 12 章
GUI 编程

学习目的与要求：

GUI 编程指的是 Java SE 中提供的图形用户界面程序开发，通过使用 GUI 组件类编写出具有界面的程序。本章着重讲解 GUI 编程中各个组成部件的使用。

通过本章的学习，读者应该能够使用 Java SE 开发 GUI 程序。

12.1 Swing 概述

前面章节中所编写的程序都只能从键盘接收输入、然后在控制台屏幕上显示结果。大多数实际应用并不喜欢这种模式。Java 语言提供了一套用于编写图形用户界面(GUI)的类库。通过这些类库的组合使用,就可以开发出带界面的程序。本章就来详细介绍 Java 图形用户界面编程的相关知识。

在 Java 1.0 中,已经包含一个用来进行基本 GUI 编程的类库,称为抽象窗口工具集(AWT)。AWT 库处理用户界面元素的方式是把它们委托给每个操作系统平台上的本地 GUI 工具组件。这样创建出现的用户界面元素在不同的平台上的属性和行为会有差别。使得编写的界面平台移植性很差。

在 Java 1.1 中,Sun 公司基于 AWT 创建了一个新的用户界面库,称为 Swing。

Swing 用 Java 语言定义了所有的界面元素,从而真正实现了"一次编写,随处运行"的承诺。同时,它也属于 JFC(Java 基础类)的一部分。

JFC 是一组图形用户界面(GUI)的支持包,作为 Java SE 平台的一部分。JFC 主要包含 Swing 组件集、2D 图形 API、一组拖放 API、可插拔观感 API 和国际化 API。

12.1.1 Swing 是什么

Swing 是一组增强型的组件集,为原始的 AWT 组件提供替代组件,并提供了更多的高级组件。这些组件,足够用来创建现代应用程序所有功能的用户界面。

另外,Swing 还有一些特殊功能。使用 Swing 编写的程序,能够采用主机平台的观感,或是使用特别定制的通用观感,即 Swing 界面使用的是可插拔式的观感。可以根据自己的设计来方便地从一种观感切换到另一种观感,完全不需要更改 Swing 界面的开发和程序逻辑。

注意:观感(look-and-feel)是指用户界面的外观和输入行为。

12.1.2 Swing 架构

Swing 组件是基于模型-视图-控制器(MVC)架构设计的。MVC 架构如图 12-1 所示。

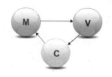

图 12-1 MVC 架构

按照 MVC 架构,一个组件可以分为如下三个独立的部分。

- 模型：用来存储组件的数据。
- 视图：代表组件的视觉显示。
- 控制器：当用户与组件交互时，控制器会处理组件的行为，这些行为包括对模型与视图的任何更新。

理论上，架构中的这三种类型应使用三种不同的类类型来表达。但是由于实际应用时视图和控制器之间的相互依赖关系非常紧密，编写一个独立于视图的通用控制器非常困难。为此，Swing 组件采用的是可分离模型架构，即把彼此紧密依赖的视图与控制器合并为单一的合成对象，而模型对象则分离出来，成为一个独立的对象。如图 12-2 所示。

图 12-2　可分离模型架构

12.2　Swing 容器

Swing 的用户界面都是由各式各样的组件(Component)组合而成的，所有以图形化的方式显示在屏幕上并能与用户进行交互的对象，都可以称为一个组件。例如，一个按钮、一个标签、一个对话框等。

容器(Container)实际上是 Component 的子类，容器类对象具有组件的所有性质，还具有容纳其他组件和容器的功能。下面就先来介绍 Swing 的容器。

12.2.1　顶层容器

Swing 中的容器可以根据功能，分成顶层容器、通用容器和专用容器。顶层容器可以独立存在；通用容器主要用来容纳其他组件和容器；专用容器具有特定的功能。

顶层容器位于 java.lang.Swing 包层次的顶端，它的继承层次如图 12-3 所示。

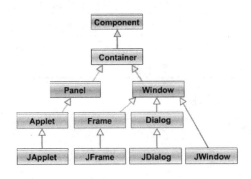

图 12-3　顶层容器的层次结构

Swing 顶层容器类 JApplet、JFrame、JDialog 和 JWindow 分别从 java.awt 包中的 Applet、Frame、Dialog 和 Window 类直接衍生出来。而常用的顶层容器就是 JFrame、JDialog 和 JWindow，下面分别予以介绍。

1. JFrame

框架 JFrame 是大多数 GUI 应用程序使用的基本窗口。它具有边框和标题，还带有最小化、最大化和关闭操作按钮。其他组件都可以添加到框架中，也可以在框架中绘图，还可以加入菜单等。

获取 JFrame 对象的方法如表 12-1 所示。

表 12-1 JFrame 的常用构造方法

构造方法	说明
JFrame()	构造 Frame 的一个新实例(初始时不可见)
JFrame(String title)	构造一个新的、初始不可见的、具有指定标题的 Frame 对象

创建 JFrame 对象后，可以调用它的相关方法来设置窗体的属性。JFrame 从 Window 继承下来，有上百个方法，但不需要全部记住它们。JFrame 的常用方法如表 12-2 所示。

表 12-2 JFrame 的常用方法

方法名	说明
setVisible(boolean b)	设置窗口的可见性。JFrame 默认初始化为不可见的
setSize(int width, int height)	设置窗体的宽度和高度。以像素为单位
setLocation(int x, int y)	设置窗体的位置，x、y 是左上角的坐标
setBounds(int x, int y, int width, int height)	设置位置、宽度和高度
setTitle(String name)	设置窗体的标题
setResizable(boolean b)	设置是否可以由用户调整大小
setLayout(LayoutManager mgr)	设置此容器的布局管理器。默认的布局管理器是 BorderLayout
add(Component comp)	将指定组件追加到此容器的尾部
dispose()	释放由此窗体及其拥有的所有子组件所使用的所有本机屏幕资源

下面是 JFrame 的一个使用示例：

```
import javax.swing.JFrame;
/** JFrame 使用示例 */
public class JFrameTest {
    public static void main(String[] args) {
        //创建一个顶层容器窗口
```

```
        JFrame frame = new JFrame();
        //设置的尺寸
        //frame.setSize(300, 300);
        //设置它的左上角的坐标
        //frame.setLocation(300, 200);
        //一次性设置尺寸和左上角的坐标
        frame.setBounds(300, 300, 300, 200);
        //设置标题
        frame.setTitle("第一个窗体");
        //设置不允许调整窗口的大小
        frame.setResizable(false);
        //设置它的可见性
        frame.setVisible(true);
    }
}
```

运行此程序时，会得到如图 12-4 所示的窗口。

图 12-4　JFrame 窗口

另外，JFrame 容器还允许对关闭窗口菜单按钮设置 4 种响应动作中的一种，这 4 种响应动作在 JFrame 类中分别用 4 个常量来表示。

- DO_NOTHING_ON_CLOSE：进行关闭窗口操作时什么也不做。
- HIDE_ON_CLOSE：进行关闭窗口操作时只是隐藏窗口。
- DISPOSE_ON_CLOSE：进行关闭窗口操作时销毁窗口占用的资源，JVM 中止。
- EXIT_ON_CLOSE：进行关闭窗口操作时退出应用程序。

响应动作可以通过 JFrame 类提供的 setDefaultCloseOperation 方法来进行设置，从而达到相应的效果。通常，为了实现在关闭窗口时退出应用程序的用户习惯，经常会选择 EXIT_ON_CLOSE 这个选项。

2. JDialog

JDialog 用于创建对话框窗口。Java SE API 提供了多种不同版本的构造器来定义对话框。对话框可以用于接受用户的输入数据并确认所有关键操作，还可用于对用户显示消息、警告、错误和问题等信息。

一般很少使用 JDialog 类的构造器来创建对话框窗口，而会调用 JOptionPane 类中的多个类方法来创建各种标准对话框，常用的方法如下。

(1) showMessageDialog 方法：

```
public static void showMessageDialog(Component parentComponent,
 Object message, String title, int messageType) throws HeadlessException
```

这个类方法会调出一个现实消息的对话框，第 1 个参数 parentComponent 用来指定在其中显示对话框的 Frame，可以为 null；第 2 个参数 message 指定要显示的消息对象；第 3 个参数 title 指定对话框的标题，第 4 个参数 messageType 指定消息的类型，不同的消息类型在对话框中显示的图标也不同，主要消息类型在 JOptionPane 类中的常量表示如下。

- ERROR_MESSAGE：错误消息。
- INFORMATION_MESSAGE：信息消息。
- WARNING_MESSAGE：警告消息。
- QUESTION_MESSAGE：问题消息。
- PLAIN_MESSAGE：不使用图标的消息。

例如：

```
JOptionPane.showMessageDialog(null, "这是错误消息的详细描述",
         "错误消息", JOptionPane.ERROR_MESSAGE);
```

这种方式会显示如图 12-5 所示的对话框。

图 12-5 "错误消息"对话框

(2) showConfirmDialog 方法：

```
public static int showConfirmDialog(Component parentComponent,
 Object message, String title, int optionType) throws HeadlessException
```

这个类方法会调出一个询问确认的对话框。它的参数基本跟上一个方法类似，只有 optionType 参数不同，它用于指定对话框中的按钮类型，主要有以下几个常量表示。

- YES_NO_OPTION：包括"是"和"否"按钮。
- YES_NO_CANCEL_OPTION：包括"是"、"否"和"取消"按钮。
- OK_CANCEL_OPTION：包括"确定"和"取消"按钮。

例如：

```
JOptionPane.showConfirmDialog(null, "您确定提交吗?",
         "确定提交", JOptionPane.OK_CANCEL_OPTION);
```

这种方式会显示如图 12-6 所示的对话框。

这个方法会返回指示用户所选选项的整数值，这个整数值可以与 JOptionPane 中提供的整数值进行比较，从而判断用户选择的"是"(YES_OPTION)、"否"(NO_OPTION)、"确定"(OK_OPTION)或"取消"(CANCEL_OPTION)。

图 12-6　询问确认对话框

3. JWindow

JWindow 类的使用与 JFrame 类似，只是它少了边框、标题和最小化、最大化和关闭操作按钮。没有窗口管理服务。JWindow 类经常用来做 Java 桌面应用程序的启动画面。例如 Eclipse IDE 工具的启动画面，如图 12-7 所示。

图 12-7　Eclipse 的启动画面

这个界面就是在 JWindow 窗口中画了一张图片和一个会随着程序加载的进行而变化的进度条。至于如何在窗口中画图或添加其他的组件，在后面的小节中会做介绍。

12.2.2　通用容器

通用容器是中间容器，它们不能独立存在，必须存放到其他容器中。在某些情况下可以灵活地运用通用容器来完成组件的摆放。常用的通用容器有 JPanel、JScrollPane、JToolBar、JSplitPane 和 JTabbedPane。

1. 面板(JPanel)

JPanel 是一个很常用的容器，它经常用来对组件进行分类摆放，以实现更美观实用的用户界面。打个比喻，JFrame 类似于房间窗户的窗户框，JPanel 就是窗户框中镶嵌的玻璃，没有窗户框，用户就没法安装玻璃，即 JPanel 不能单独存在。再把其他组件如按钮、标签比作不同的修饰物，如果没有玻璃作为载体，这些修饰物也没法装点窗户，所以 JPanel 主要是用来容纳其他组件的。

JPanel 的构造方法如表 12-3 所示。

表 12-3 JPanel 的常用构造方法

方 法 名	说 明
JPanel()	使用默认的 FlowLayout 布局管理器创建新面板
JPane(LayoutManager layout)	创建具有指定布局管理器的新面板

它的主要常用方法还都是从父类中继承过来的方法，如表 12-4 所示。

表 12-4 JPanel 的常用方法

方 法 名	说 明
setSize(int width, int height)	设置大小
setLocation(int x, int y)	设置窗体的位置，x、y 是左上角的坐标
setBounds(int x, int y, int width, int height)	设置位置、宽度和高度
setBackground(Color c)	设置背景颜色，参数为 Color 对象
setLayout(LayoutManager mgr)	设置布局管理器
Component add(Component comp)	往面板中添加一个组件

示例代码如下：

```java
import java.awt.Color;
import javax.swing.*;
/** JPanel 的使用示例 */
public class JPanelTest {
    public static void main(String[] args) {
        JFrame frame = new JFrame();
        frame.setLayout(null);   //自由布局
        frame.setBounds(300,300,320,320);  //边大小
        frame.setResizable(false);
        frame.setTitle("窗体中添加面板");

        JPanel panel = new JPanel();  //创建面板
        panel.setBounds(60,50,200,200);
        panel.setBackground(new Color(204,204,255));  //面板颜色
        frame.add(panel);    //将面板加到窗体上

        //设置关闭窗口时退出应用程序
        frame.setDefaultCloseOperation(JFrame.EXIT_ON_CLOSE);
        frame.setVisible(true);   //显示窗体
    }
}
```

运行此程序时，会得到如图 12-8 所示的效果。

2. 滚动面板(JScrollPane)

JScrollPane 除了拥有 JPanel 的特征，还拥有两个滚动条，在空间受限的时候非常好用，常用于显示大型的组件或图像。

图 12-8 在窗体中添加面板后的效果

它的两个最常用构造方法如下。

- public JScrollPane(int vsbPolicy, int hsbPolicy)：创建一个具有指定滚动条策略的空(无视口的视图)JScrollPane。
- public JScrollPane(Component view, int vsbPolicy, int hsbPolicy)：使用指定滚动条策略创建一个存放了指定组件的 JScrollPane 对象。

滚动条策略由 vsbPolicy 和 hsbPolicy 这两个参数来指定。vsbPolicy 用来指定垂直滚动条策略的一个整数，常用的值在 ScrollPaneConstants 类中用常量来指定：VERTICAL_SCROLLBAR_AS_NEEDED(需要时显示，默认)、VERTICAL_SCROLLBAR_ALWAYS(总是显示)和 VERTICAL_SCROLLBAR_NEVER(从不显示)；hsbPolicy 是用来指定水平滚动条策略的一个整数，常用的值在 ScrollPaneConstants 类中用常量来指定：HORIZONTAL_SCROLLBAR_AS_NEEDED(需要时显示，默认)、HORIZONTAL _SCROLLBAR_ALWAYS(总是显示)和 HORIZONTAL_SCROLLBAR_NEVER(从不显示)。

滚动面板的使用示例代码如下：

```java
import javax.swing.*;
/** JScollPane 的使用示例 */
public class JScollPaneTest {
    public static void main(String[] args) {
        JFrame frame = new JFrame();
        frame.setLayout(null);  //自由布局
        frame.setBounds(300,300,320,320); //边大小
        frame.setResizable(false);
        frame.setTitle("窗体中添加滚动面板");

        //创建指定滚动策略的面板
        JScrollPane panel = new JScrollPane(
          JScrollPane.VERTICAL_SCROLLBAR_ALWAYS,
          JScrollPane.HORIZONTAL_SCROLLBAR_ALWAYS);
        panel.setBounds(60,50,200,200);
        frame.add(panel);

        frame.setDefaultCloseOperation(JFrame.EXIT_ON_CLOSE);
```

```
        frame.setVisible(true);
    }
}
```

该程序运行之后,会显示如图 12-9 所示的窗口。

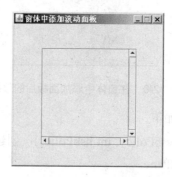

图 12-9 滚动面板

3. 工具栏(JToolBar)

JToolBar 是一组图标按钮,用于方便地访问常用功能。可以把工具栏视为菜单操作的快捷方式。如图 12-10 所示是 NetBeans IDE 的默认工具栏。

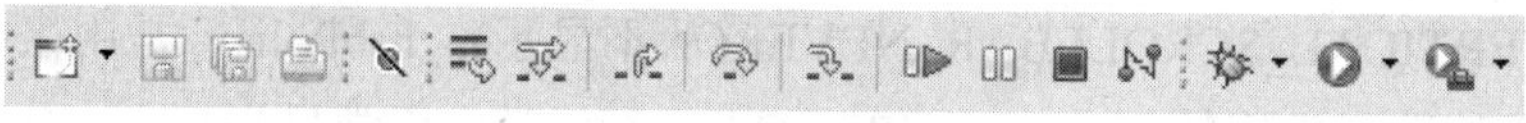

图 12-10 NetBeans IDE 的工具栏

它的使用示例代码如下:

```
import java.awt.BorderLayout;
import java.net.URL;
import javax.swing.*;
/** 工具栏的使用 */
public class JToolBarTest {
    public static void main(String[] args) {
        //获取指定路径名的图片URL
        ClassLoader loader =
          Thread.currentThread().getContextClassLoader();
        URL url = loader.getResource("newclass_wiz.gif");
        URL url2 = loader.getResource("save_edit.gif");
        URL url3 = loader.getResource("delete_edit.gif");
        URL url4 = loader.getResource("print_edit.gif");
        //创建图标按钮
        JButton button1 = new JButton(new ImageIcon(url));
        button1.setToolTipText("新建文件");
        JButton button2 = new JButton(new ImageIcon(url2));
        button2.setToolTipText("保存文件");
        JButton button3 = new JButton(new ImageIcon(url3));
```

```
        button3.setToolTipText("删除");
        JButton button4 = new JButton(new ImageIcon(url4));
        button4.setToolTipText("打印");
        JToolBar bar = new JToolBar();      //创建工具条
        bar.add(button1);        //添加图标按钮
        bar.add(button2);
        bar.addSeparator();    //添加分隔符
        bar.add(button3);
        bar.add(button4);
        bar.setFloatable(true);    //设置可浮动

        JFrame frame = new JFrame("工具栏使用示例");
        frame.add(bar, BorderLayout.NORTH);   //把工具条添加到窗口内容面板的北边
        frame.setSize(300, 300);
        frame.setDefaultCloseOperation(JFrame.EXIT_ON_CLOSE);
        frame.setVisible(true);
    }
}
```

运行该程序后，会显示如图 12-11 所示的窗口。

图 12-11 带工具栏的窗口

本例中还用到了按钮。关于按钮的用法，可以参看本章后面部分的内容。

4. 分割式面板(JSplitPane)

JSplitPane 用于显示两个或更多个由分割器分开的组件。组件可以并排显示或层叠显示。各组件占用的空间可能通过拖拽分割器来调整。它的常用构造方法是：

```
public JSplitPane(int newOrientation, Component leftComp,
    Component rightComp)
```

它会创建一个具有指定方向和不连续重绘的指定组件的新 JSplitPane。方向参数 newOrientation 可以使用本类定义的常量 HORIZONTAL_SPLIT(水平分割)和 VERTICAL_SPLIT(垂直分割)来指定。

它的常用方法如表 12-5 所示。

表 12-5　JSplitPane 的常用方法

方 法 名	说　明
setOneTouchExpandable(boolean flag)	设置分割器是否显示用来展开/折叠分割器的控件
setDividerSize(int size)	设置分隔条的大小。单位为像素
void setLeftComponent(Component comp)	将组件设置到分隔条的左边(或上面)
void setRightComponent(Component comp)	将组件设置到分隔条的右边(或者下面)
void setDividerLocation(double location)	设置分隔条的位置为 JSplitPane 大小的一个百分比。需要在 JSplitPane 为可见后设置才有效
void setDividerLocation(int location)	设置分隔条的位置。单位为像素

下面是它的一个使用示例：

```java
import javax.swing.*;
/** 分隔式面板的使用示例 */
public class JSplitPaneTest {
    public static void main(String[] args) {
        JFrame frame = new JFrame("分隔式面板的使用示例");
        frame.setBounds(200, 300, 400, 300);
        frame.setDefaultCloseOperation(JFrame.EXIT_ON_CLOSE);
        //第一个参数指定了分隔的方向，另外两个参数是放置在该分隔窗格的组件
        JSplitPane splitPane = new JSplitPane(
          JSplitPane.HORIZONTAL_SPLIT, new JPanel(), new JPanel());
        // 设置分割器是否显示用来展开/折叠分割器的控件
        splitPane.setOneTouchExpandable(true);
        splitPane.setDividerSize(8);  // 设置分隔条的大小，单位为像素
        frame.add(splitPane);  // 将分隔式面板添加到容器中
        frame.setVisible(true);
        // 设置分隔条的位置，可以用整数(像素)或百分比来指定
        //用百分比时，需要在 JSplitPane 为可见后设置才有效
        splitPane.setDividerLocation(0.5);
    }
}
```

运行该程序时，会显示如图 12-12 所示的窗口。

图 12-12　带分隔式面板的窗口

5. 选项卡面板(JTabbedPane)

JTabbedPane 允许用户通过单击具有给定标题(和图标)的选项卡，在一组组件之间进行切换。多个选项卡可共享同一块空间。每次只有一个选项卡可见。它在空间有限时也十分有用。常用构造方法有如下。

- JTabbedPane()：创建具有默认 JTabbedPane.TOP 选项卡布局的空 JTabbedPane。
- JTabbedPane(int tabPlacement)：创建一个空 JTabbedPane，使其具有以下指定选项卡布局中的一种：JTabbedPane.TOP、JTabbedPane.BOTTOM、JTabbedPane.LEFT 或 JTabbedPane.RIGHT。

常用方法如表 12-6 所示。

表 12-6 JTabbedPane 的常用方法

方 法 名	说 明
void addTab(String title, Component comp)	添加一个由 title 表示，且没有图标的组件
void addTab(String title, Icon icon, Component comp)	添加一个由 title 和图标表示的组件
void setSelectedIndex(int index)	设置所选择的此选项卡窗格的索引
void setToolTipTextAt(int index, String text)	为 index 位置的选项卡设置工具提示文本

下面是它的一个使用示例：

```java
import java.net.URL;
import javax.swing.*;
/** 选项卡面板的使用示例 */
public class JTabbedPaneTest {
    public static void main(String[] args) {
        ClassLoader loader =
          Thread.currentThread().getContextClassLoader();
        URL iconURL = loader.getResource("newclass_wiz.gif");
        URL iconURL2 = loader.getResource("save_edit.gif");

        //创建选项卡面板，默认把选项卡放在上部
        JTabbedPane tabPane = new JTabbedPane();
        //创建一个 StockPanel 面板并添加到选项窗格，并指定图标
        tabPane.addTab("选项卡 1", new ImageIcon(iconURL), new JPanel());
        tabPane.addTab("选项卡 2", new ImageIcon(iconURL2), new JPanel());
        //创建一个 SaledPanel 面板并添加到选项窗格
        tabPane.addTab("选项卡 3", new JPanel());
        //设置所选择的此选项卡窗格的索引
        tabPane.setSelectedIndex(1);

        JFrame frame = new JFrame("选项卡面板的使用示例");
        frame.setBounds(200, 300, 400, 300);
        frame.setDefaultCloseOperation(JFrame.EXIT_ON_CLOSE);
```

```
        //将选项窗格放置在面板中
        frame.add(tabPane);
        frame.setVisible(true);
    }
}
```

运行该程序后，会显示如图 12-13 所示的窗口。

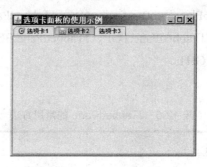

图 12-13　带选项卡面板的窗口

12.2.3　专用容器

下面介绍一个有特殊用户的容器类 JInternalFrame。

JInternalFrame 称为内部框架，它跟 JFrame 几乎一样，可以最大化、最小化、关闭窗口、加入菜单等。唯一不同的是 JInternalFrame 不能单独出现，必须依附于上一层组件。

一般我们会将 JInternalFrame 加入 JDesktopPane(多文档界面或虚拟桌面的容器)，以方便管理。

它的常用构造方法为：

```
public JInternalFrame(String title, boolean resizable, boolean closable,
 boolean maximizable, boolean iconifiable)
```

该构造方法用来创建一个具有指定标题、可调整、可关闭、可最大化和可图标化的 JInternalFrame。具体使用示例如下：

```
import javax.swing.*;
/** 内部框架的使用示例 */
public class JInternalFrameTest {
    public static void main(String[] args) {
        //创建多文档面板
        JDesktopPane desktopPane = new JDesktopPane();

        //创建第一个内部框架
        JInternalFrame inteFrame =
          new JInternalFrame("内部框架1", true, true, true, true);
        inteFrame.setBounds(10, 10, 200, 200);
        inteFrame.setVisible(true);
```

```
        //添加到多文档面板中
        desktopPane.add(inteFrame);
        //创建第二个内部框架
        JInternalFrame inteFrame2 =
          new JInternalFrame("内部框架2", true, true, true, true);
        inteFrame2.setBounds(150, 50, 200, 200);
        inteFrame2.setVisible(true);
        desktopPane.add(inteFrame2);

        JFrame frame = new JFrame("内部框架的使用示例");
        frame.setBounds(200, 300, 400, 300);
        frame.setDefaultCloseOperation(JFrame.EXIT_ON_CLOSE);
        //将多文档面板放置在面板中央位置
        frame.add(desktopPane);
        frame.setVisible(true);
    }
}
```

运行该程序后，会显示如图 12-14 所示的窗口。

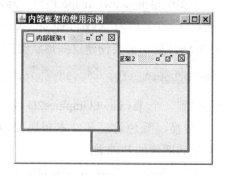

图 12-14　带内部框架的窗口

12.3　绘　　图

在 Java SE API 中提供了一个 Java 2D 类库，该库实现了一个非常强大的图形操作集合。它具有以下功能：

- 可以很容易地绘制各种各样的形状。
- 可以控制绘制形状的笔画，控制能够跟踪形状边界的绘图笔。
- 可以用单色、变化的色调和重复的图案来填充各种形状。
- 可以使用变换法，对各种形状进行移动、缩放、旋转和延伸。
- 可以对形状进行剪切，将它限制在任意区域内。
- 可以选定各种组合原则，以便描述如何将新形状的像素与现有的像素组合起来。
- 可以提供绘制形状的提示，以便在速度与绘图质量之间达到平衡。

下面就来介绍利用 Java 2D 类库绘制 2D 图形、文字和图像的相关知识。

12.3.1　2D 图形

Java 2D 库使用面向对象的方式来组织形状。java.awt.geom 包中提供下列形状类。

- Line2D：表示(x, y)坐标空间中的线段。
- Rectangle2D：描述通过位置(x, y)和尺寸(w × h)定义的矩形。
- RoundRectangle2D：具有由位置(x, y)、维度(w × h)以及圆角弧的宽度和高度定义的圆角矩形。
- Ellipse2D：描述用窗体矩形定义的椭圆。
- Arc2D：描述 2D 弧度。二维弧度由窗体矩形、起始角度、角跨越(弧的长度)和闭合类型(OPEN、CHORD 或 PIE)定义。
- QuadCurve2D：表示(x, y)坐标空间内的二次参数曲线段。
- CubicCurve2D：表示(x, y)坐标空间内的三次参数曲线段。
- GeneralPath：表示根据直线、二次曲线和三次曲线构造的几何路径。

以上形状类都是抽象类，都实现自 java.awt.Shape 接口。Java 2D 提供了针对单精度数据和双精度数据的具体静态内部子类(名称为 Xxx.Float 和 Xxx.Double)，以供开发人员选择。要用 Java 2D 库绘制这些形状，首先需要创建这些形状类的对象。代码如下所示：

```
Line2D line = new Line2D.Double(10, 10, 30, 50);
```

绘制图形时，首先需要获取到一个 java.awt.Graphics2D 类的对象，此类扩展 Graphics 类，以提供对几何形状、坐标转换、颜色管理和文本布局更为复杂的控制。它是用于在 Java 平台上呈现二维形状、文本和图像的基础类。

在 GUI 界面程序中，我们只需要重写 paintComponent(Graphics g)方法，在方法体中对参数变量 g 进行强制类型转换，就可以获取到一个 Graphics2D 对象。

> **注意**：在 Swing 中，我们可以在任何 Swing 组件上绘制图形(一般都会在 JPanel 上进行绘制)，应该重写父类的 paintComponent 方法，在这个方法体中进行绘图的操作。不应该重写父类的 paint 方法，因为父类的 paint 方法进行了大量复杂的工作，如设置图形环境和图像缓冲等。
> 另外，如果需要强制性地重绘屏幕，可以调用 repaint 方法，它会调用当前所有组件或子组件的 paintComponent 方法。

获取 Graphics2D 对象后，调用它的 draw(Shape s)方法来勾画 Shape 的轮廓，或调用它的 fill(Shape s)方法来填充 Shape 的内部区域。使用示例如下：

```
import java.awt.*;
import java.awt.geom.*;
import javax.swing.*;
```

```java
/** 用 Java 2D 库绘制 2D 图形的示例 */
public class Graphics2DTest {

    public static void main(String[] args) {
        JFrame frame = new JFrame("用 Java 2D 库绘制 2D 图形的示例");
        frame.add(new Graphics2DPanel());//把 Graphics2DPanel 对象加入内容窗格
        frame.setBounds(200, 200, 500, 380);
        frame.setDefaultCloseOperation(JFrame.EXIT_ON_CLOSE);
        frame.setVisible(true);
    }
}

class Graphics2DPanel extends JPanel { //绘制了图形的面板
    @Override
    public void paintComponent(Graphics g) {   //重写 paintComponent()方法
        super.paintComponent(g);          //调用父类的绘制组件方法
        Graphics2D g2 = (Graphics2D) g; //获取 Graphics2D 对象
        int w = 100;      //形状的宽度
        int h = 80;       //形状的高度
        int R = 100;      //圆的直径
        g2.translate(10, 10);  //坐标平移
        g2.draw(new Line2D.Float(0, 0, w, h)); //画直线
        g2.translate(120, 0);
        g2.draw(new Rectangle2D.Double(0, 0, w, h)); //画矩形
        g2.translate(120, 0);
        g2.draw(new RoundRectangle2D.Float(0, 0, w, h, 20, 20));  //画圆角矩形
        g2.translate(120, 0);
        g2.draw(new Ellipse2D.Float(0, 0, R, R)); //画圆
        g2.translate(-360, 120);
        g2.draw(new Ellipse2D.Float(0, 0, w, h)); //画椭圆
        g2.translate(120, 0);
        g2.draw(new Arc2D.Float(0, 0, w, h, 45, 225, Arc2D.OPEN));  //画开弧
        g2.translate(120, 0);
        g2.draw(new Arc2D.Float(0, 0, w, h, 45, 225, Arc2D.CHORD)); //画弓形
        g2.translate(120, 0);
        g2.draw(new Arc2D.Float(0, 0, w, h, 45, 225, Arc2D.PIE));  //画饼形
        g2.translate(-360, 120);
        g2.draw(new QuadCurve2D.Double(0, 0, w, h / 6, w, h));  //画二次曲线
        g2.translate(120, 0);
        //画三次曲线
        g2.draw(new CubicCurve2D.Double(0, 0, w / 2, h, w, h / 2, w, h));
    }
}
```

运行该程序后，会得到如图 12-15 所示的窗口。

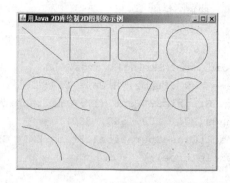

图 12-15 绘制了 2D 图形的窗口

12.3.2 颜色

Graphics2D 类中提供了 setPaint 方法,用来为后续的绘图操作更改颜色。这个方法需要一个 java.awt.Paint 接口类型参数,而 java.awt.Color 这个颜色类就是它的一个实现类。

在 Color 类中定义了代表 13 种标准颜色的常量值,具体可以查看 Java SE API 的帮助文档。另外,也可以通过 Color 的构造方法使用红、绿、蓝三种颜色的整数值(0~255)来定制颜色。使用示例如下:

```
public void paintComponent(Graphics g) {
    super.paintComponent(g); //调用父类的绘制组件方法
    Graphics2D g2 = (Graphics2D) g; //获取Graphics2D对象
    g2.setPaint(Color.PINK);
    g2.drawLine(10,20, 30, 40);
    g2.setPaint(new Color(0, 128, 128));
    g2.drawLine(20, 10, 50, 50);
}
```

12.3.3 文本和字体

在 GUI 界面中,Java 2D 库还可以在组件上绘制文本,使用 Graphics2D 类的 drawString 方法就可以在组件的指定(x, y)坐标上绘制指定的文本。代码如下:

```
g2.drawString("绘制一行文本", 10, 20);
```

在实际开发中,经常需要使用不同的字体显示文本。因此就需要用到字体相关的操作类 java.awt.Font。用 Font 类可以创建出一个字体对象,指定字体名、字体风格和字体大小,即使用如下构造方法:

```
public Font(String name, int style, int size)
```

第一个参数是字体名;第二个参数指定字体的风格,它的几个可选值为:Font.PLANT(普通样式)、Font.BOLD(粗体)、Font.ITALIC(斜体)和 Font.BOLD+Font.ITALIC

(粗体和斜体)；第三个参数为字体的大小磅值。使用示例如下：

```
Font font = new Font("隶书", Font.BOLD+Font.ITALIC, 14);
g2.setFont(font);
g2.drawString("字体 Font", 70, 100);
```

12.3.4 图像

前面介绍了如何通过绘制直线和图形来建立简单的图像。复杂图像，如照片等通常都是由外部设备生成的。这些图像保存在本地文件或网络上的某个位置后，就可以把它读取到 Java 程序中，读取图像可以使用如下方式：

```
String fileName = "...";
Image img = ImageIO.read(new File(fileName));
String urlName = "...";
Image img2 = ImageIO.read(new URL(urlName));
```

然后就可以用 Graphics 对象把它绘制在组件上：

```
public void paintComponent(Graphics g) {
    ...
    g.drawImage(img, x, y, null);
}
```

完整的绘制示例代码如下：

```
import java.awt.*;
import java.io.*;
import javax.imageio.ImageIO;
import javax.swing.*;
/** 绘图的示例 */
public class DrawImageTest {
    public static void main(String[] args) {
        JFrame frame = new JFrame("绘图的示例");
        frame.setBounds(300, 200, 450, 400);
        frame.setResizable(false);
        frame.setLayout(null);
        //创建面板，设置位置并添加到窗口中
        JPanel panel = new PushBoxPanel();
        panel.setLocation((frame.getWidth() - panel.getWidth()) / 2,
                          (frame.getHeight() - 28 - panel.getHeight()) / 2);
        frame.add(panel);
        frame.setDefaultCloseOperation(JFrame.EXIT_ON_CLOSE);
        frame.setVisible(true);
    }
}
```

```java
/** 绘图面板 */
class PushBoxPanel extends JPanel {
    public PushBoxPanel() {
        //设置面板的宽和高
        this.setSize(10 * 32, 10 * 32);
    }
    //重写回调方法
    @Override
    public void paintComponent(Graphics g) {
        Image img = null;
        try {
            img = ImageIO.read(this.getClass().getResource("/back1.gif"));
        } catch (IOException ex) {
            ex.printStackTrace();
        }
        //画地板
        for (int x=0; x<10; x++) {
            for (int y=0; y<10; y++) {
                g.drawImage(img, x*32, y*32, this);
            }
        }
    }
}
```

这个程序使用 Graphics 对象把小图片 back1.gif(32×32)平铺绘制在指定区域中。运行该程序后，会显示如图 12-16 所示的窗口。

图 12-16　平铺图像的窗口

12.4　Swing 组件

要创建完善的 GUI 程序，需要使用到许多的 Swing 组件，下面就来介绍这些常用的组件，读者也可以对照着 Java SE API 帮助文档来进行本节的学习。

12.4.1 Swing 组件的层次结构

Swing 组件的继承层次结构可以用图 12-17 来表示。

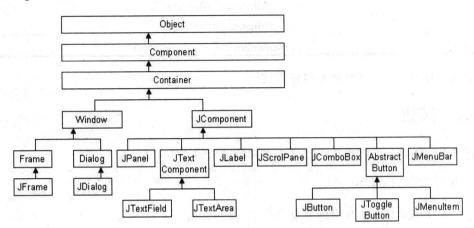

图 12-17 Swing 组件的继承层次结构

其中，java.awt.Window 系列的类是容器组件，前面 12.2 节已经介绍过了。而 javax.swing.JComponent 系列的类就是基本的组件类了，它们表示不同的界面元素，大致可以分为以下几个类型：

- 按钮。
- 文本组件。
- 不可编辑信息显示组件。
- 菜单。
- 格式化显示组件。
- 其他组件。

所有的 Swing 基本组件都共用一些通用属性，因为它们都继承自 JComponent 类。
表 12-7 列出了这些常用属性及相应的操作方法。

表 12-7 通用的组件属性

属　性	操作方法
边框	Border getBorder() void setBorder(Border b)
背景与前景色彩	void setBackground(Color bg) void setForeground(Color bg)
字体	void setFont(Font f)
透明度	void setOpaque(boolean isOpaque)

续表

属　性	操作方法
最大与最小尺寸	void setMaximumSize(Dimension d)
	void setMinimumSize(Dimension d)
对齐	void setAlignmentX(float ax)
	void setAlignmentY(float ay)
首选尺寸	void setPreferredSize(Dimension ps)

下面就分别来介绍这些基本组件的使用。

12.4.2　按钮

按钮组件可以分为常规按钮、复选框和单选按钮。

1．常规按钮(JButton)

(1) 创建常规按钮的常用构造方法如下。
- JButton(Icon icon)：创建一个带图标的按钮。
- JButton(String text)：创建一个带文本的按钮。
- JButton(String text, Icon icon)：创建一个带初始文本和图标的按钮。

常规按钮在 GUI 上展示为如图 12-18 所示的效果。

图 12-18　常规按钮的图示

具体使用代码如下：

```
JButton btn = new JButton("提交");   // 按钮
btn.setBounds(50, 420, 60, 26);   //移动组件并调整其大小
panel.add(btn);   //添加到面板
```

(2) 它的常用方法有：
- void setActionCommand(String command)：设置此按钮激发的动作事件的命令名称。默认情况下，此动作命令设置为与按钮标签相匹配。
- public String getActionCommand()：返回此按钮激发的动作事件的命令名称。
- public void addActionListener(ActionListener l)：添加指定的动作侦听器。

单击 JButton，会产生 ActionEvent 对象，这个对象会在事件处理中进行介绍。

2．复选框(JCheckBox)

复选框是一个可以被选定和取消选定的项，它将其状态显示给用户。JCheckBox 在 GUI 上展示为如图 12-19 所示的效果。

☐睡觉   ☑运动   ☐爬山

图 12-19 复选框

创建 JCheckBox 的常用构造方法如下。

- JCheckBox(String text)：创建一个带文本的、最初未被选定的复选框。
- JCheckBox(String text, boolean selected)：创建一个带文本的复选框，并指定其最初是否处于选定状态。

具体创建代码如下所示：

```
JCheckBox hobbyChk = new JCheckBox("睡觉");
hobbyChk.setBounds(80, 170, 60, 26);
panel.add(hobbyChk);    //添加到面板中
JCheckBox hobbyChk2 = new JCheckBox("运动", true);
hobbyChk2.setBounds(150, 170, 60, 26);
panel.add(hobbyChk2);
JCheckBox hobbyChk3 = new JCheckBox("爬山");
hobbyChk3.setBounds(220, 170, 60, 26);
panel.add(hobbyChk3);
```

它的常用方法如下。

- public boolean isSelected()：返回按钮的状态。
- public void setSelected(boolean b)：设置按钮的状态。
- public void addChangeListener(ChangeListener l)：向按钮添加一个事件侦听器。

3. 单选按钮(JRadioButton)

单选按钮的按钮项可被选择或取消选择，并可为用户显示其状态。它在 GUI 上展示为如图 12-20 所示的效果。

◉男   ○女

图 12-20 单选按钮

它的常用构造方法如下。

- JRadioButton(String text)：创建一个具有指定文本的状态为未选择的单选按钮。
- JRadioButton(String text, boolean selected)：创建一个具有指定文本和选择状态的单选按钮。

JRadioButton 同 JCheckBox 一样，每次选择时，只是简单地在 on 和 off 状态之间切换。要想获取单选按钮的互斥效果，需要将这些按钮添加到 java.awt.ButtonGroup 对象中。ButtonGroup 是用于确保一次只选择一个按钮的管理器。代码如下所示：

```
ButtonGroup group = new ButtonGroup();    //按钮组
JRadioButton fRdo = new JRadioButton("男", true);//创建一个单选按钮，默认为选中
```

```
fRdo.setBounds(80, 110, 50, 26);    //移动组件并调整其大小
group.add(fRdo);       //添加到按钮组
JRadioButton mRdo = new JRadioButton("女", false);  //第二个单选按钮
mRdo.setBounds(140, 110, 50, 26);
group.add(mRdo);
```

JRadioButton 的常用方法与 JCheckBox 一样。

12.4.3 文本组件

Swing 中的文本组件大致可以分为三类：文本控件(JTextField 和 JPasswordField)、纯文本区域(JTextArea)和格式文本区域(JEditorPane 和 JTextPane)。下面分别介绍这些组件。

1. 文本字段(JTextField)

文本字段允许用户编辑单选文本。常用来从用户那里收集信息。它在 GUI 上展示为如图 12-21 所示的效果。

图 12-21 文本字段

(1) 它的常用构造方法如下。
- public TextField()：构造新的文本字段。
- public TextField(String text)：构造使用指定文本初始化的新文本字段。
- public TextField(int columns)：构造具有指定列数的新空文本字段。

(2) 它的常用方法如下。
- public String getText()：返回此文本组件表示的文本。
- public void setEditable(boolean b)：设置此文本组件是否可编辑。

具体使用示例代码如下：

```
JTextField nameTxt = new JTextField();
nameTxt.setBounds(80, 50, 120, 26);
panel.add(nameTxt);
```

2. 密码框(JPasswordField)

密码框是专门用来输入密码的文本输入字段。为了安全起见，向其输入内容时不显示原始字符，只显示一种字符，默认为"*"，也可以通过它提供的方法进行更改。密码字段的值会存储为字符数组而非字符串。它在 GUI 上展示为如图 12-22 所示的效果。

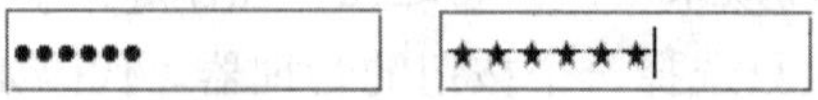

图 12-22 两种回显字符密码框

(1) 常用构造方法如下。
- JPasswordField()：构造一个新的空 JPasswordField。
- JPasswordField(int columns)：构造一个具有指定列数的新的空 JPasswordField。

(2) 常用方法如下。
- void setEchoChar(char c)：设置此 JPasswordField 的回显字符。
- public char[] getPassword()：返回此密码中所包含的字符数组。

具体使用示例代码如下：

```
JPasswordField pwd = new JPasswordField();
pwd.setEchoChar('★');   //设置回显字符
pwd.setBounds(80, 80, 120, 26);
panel.add(pwd);
```

3. 纯文本区域(JTextArea)

纯文本区域是用来显示纯文本的多行区域。可以设置行数、列数和初始内容。使用与 JTextField 基本相同，但它不管理滚动。为了让它具有滚动效果，经常需要把它放置在一个滚动面板 JScrollPane 中。代码如下所示：

```
//Swing中，文本域默认是不带滚动条的，必须放置在 JScrollPane 中，才会有滚动条
JTextArea intrArea = new JTextArea();
JScrollPane scrollPane = new JScrollPane(intrArea,
        JScrollPane.VERTICAL_SCROLLBAR_ALWAYS,
        JScrollPane.HORIZONTAL_SCROLLBAR_AS_NEEDED);
scrollPane.setBounds(20, 230, 260, 120);
panel.add(scrollPane);
```

这个放置在滚动面板中的纯文本域在 GUI 中的显示效果如图 12-23 所示。

图 12-23　放置在滚动面板中的文本域

4. 编辑器面板(JEditorPane)

编辑器面板属于格式文本组件。除了纯文本外，编辑器面板还可以显示及编辑 RTF 与 HTML 格式的文本。它经常用来显示 HTML 格式的帮助信息。

编辑器面板还不能完整地支持 HTML 的所有标准。目前只支持 HTML 3.2 标准的语法，对 CSS 和 JavaScript 的支持还不太完整。

具体的一个使用示例代码如下：

```java
import java.io.IOException;
import javax.swing.*;
/** JEditorPane 的使用示例 */
public class JEditorPaneTest {
    public static void main(String[] args) {
        JFrame frame = new JFrame("JEditorPane 的使用示例");
        frame.setBounds(300, 200, 500, 400);
        frame.setDefaultCloseOperation(JFrame.EXIT_ON_CLOSE);

        JEditorPane editorPane = new JEditorPane(); //创建编辑器面板
        editorPane.setEditable(false);  //设置为不可编辑
        //把它放置到一个滚动面板中
        JScrollPane scrollPane = new JScrollPane(editorPane,
                JScrollPane.VERTICAL_SCROLLBAR_AS_NEEDED,
                JScrollPane.HORIZONTAL_SCROLLBAR_AS_NEEDED);
        frame.add(scrollPane);
        try {
            //设置当前要显示的 URL
            editorPane.setPage("http://www.baidu.com");
        } catch (IOException ex) {
            ex.printStackTrace();
        }
        frame.setVisible(true);
    }
}
```

运行这个程序后，显示如图 12-24 所示的效果。

图 12-24 编辑器面板加载网页后的效果

另外还有一个文本组件：可嵌入组件的文本面板 JTextPane，它继承自 JEditorPane 类，除了提供 JEditorPane 所有的功能外，还允许嵌入其他组件。由于在实际开发中使用得并不多，在此就不再赘述。读者可以查阅 Java SE API 对 JTextPane 的描述。

12.4.4 不可编辑信息显示组件

不可编辑信息显示组件用来显示关于组件的更多信息。这些组件只用作显示。下面分别来介绍它们。

1. 标签(JLabel)

标签用来在屏幕上显示文本或图片，它在 GUI 上展示为如图 12-25 所示的效果。

图 12-25　文本标签和图片标签

文本标签的创建代码如下：

```
JLabel intrLbl = new JLabel("自我介绍:");
intrLbl.setBounds(10, 200, 60, 26);
panel.add(intrLbl);
```

放置图片的标签创建代码如下：

```
JLabel imgLbl = new JLabel();
imgLbl.setBounds(5, 360, 48, 48);
Icon icon = new ImageIcon(this.getClass().getResource("/qjyong.png"));
imgLbl.setIcon(icon);
panel.add(imgLbl);
```

2. 提示信息(JToolTip)

提示信息 JToolTip 类用来显示组件的"提示"。通常，组件都提供对应的方法来自动设置"提示"，而无须手动创建 JToolTip 对象。例如，任何 Swing 组件都可以使用 JComponent 类提供的 setToolTipText 方法来指定一个标准的工具提示文本。组件的提示在 GUI 上的显示效果如图 12-26 所示。

图 12-26　带提示信息的按钮

具体的使用代码如下所示：

```
JButton btn2 = new JButton(
  new ImageIcon(this.getClass().getResource("/save_edit.gif")));
btn2.setToolTipText("这是图标按钮");   //给图片按钮添加提示信息
btn2.setBounds(150, 420, 17, 17);
panel.add(btn2);
```

3. 进度条(JProgreesBar)

进度条以可视化形式显示某些任务的进度。在任务的完成进度中，进度条显示该任务完成的百分比。此百分比通常由一个矩形以可视化形式表示，该矩形开始是空的，随着任务的完成逐渐被填充。此外，进度条还可以显示此百分比的文本表示形式。它在 GUI 上的显示效果如图 12-27 所示。

图 12-27　进度条

(1) 它的常用构造方法如下。

- public JProgressBar()：创建一个显示边框但不带进度字符串的水平进度条。初始值和最小值都为 0，最大值为 100。
- public JProgressBar(int orient)：创建具有指定方向的进度条。默认情况下，绘制边框但不绘制进度字符串。初始值和最小值都为 0，最大值为 100。
- JProgressBar(int orient, int min, int max)：创建使用指定方向(SwingConstants.VERTICAL 或 SwingConstants.HORIZONTAL)、最小值和最大值的进度条。

(2) 常用方法如下。

- public void setStringPainted(boolean b)：设置 stringPainted 属性的值，该属性确定进度条是否应该呈现进度字符串。默认值为 false，意味着不绘制任何字符串。
- public double getPercentComplete()：返回进度条的完成百分比。
- public void setIndeterminate(boolean newValue)：设置进度条的 indeterminate 属性，该属性确定进度条处于确定模式中还是处于不确定模式中。不确定时进度条连续地显示动画，指示发生未知长度的操作。默认情况下，此属性为 false。
- public void setString(String s)：设置进度字符串的值。隐含使用简单百分比字符串的内置行为。
- public void setValue(int n)：将进度条的当前值设置为 n。此方法将新值转发到该模型。
- public void setModel(BoundedRangeModel newModel)：设置 JProgressBar 使用的数据模型。

具体使用代码如下所示：

```
import javax.swing.*;
/** 进度条使用示例 */
public class JProgressBarTest {
    public static void main(String[] args) {
        //创建一进度条
        JProgressBar progBar =
          new JProgressBar(SwingConstants.HORIZONTAL, 0, 10);
        progBar.setValue(3);   //设置进度条的当前值
```

```
            progBar.setStringPainted(true);  //设置呈现进度字符串
            //把进度条添加到 JWindow 上
            JWindow win = new JWindow();
            win.setBounds(300, 200, 300, 26);
            win.add(progBar);
            win.setVisible(true);
        }
}
```

运行该程序后，就会显示如图 12-27 所示的效果。由于使用了 JWindow 来放置进度条，所以，没有边框和标题栏，无法关闭它。只有终止这个程序的运行来结束它。实际开发中，一般会有一个单独的线程来更新它的进度增长，并在增长完毕后，调用 despose 方法来销毁它。

4. 边框(Border)

边框 javax.swing.border.Border 接口用来描述一个能够呈现围绕 Swing 组件边缘边框的对象。每个 Swing 组件都提供有 setBorder 方法来设置边框。

一般会使用 javax.swing.BorderFactory 这个工厂类来创建各种样式的 Border 对象。使用示例如下：

```
import javax.swing.*;
import javax.swing.border.*;
/** 给组件添加边框的示例 */
public class BorderTest {
    public static void main(String[] args) {
        //创建一个具有"浮雕化"外观效果的边框
        Border border =
          BorderFactory.createEtchedBorder(EtchedBorder.LOWERED);
        //创建"标题"边框并组合"浮雕"边框
        TitledBorder tBorder = BorderFactory.createTitledBorder(
          border, "注册面板", TitledBorder.CENTER, TitledBorder.TOP);
        JPanel panel = new JPanel();
        // 给面板添加组合边框
        panel.setBorder(tBorder);

        JFrame frame = new JFrame("给组件添加边框的示例");
        frame.add(panel);   //把带边框的面板添加到窗口中
        frame.setBounds(200, 200, 400, 280);
        frame.setDefaultCloseOperation(JFrame.EXIT_ON_CLOSE);
        frame.setVisible(true);
    }
}
```

运行这个程序后，会显示如图 12-28 所示的窗口。

图 12-28　带边框的面板

12.4.5　菜单相关

桌面应用程序为了便于用户的操作，都提供了菜单。菜单分为放置在菜单栏的普通菜单和弹出式的菜单。下面就分别介绍这两种类型的菜单。

1. 普通菜单(JMenu)

普通菜单是放置在菜单栏(JMenuBar)上的。菜单栏含有一个或多个下拉式菜单名称。点击这些菜单名称，即可打开菜单项(JMenuItem)和子菜单。而菜单项又分为普通菜单项(JMenuItem)、单选按钮菜单项(JRadioButtonMenuItem)和复选菜单项(JCheckBoxMenuItem)。菜单项还可以设置助记键和快捷键。下面通过一个实例来介绍它们的使用：

```java
//创建菜单
private void createMenu() {
    JMenuBar bar = new JMenuBar(); //创建一个菜单栏
    this.setJMenuBar(bar); //把菜单栏添加到窗口上
    JMenu fileMenu = new JMenu("文件(F)"); //创建各个菜单
    fileMenu.setMnemonic(KeyEvent.VK_F); //设置助记符
    JMenu editMenu = new JMenu("编辑(E)");
    editMenu.setMnemonic(KeyEvent.VK_E);
    JMenu formatMenu = new JMenu("格式(O)");
    formatMenu.setMnemonic(KeyEvent.VK_O);
    JMenu viewMenu = new JMenu("查看(V)");
    viewMenu.setMnemonic(KeyEvent.VK_V);
    JMenu helpMenu = new JMenu("帮助(H)");
    helpMenu.setMnemonic(KeyEvent.VK_H);
    bar.add(fileMenu);
    bar.add(editMenu);
    bar.add(formatMenu);
    bar.add(viewMenu);
    bar.add(helpMenu);

    // 创建"文件"菜单上的各个菜单项
    JMenuItem newItem = new JMenuItem("新建(N)");
    newItem.setAccelerator(
```

```java
      KeyStroke.getKeyStroke(KeyEvent.VK_N, InputEvent.CTRL_MASK));
    fileMenu.add(newItem);
    JMenuItem openItem = new JMenuItem("打开(O)");
    openItem.setAccelerator(
      KeyStroke.getKeyStroke(KeyEvent.VK_O, InputEvent.CTRL_MASK));

    fileMenu.add(openItem);
    JMenuItem saveItem = new JMenuItem("保存(S)");
    saveItem.setAccelerator(
      KeyStroke.getKeyStroke(KeyEvent.VK_S, InputEvent.CTRL_MASK));
    fileMenu.add(saveItem);
    JMenuItem saveAsItem = new JMenuItem("另存为(A)...");
    fileMenu.add(saveAsItem);
    // 添加一个分隔符
    fileMenu.addSeparator();
    JMenuItem exitItem = new JMenuItem("退出(E)");
    exitItem.setAccelerator(
      KeyStroke.getKeyStroke(KeyEvent.VK_E, InputEvent.CTRL_MASK));
    fileMenu.add(exitItem);
    // 格式菜单中的复选菜单项
    JCheckBoxMenuItem newLineItem =
      new JCheckBoxMenuItem("自动换行(W)", true);
    //设置助记符
    newLineItem.setMnemonic(KeyEvent.VK_W);
    formatMenu.add(newLineItem);
}
```

关于菜单栏、菜单和菜单项的使用，在这段代码中介绍得很详细了。本方法摘取自 MyNotepad.java 源文件，完整代码参看随书光盘所附的对应源文件。这个程序运行后显示的界面如图 12-29 所示。

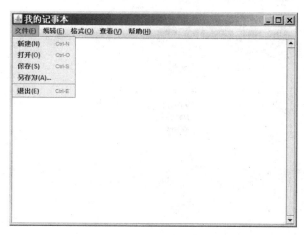

图 12-29 Java 版记事本程序中的菜单部分

2. 弹出式菜单(JPopupMenu)

在 Swing 中也可以创建出弹出式菜单，具体使用如下示例代码所示：

```java
//创建主内容面板
private void createMainPanel() {
    content = new JTextArea(); //主内容区域
    JScrollPane scrollPane = new JScrollPane(content,
            JScrollPane.VERTICAL_SCROLLBAR_ALWAYS,
            JScrollPane.HORIZONTAL_SCROLLBAR_AS_NEEDED);
    this.add(scrollPane);
    //给它添加右键弹出式菜单
    final JPopupMenu popup = new JPopupMenu();
    popup.add(new JMenuItem("剪切(X)"));
    popup.add(new JMenuItem("复制(C)"));
    popup.add(new JMenuItem("粘贴(P)"));
    content.add(popup);
    //添加事件监听器
    content.addMouseListener(new MouseAdapter() {
        @Override
        public void mouseReleased(MouseEvent event) {
            //点击的是鼠标右键
            if (event.getButton() == MouseEvent.BUTTON3) {
                popup.show(content, event.getX(), event.getY());
            }
        }
    });
}
```

这里，使用到了后面将要介绍的事件处理的知识，读者可以先不用过多理解，先明白这个弹出式菜单的实现原理即可。最终的效果如图 12-30 所示。

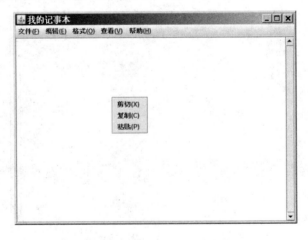

图 12-30　弹出式菜单的效果

12.4.6 其他组件

1. 组合框(JComboBox)

组合框是一个将按钮或可编辑字段与下拉列表组合的组件。用户可以从下拉列表中选择一个值。

组合框具有两种形式：可编辑和不可编辑。默认的形式为不可编辑，它会显示一个按钮和值的下拉列表；而可编辑的形式则会显示一个带有选择按钮的文本编辑字段。可以在文本字段内键入数值，或使用按钮来显示可选项的下拉列表。

具体使用示例如下：

```java
import javax.swing.*;
/** JComboBox 使用示例 */
public class JComboBoxTest {
    public static void main(String[] args) {
        JFrame frame = new JFrame("JComboBox 使用示例");
        frame.setBounds(200, 200, 300, 230);
        frame.setLayout(null);
        String[] pets = { "Bird", "Cat", "Dog", "Rabbit", "Pig" };
        //根据指定数组中的元素创建一个组合框
        JComboBox comboBox  = new JComboBox(pets);
        comboBox.setBounds(10, 10, 100, 26);
        comboBox.setEditable(true);   //设置为可编辑
        frame.add(comboBox);
        frame.setDefaultCloseOperation(JFrame.EXIT_ON_CLOSE);
        frame.setVisible(true);
    }
}
```

运行该程序后，会显示如图 12-31 所示的窗口。

图 12-31　JComboBox 效果

组合框可以通过 getSelectedIndex 或 getSelectedItem 方法来获取当前选中的选项索引或选项对象。

2. 列表(JList)

若组合框的选项数量过多而在指定的屏幕区域内容无法全部显示时，可以使用列表

JList，它可以使用滚动条功能。使用示例如下：

```java
import javax.swing.*;
/** JList 使用示例 */
public class JListTest {
    public static void main(String[] args) {
        JFrame frame = new JFrame("JList 使用示例");
        frame.setBounds(200, 200, 300, 230);
        frame.setLayout(null);
        String[] pets = { "Bird", "Cat", "Dog", "Rabbit", "Pig" };
        //根据指定数组中的元素创建一个列表框
        JList list = new JList(pets);
        //把列表框添加到滚动面板中
        JScrollPane panel = new JScrollPane(list,
          JScrollPane.VERTICAL_SCROLLBAR_ALWAYS,
          JScrollPane.HORIZONTAL_SCROLLBAR_AS_NEEDED);
        panel.setBounds(10, 10, 100, 100);
        frame.add(panel);
        frame.setDefaultCloseOperation(JFrame.EXIT_ON_CLOSE);
        frame.setVisible(true);
    }
}
```

运行该程序后，会显示如图 12-32 所示的窗口。

图 12-32　使用 JList

列表框在默认模式下，是可以对选项进行多选的。通过 getSelectedIndices 或 getSelectedValues 方法可以获取当前选中的所有选项的索引数组或选项对象数组。另外，它也可以根据自己的需要创建 ListModel，从而实现更多为灵活的数据模型显示。

由于篇幅关系，Swing 组件就介绍这些，其他组件的使用可以查询 Java SE API 文档。

12.5　布局管理器

布局管理器就是通过布局管理类来摆放其他组件。组件摆放得合理与否将直接影响到界面的美观性，为了使生成的图形用户界面具有良好的平台无关性，Java 语言中提供了布局管理器这个工具来管理组件在容器中的布局,而不需要直接设置组件的位置和大小。每个容器都有一个布局管理器,当容器需要对某个组件进行定位或判断其大小尺寸时,就会调用其对应的布局管理器。

相对于使用布局管理器,另一种做法是按照像素坐标进行绝对定位,通过将窗口的布局属性设置为 null,就可实现绝对定位。但绝对定位不能跨平台移植。而布局管理机制能妥善处理以下情况:

- 用户更改 GUI 的大小。
- 不同操作系统或用户自定义的不同字体或字号。
- 不同国家的文件布局需求。

在 Java GUI 中为容器组件提供了如下 7 种常用布局管理器类:

- FlowLayout
- BorderLayout
- GridLayout
- CardLayout
- GridBagLayout
- BoxLayout
- GroupLayout

如果未对容器组件指明布局对象,则会使用默认布局管理器,默认布局管理器的层次关系如图 12-33 所示。

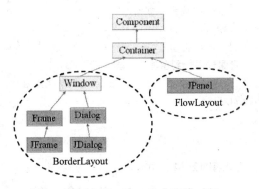

图 12-33　容器组件的默认布局管理器

下面分别介绍各种布局管理器。

12.5.1　FlowLayout

面板 JPanel 类的默认布局管理器是 FlowLayout。FlawLayout 布局默认对齐方式为居中对齐。也可以在构造对象的时候指定对齐方式。FlowLayout 布局对组件逐行定位,就像写字那样一行行地写,排列顺序从左到右,当一行排列排满后换行。行高由组件大小限定,还可以通过构造方法设置不同的组件间距、行距。

获取 FlowLayout 对象的方法如表 12-8 所示。

表 12-8 FlowLayout 的常用构造器

构 造 器	说 明
FlowLayout(int align, int hgap, int vgap)	右对齐，组件之间水平间距 20 个像素，竖直间距 40 个像素
FlowLayout(FlowLayout.LEFT)	左对齐，水平和竖直间距为默认值(5 个像素)
FlowLayout()	使用默认的居中对齐方式，水平和竖直间距为默认值(5 个像素)

下面通过示例 FlowLayoutTest.java 来演示 FlowLayout 类的相关用法：

```java
import javax.swing.*;
import java.awt.*;
/** FlowLayout 布局管理器 */
public class FlowLayoutTest {
    public static void main(String[] args) {
        JFrame f = new JFrame("FlowLayout 布局管理器使用示例");
        f.setBounds(300, 300, 400, 300);
        JPanel p = new JPanel(); //Panel 类
        p.setBackground(Color.ORANGE); //Panel 为橘黄色
        p.setLayout(new FlowLayout());
        p.add(new JButton("按钮 1")); //在面板上加入 5 个按钮
        p.add(new JButton("按钮 2"));
        p.add(new JButton("按钮 3"));
        p.add(new JButton("按钮 4"));
        p.add(new JButton("按钮 5"));
        f.add(p); //将面板添加到窗体上
        f.setDefaultCloseOperation(JFrame.EXIT_ON_CLOSE);
        f.setVisible(true); //显示窗体
    }
}
```

运行此程序，显示效果如图 12-34 所示。

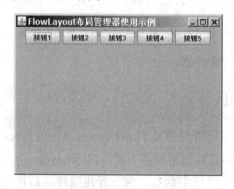

图 12-34 使用 FlowLayout 布局管理器

当调整这个窗口的大小时，5 个按钮的排放会根据宽度的调整发生一些变化。

12.5.2 BorderLayout

JFrame、JDialog 和 JWindow 类的默认布局管理器是 BorderLayout。BorderLayout 把容器内的空间简单地划分为东(EAST)、西(WEST)、南(SOUTH)、北(NORTH)、中(CENTER) 五个区域，每加入一个组件都应该指明把这个组件加在哪个区域中。如果用户没有指定组件的加入部位，则默认加入到 CENTER 区域；每个区域只能加入一个组件，如加入多个，则后面加入的组件会覆盖先前加入的组件。另外用户要注意此布局容器尺寸缩放的原则：

- 北、南两个区域只能在水平方向缩放。
- 东、西两个区域只能在垂直方向缩放。
- 中部可在两个方向上缩放。

下面通过示例 BorderLayoutTest.java 来演示 BorderLayout 类的相关用法：

```java
import javax.swing.*;
import java.awt.*;
/** BorderLayout 的示例 */
public class BorderLayoutTest {
    public static void main(String[] args) {
        //创建一个顶层容器窗口
        JFrame frame = new JFrame();
        frame.setBounds(200, 130, 300, 300);
        frame.setTitle("BorderLayout 的示例");
        //设置为边框布局管理器(JFrame 默认就是边框布局管理)
        BorderLayout borderLayout = new BorderLayout(10, 10);
        frame.setLayout(borderLayout);
        //Panel 默认的布局管理器是流式布局管理器
        JPanel cPanel = new JPanel();
        cPanel.setBackground(Color.RED);
        cPanel.add(new JButton("中间"));
        cPanel.add(new JButton("中间 2"));
        cPanel.add(new JButton("中间 3"));
        frame.add(cPanel, BorderLayout.CENTER);
        frame.add(new JButton("北"), BorderLayout.NORTH);
        frame.add(new JButton("南"), BorderLayout.SOUTH);
        frame.add(new JButton("东"), BorderLayout.EAST);
        frame.add(new JButton("西"), BorderLayout.WEST);
        frame.setDefaultCloseOperation(JFrame.EXIT_ON_CLOSE);
        frame.setVisible(true);
    }
}
```

运行此程序，输出效果如图 12-35 所示。

图 12-35　BorderLayout 布局效果

12.5.3　GridLayout

GridLayout 以矩形网格形式对容器的组件进行布置。它把组件按网格型排列，分成规则的矩形网格，每个组件尽可能地占据网格的空间，每个网格也同样尽可能地占据空间，每个单元格区域大小相等。如果改变窗口的大小，GridLayout 将相应地改变每个网格的大小。在 GridLayout 构造方法中可以指定分割的行数和列数。获取 GridLayout 对象的方法如表 12-9 所示。

表 12-9　GridLayout 中的常用构造方法

构造方法	说　　明
GridLayout()	创建具有默认值的网格布局，即每个组件占据一行一列
GridLayout(int rows, int cols)	创建具有指定行数和列数的网格布局
GridLayout(int rows, int cols, int hgap, int vgap)	创建具有指定行数和列数的网格布局。水平和垂直间距设置为指定值

下面通过示例 GridLayoutTest.java 来演示 GridLayout 类的相关用法：

```java
import javax.swing.*;
import java.awt.*;
/** GridLayout 的示例 */
public class GridLayoutTest {
    public static void main(String[] args) {
        JFrame frame = new JFrame("GridLayout 的示例");
        frame.setBounds(100, 30, 400, 300);
        //设置网格布局
        frame.setLayout(new GridLayout(3, 3, 10, 20));
        for (int i=0; i<9; i++) {   //添加 9 个按钮
            frame.add(new JButton("按钮" + i));
        }
        frame.setDefaultCloseOperation(JFrame.EXIT_ON_CLOSE);
        frame.setVisible(true);
```

        }
    }

运行此程序，输出效果如图 12-36 所示。

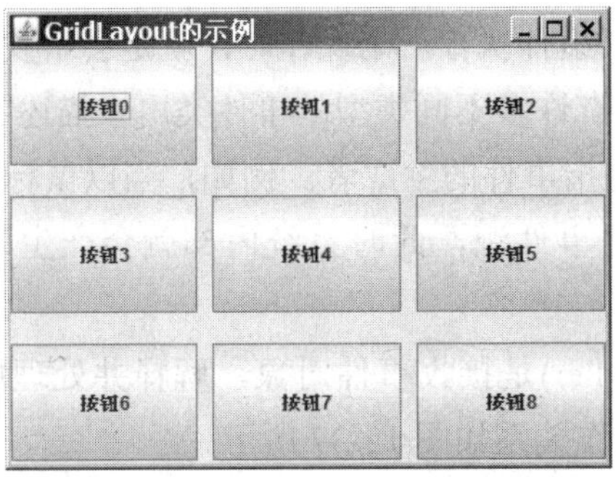

图 12-36　GridLayout 布局效果

> **注意**：容器中的布局管理器负责各个组件的大小和位置，因此用户无法在这种情况下设置组件的这些属性。如果试图使用 Java 语言提供的 setLocation()、setSize()、setBounds() 等方法，则都会被布局管理器覆盖。如果用户确实需要亲自设置组件大小或位置，则应取消该容器的布局管理器，添加 setLayout(null)。

关于布局管理器的内容，就介绍这么多。其他几个布局管理器相对比较复杂，应用也较少一些，有兴趣的读者可以详细阅读 Java SE API 帮助文档中相应的介绍或阅读 Sun 公司的"The Java Tutorial"。

最后说明一点，在使用 Java SE 提供的 Swing 来构建 GUI 时，可以使用两种方式。

(1) 编程构建

即直接手工编写程序代码创建 GUI，这对学习和了解 GUI 的内部机制很有帮助。但代码量大，比较费时费力。

(2) 使用 GUI 生成器工具构建

在实际生产环境，一般都会选择使用 GUI 生成器工具来创建 GUI。GUI 开发者通过可视化的方法，将容器与组件拖放至工作区。此工具允许使用定位设备来改变容器和组件的位置和大小。在每一在操作步骤中，工具都会自动生成制作 GUI 所必需的 Java 代码。Sun 公司免费提供的 NetBeans IDE 就带有这样一个优秀的 GUI 生成器，而 Eclipse 默认没有提供这样的生成器，不过也可以下载第三方组织提供的 GUI 生成器插件，如 Visual Swing for Eclipse 插件就是其中的一个佼佼者。

12.6　处理 GUI 事件

单纯的 GUI 设计是没有什么实际应用价值的，用户之所以对图形用户界面感兴趣，主要是因为那些图形界面所提供的与用户交互的强大功能。在 Java 中要实现这样的功能，就需要了解事件处理模型。

12.6.1　Java SE 事件模型

当用户在 GUI 上对某个组件执行一个操作时，就是会引发事件。事件(Event)是描述已经发生了什么事情的对象。有许多不同类型的事件类用来描述不同种类的用户操作。

事件源(Event Source)是指事件的生成者。例如，当以鼠标点击按钮组件时，就会产生一个事件，其中的按钮就是事件源，此时系统内部就会产生以该按钮为来源的事件对象(XxxEvent)。

事件处理器(Event Handler)是接收事件对象，解释并处理用户交互的方法。事件源、事件、事件处理器之间的工作关系如图 12-37 所示。

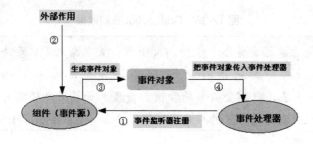

图 12-37　事件源、事件、事件处理器之间的工作关系

Java 中的事件模型采用的是委派模型，这种模型下，事件被发送到产生事件的组件上，但由各组件决定事件传递给一个或多个称为监听器的已注册类。监听器内含事件处理器以接收和处理事件。依此方式，事件处理器可以存在于跟组件分离的对象中。监听器是实现 EventListener 接口的类。

一般情况下，事件源可以产生多种不同类型的事件，因而可以注册(触发)多种不同类型的监听器。当某个事件源上发生了某种事件后，关联的事件监听器对象中的有关代码才会被执行。这个过程称为向事件源注册事件监听器。向组件(事件源)注册事件监听器后，事件监听器就与组件建立关联，当组件接受外部作用(事件)时，组件会产生一个相应的事件对象，并把这个对象传给与之关联的事件监听器，事件监听器就会被启动并执行相关的代码来处理该事件。

事件处理机制是初学过程比较难理解的概念，下面通过一个生活案例来阐述。

假设一个朋友要开一家私人银行，为了保证银行的安全，他在银行的玻璃上安装报警器，并且将报警器向警局注册。当劫匪打碎玻璃时就会引发报警器报警。对这个过程进行分析，整个过程如下。

(1) 在银行的大厅玻璃上安装警报器 → 连接到警署 → 备案注册监听。

(2) 事件源(玻璃) → 产生事件。例如，将玻璃打破事件。

(3) 监听器(报警器)监听到事件后通知 → 警局进行抓捕歹徒的处理。

把这个过程用事件处理机制来描述如下。
- 事件源：类似于玻璃。
- 监视器：报警器——通过添加事件报警器联系起来。
- 事件触发：当敲破玻璃时触发事件报警器，将监听到的事件传给相应的事件处理方法(如警局如何逮捕歹徒)来处理。

接下来看一个带有单个 JButton 的事件处理程序：

```java
import java.awt.event.ActionEvent;
import java.awt.event.ActionListener;
import java.util.Date;
import javax.swing.*;
/** 事件处理示例 */
public class EventHandlerTest {
    public static void main(String[] args) {
        JButton btn = new JButton("Test");
        btn.setBounds(100, 50, 80, 26);
        //给按钮注册一个动作事件监听器
        btn.addActionListener(new ButtonHandler());
        JFrame frame = new JFrame("事件处理示例");
        frame.setLayout(null);
        frame.setBounds(10, 10, 300, 200);
        frame.add(btn);
        frame.setDefaultCloseOperation(JFrame.EXIT_ON_CLOSE);
        frame.setVisible(true);
    }
}
```

在这个程序中，通过 addActionListenre 方法给 JButton 注册了一个动作事件监听器 ButtonHandler，代码如下所示：

```java
class ButtonHandler implements ActionListener {
    public void actionPerformed(ActionEvent e) {
        JButton btn = (JButton)e.getSource();   //事件源
        System.out.println("事件发生在: \"" + btn.getText() + "\"按钮上");
        Date date = new Date(e.getWhen());
        System.out.println("事件发生时间: " + date);
    }
}
```

这个动作事件监听器类中有一个回调方法 actionPerformed，用来接收和处理事件。

运行这个程序后，单击面板上的 Test 按钮时，就会产生一个 ActionEvent，并发送给 ButtonHandler 的 actionPerformed 方法，然后执行这个方法中的事件处理代码，就会在命令提示行中输出类似如下的信息：

```
事件发生在:"Test"按钮上
```

事件发生时间：Sat Aug 22 23:47:51 CST 2009

这个程序中的事件处理模型可以用图 12-38 来表示。

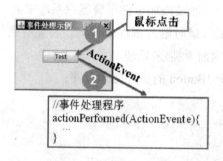

图 12-38　事件处理模型

另外，更为常见的做法是使用匿名内部类来进行事件的处理。即把事件监听器类定义成匿名内部类，并同时创建它的实例，把上一示例的代码修改为如下形式：

```java
import java.awt.event.ActionEvent;
import java.awt.event.ActionListener;
import java.util.Date;
import javax.swing.*;
/** 使用匿名内部类的事件处理示例 */
public class EventHandlerTest2 {
    public static void main(String[] args) {
        JButton btn = new JButton("Test");
        btn.setBounds(60, 40, 80, 26);
        //使用匿名内部类给按钮注册一个动作事件监听器
        btn.addActionListener(new ActionListener() {
            public void actionPerformed(ActionEvent e) {
                JButton btn = (JButton) e.getSource();  //事件源
                System.out.println("事件发生在：\""+btn.getText()+"\"按钮上");
                Date date = new Date(e.getWhen());
                System.out.println("事件发生时间：" + date);
            }
        });
        JFrame frame = new JFrame("事件处理示例");
        frame.setLayout(null);
        frame.setBounds(10, 10, 220, 150);
        frame.add(btn);
        frame.setDefaultCloseOperation(JFrame.EXIT_ON_CLOSE);
        frame.setVisible(true);
    }
}
```

这个程序的功能跟上一个示例是一模一样的，但代码看上去整洁多了。所以，建议尽量使用匿名内部类来编写类似的事件处理代码。

12.6.2 GUI 事件分类

GUI 中，Java SE API 定义好了各种各样的事件类，都存放在 java.awt.event 包中。针对每一种类型的事件，又定义了对应的事件监听器接口，在事件监听器接口中申明了特定事件的回调方法。表 12-10 列举了这些事件的分类和对应的监听器接口及方法。

表 12-10　GUI 中常用的事件监听器

事件类型及对应类	相应监听器接口	监听器接口中的方法
动作(Action) ActionEvent	ActionListener	actionPerformed(ActionEvent)
项目(Item) ItemEvent	ItemListener	itemStateChanged(ItemEvent)
鼠标(Mouse) MouseEvent	MouseListener	mousePressed(MouseEvent) mouseReleased(MouseEvent) mouseEntered(MouseEvent) mouseExited(MouseEvent) mouseClicked(MouseEvent)
鼠标动作(MouseMotion) MouseEvent	MouseMotionListener	mouseDragged(MouseEvent) mouseMoved(MouseEvent)
键盘(Key) KeyEvent	KeyListener	keyPressed(KeyEvent) keyReleased(KeyEvent) keyTyped(KeyEvent)
焦点(Focus) FocusEvent	FocusListener	focusGained(FocusEvent) focusLost(FocusEvent)
调整(Adjustment) AdjustmentEvent	AdjustmentListener	adjustmentValueChanged(AdjustmentEvent)
组件(Component) ComponentEvent	ComponentListener	componentMoved(ComponentEvent) componentHidden(ComponentEvent) componentResized(ComponentEvent) componentShown(ComponentEvent)
窗口(Window) WindowEvent	WindowListener	windowClosing(WindowEvent) windowOpened(WindowEvent) windowIconified(WindowEvent) windowDeiconified(WindowEvent) windowClosed(WindowEvent) windowActivated(WindowEvent) windowDeactivated(WindowEvent)

续表

事件类型及对应类	相应监听器接口	监听器接口中的方法
容器(Container) ContainerEvent	ContainerListener	componentAdded(ContainerEvent) componentRemoved(ContainerEvent)
文本(Text) TextEvent	TextListener	textValueChanged(TextEvent)
窗口状态(WindowState) WindowEvent	WindowStateListener	windowStateChanged(WindowEvent)
窗口焦点(WindowFocus) WindowFocus	WindowFocusListener	windowGainerFocus(WindowEvent) windowLostFocus(WindowEvent)
鼠标滚轮(MouseWheel) MouseWheelEvent	MouseWheelListener	mouseWheelMoved(MouseWheelEvent)
输入方法(InputMethods) InputMethodEvent	InputMethodListener	caretPositionChanged(InputMethodEvent) inputMethodTextChanged(InputMethodEvent)
层次结构(Hierarchy) HierarchyEvent	HierarchyListener	hierarchyChanged(HierarchyEvent)
层次边界(HierarchyBounds) HierarchyEvent	HierarchyBoundsListener	ancestorMoved(HierarchyEvent) ancestorResized(HierarchyEvent)
AWT AwtEvent	AWTEventListener	eventDispatched(AWTEvent)

其中，最为常用的事件类型有：动作事件、鼠标事件和键盘事件。通过对这些事件的处理来完成用户常见的操作任务。因此，读者应该重点理解这三种类型事件的监听器及对应特定事件的回调方法。

12.6.3 事件适配器

适配器类主要是为了适应监听器接口所规定的方法，因为接口中所有的方法都是抽象方法，所以接口的实现类必须实现接口中的所有方法，但有时只会用到其中一个或两个的特定事件回调方法，而其他的方法也必须提供空的覆盖，给编程带来了麻烦，并且代码的可读性也差。要解决这个问题，就需要用到适配器类。

适配器类也是一个接口的实现类，贴切地说，是一个接口与普通类的中间类，事件适配器类对事件监听器接口中的方法都做了一个空实现。具体的事件适配器类只需要继承适配器类然后重写特定事件的回调方法就可以了，不必重写接口中所有的方法了。GUI 中的事件监听器对应的常用适配器类如下。

- ComponentAdapter：组件适配器。
- ContainerAdapter：容器适配器。
- FocusAdapter：焦点适配器。

- KeyAdapter：键盘适配器。
- MouseAdapter：鼠标适配器。
- MouseMotionAdapter：鼠标运动适配器。
- WindowAdapter：窗口适配器。

我们来看一个键盘事件适配器类的使用示例：

```java
import java.awt.*;
import java.awt.event.*;
import java.net.URL;
import javax.imageio.ImageIO;
import javax.swing.*;
import java.io.*;
/** 事件适配器类的使用示例 */
public class EventAdapterTest {
    public static void main(String[] args) {
        new MyFrame();
    }
}
class MyFrame extends JFrame {
    private static Image image;
    private int heroX = 5; //人物的X坐标
    private int heroY = 3; //人物的Y坐标
    static { //加载要绘制的图片
        URL url = Thread.currentThread()
          .getContextClassLoader().getResource("hero_down.gif");
        try {
            image = ImageIO.read(url);
        } catch (IOException e) { e.printStackTrace(); }
    }
    public MyFrame() {
        this.setTitle("事件适配器类的使用示例");
        this.addPanel();
        this.setBounds(10, 10, 400, 300);
        this.setDefaultCloseOperation(JFrame.EXIT_ON_CLOSE);
        this.setVisible(true);
    }
    public void addPanel() {
        this.add(new MyPanel());
        this.addKeyListener(new KeyAdapter() {
            @Override  //只重写"键按下"事件处理方法
            public void keyPressed(KeyEvent e) {
                int keyCode = e.getKeyCode();
                if (keyCode == KeyEvent.VK_UP) { //如果是向上键
                    heroY--;
```

```
            } else if (keyCode == KeyEvent.VK_DOWN) {
                heroY++;
            } else if (keyCode == KeyEvent.VK_LEFT) {
                heroX--;
            } else if (keyCode == KeyEvent.VK_RIGHT) {
                heroX++;
            }
            MyFrame.this.repaint();  //重绘
        }
    });
}
class MyPanel extends JPanel {   //成员内部类
    public MyPanel() { this.setLayout(null); }
    @Override   //重写回调方法
    public void paintComponent(Graphics g) {
        g.drawImage(image, heroX*32, heroY*32, this);  //画人物
    }
}
```

运行这个程序时，会显示如图 12-39 所示的窗口。

图 12-39 键盘事件适配器使用的演示窗口

当按动键盘上的"↑"、"↓"、"←"和"→"键时，窗口中的小人会跟随着移动。这里使用到的是键盘事件适配器类，只重写了它的 keyPressed 方法，用来处理键盘上的某个键按下时的事件。

12.7 切换 Swing 观感

前面介绍过，Swing 程序使用了可插接式观感结构，主要是通过 javax.swing.UIManager 类来管理的。

首先，可以通过 UIManger 类提供的静态方法 getInstalledLookAndFeels()获取当前 JDK 安装的所有观感，然后从中选择一个观感，调用 UIManager 类提供的静态方法

setLookAndFeel(String lookAndFeelName)来设置当前 GUI 界面的观感，最后，通过 SwingUtilities 类的静态方法 updateComponentTreeUI 来执行切换。代码如下所示：

```java
import java.awt.event.ActionEvent;
import java.awt.event.ActionListener;
import javax.swing.*;
/** 动态切换观感的示例 */
public class UIManagerTest {
    public static void main(String[] args) {
        new LookAndFeelFrame();
    }
}
class LookAndFeelFrame extends JFrame {
    //当前安装的所有观感数组
    private UIManager.LookAndFeelInfo[] infos;
    public LookAndFeelFrame() {
        this.initMenu();
        this.init();
    }
    public void init() {
        this.setTitle("动态切换观感的示例");
        this.setBounds(10, 10, 400, 300);
        this.setDefaultCloseOperation(JFrame.EXIT_ON_CLOSE);
        this.setVisible(true);
    }
    public void initMenu() {
        JMenuBar bar = new JMenuBar();
        this.setJMenuBar(bar);
        JMenu menu = new JMenu("更改观感");
        bar.add(menu);
        infos = UIManager.getInstalledLookAndFeels();
        //获取当前安装的所有观感并用名作为选项添加到菜单中
        for (UIManager.LookAndFeelInfo info : infos) {
            JMenuItem item = new JMenuItem(info.getName());
            menu.add(item);
            //注册事件监听器
            item.addActionListener(new ActionListener() {
                public void actionPerformed(ActionEvent e) {
                    String cmd = e.getActionCommand();
                    for (UIManager.LookAndFeelInfo info : infos) {
                        if (info.getName().equals(cmd)) {
                            try {
                                //把指定的观感设置为当前的观感
                                UIManager.setLookAndFeel(info.getClassName());
                            } catch (Exception ex) {
```

```
                    ex.printStackTrace();
                }
                //更新所有组件的观感
                SwingUtilities.updateComponentTreeUI(
                    LookAndFeelFrame.this);
            }
        }
    });
    }
}
```

运行这个程序后，会显示如图 12-40 所示的窗口。

选择菜单中的某一个选项，就可以切换成对应的观感。如，选择"Windows Classic"就可以切换成如图 12-41 所示的窗口。

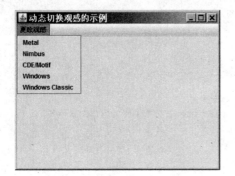
图 12-40　可动态切换观感的窗口

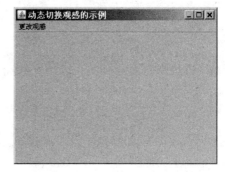
图 12-41　切换观感后的窗口

当然，我们也可以选择使用第三方的 Swing 观感包，这样就可以得到更为绚丽的界面外观。其中 substance 就是一套比较出众的免费开源 Swing 观感包。

使用第三方观感包时，需要先添加它们提供的 JAR 包到类路径(CLASSPATH)中，然后用 UIManager 类的 setLookAndFeel 方法进行切换，最后调用 SwingUtilities 类的 updateComponentTreeUI 方法进行切换即可。

12.8　上机实训

1. 实训目的

(1)　使用 GUI 常用组件编写界面。

(2)　理解常用布局管理器的特点。

(3)　掌握 GUI 事件处理机制。

2. 实训内容

(1) 完成一个计算器的界面，如图 12.42 所示。并实现它的加减乘除功能。

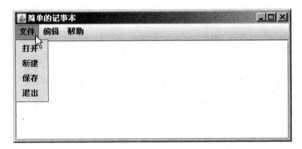

图 12.42　简易计算器效果

(2) 用 Swing 实现如图 12.43 所示的记事本效果，并实现"打开"、"保存"文件的功能。

图 12.43　简易记事本效果

本 章 习 题

一、选择题

(1) 下列哪一个是顶级程序容器？(多选)

　　A. JPanel　　　　　　B. JWindow　　　　　C. JFrame

　　D. JInternalFrame　　E. JApplet

(2) 下列哪些是 Swing 的文字组件？(多选)

　　A. JEditorPane　　　B. JLabel　　　　　　C. JTextField

　　D. JTextArea　　　　E. JPasswordField

(3) JFrame 默认的布局管理器为下列哪一个？

　　A. BorderLayout　　　　　　　B. FlowLayout

　　C. GridLayout　　　　　　　　D. GridbagLayout

(4) Java 事件机制包含了哪三个要素？(多选)

　　A. 事件源　　　　　　　　　　B. 事件容器

C. 事件对象 　　　　　　　　D. 事件处理器
E. 事件产生器

(5) 下列哪一个对 Java 事件模型的叙述为真？(多选)
A. 事件源可以注册或删除事件监听器
B. 事件监听器必须事先在事件源注册，才能获取指定事件的处理通知
C. 一个事件源只能拥有一个事件监听器
D. 事件监听器必须实现指定的接口才能注册在事件源对象上

第 13 章
标注和反射

学习目的与要求：

Java SE 5.0 以上版本中新增的标注，在 Java 代码中起到说明、配置的功能。Java 标注已经在很多框架中得到了广泛的使用，用来简化程序中的配置。

而反射主要用于程序在运行期间动态获取指定类的内部信息，也可以通过反射来创建类的对象、操作属性、调用方法等。本章着重讲解标注的使用语法、自定义方式，反射相关类的使用。

通过本章的学习，读者应该掌握标注的基本使用方法及反射的基本操作。

13.1 标 注

13.1.1 标注概述

标注(Annotation)是 Java SE 5.0 以上版本新增加的特征。它可以添加到程序代码的任何元素上(包声明、类型声明、构造方法、方法、成员变量、参数)，用来设置一些说明和解释。Java 开发和部署工具可以在程序代码编译或运行时读取和解析这些标注，并以某种形式处理这些标注，如生成程序的配置信息等。标注不会也不能影响代码的实际逻辑，仅仅起到辅助性的作用，也是实现程序功能的重要组成部分。

在理解标注前，得先提一提什么是元数据(Metadata)。元数据是用来描述数据的一种数据。从 Java SE 5.0 开始，增加了元数据对 Java 源代码的描述，也就是标注。标注是代码里做的特殊标记，这些标记可以在编译、类加载、运行时被读取，并执行相应的处理，通过使用标注，程序员可以在不改变原有逻辑的情况下，在源文件中嵌入一些补充的描述源代码的信息(这些信息存储在标注的"name=value"键值对中)。代码分析工具、开发工具和部署工具可以通过这些补充的描述源代码信息进行验证或者部署。

标注类似于修饰符一样被使用，可以用于包、类、构造方法、方法、成员变量、参数、局部变量的声明。

需要注意的是，标注被用来为程序元素(类、方法、成员变量等)设置元数据，它不会影响程序代码的执行，无论增加、删除标注，程序的执行不受任何影响。如果希望程序中的标注起一定作用，只有通过配套的工具对标注中的元数据信息进行提取和访问，根据这些元数据才能增加额外功能和处理等。访问和处理标注的工具统称 APT(Annotation Processing Tool)。

13.1.2 使用 JDK 内置的标注

Java 的标注采用"@"标记形式，后面跟上标注类型名称。如果标注中需要提供一些信息数据，可通过"name=value"的来提供。

例如，@SuppressWarnings(value={"unchecked"})就是 SuppressWarnings 标注类型使用的一个示例。

> **注意**：标注类型和标注的区别。
> - 标注类型：是某一类型标注的定义，类似于类。
> - 标注：是某一标注类型的一个具体实例，类似于该类的实例。

在 Java SE 5.0 的 java.lang 包中预定义了 3 个标注，分别是 Override、Deprecated 和 SuppressWarnings。下面分别解解它们的含义。

1. @Override

这是一个限定重写方法的标注类型,用来指明被标注的方法必须是覆盖父类中的方法。并且这个标注只能用于方法上。编译器在编译源代码时会检查用@Override 标注的方法是否有覆盖父类的方法。

先来看看不用 Override 标识会发生一些什么潜在问题。假设有两个类 Parent 和 Sub,在子类 Sub 中想重写父类 Perent 中的 myMethod()方法,但不小心把 Sub 类中的 myMethod()方法名写成了 mymethod:

```java
class Parent {    //父类
    public void myMethod() {
        System.out.println("Parent.myMethod()");
    }
}
class Sub extends Parent {    //子类继承父类
    public void mymethod() {
        System.out.println("Sub.myMethod()");
    }
}
```

如下代码中,先创建了 Sub 的实例,然后调用 myMethod()方法:

```java
/** Java SE 5.0 内置标注类型:Override 的使用测试 */
public class OverrideTest {
    public static void main(String[] args) {
        Parent clazz = new Sub();
        clazz.myMethod();
    }
}
```

以上代码可以正常编译通过和运行。但是输出的结果却不是我们想要的。因为在多态调用时,myMethod()方法并未被覆盖。当使用子类实例调用 myMethod()方法时,实际调用到的还是父类 Perent 中的 myMethod()方法。更遗憾的是,程序员并未意识到这一点。这就产生了 bug。

如果使用 Override 来修饰子类 Sub 中的 mymethod()方法,就表示此方法必须是覆盖父类中的同名方法。由于在父类中找不到同名方法,此时编译器就会报错,从而避免了类似 bug 的出现。代码如下:

```java
class Sub extends Parent {    //子类继承父类
    @Override
    public void mymethod() {
        System.out.println("Sub.myMethod()");
    }
}
```

以上代码编译不能通过。被 Override 标注的方法必须在父类中存在同样的方法，程序才能编译通过。也就是说，只有下面的代码才能正确编译：

```
class Sub extends Parent {     //子类继承父类
    @Override
    public void myMethod() {
        System.out.println("Sub.myMethod()");
    }
}
```

2. @Deprecated

这是用来标记已过时的成员的标注类型。它指明被标注的方法是一个过时的方法，不建议使用了。当编译到被标注为 Deprecated 的方法的类时，编译器就会产生警告。

使用 Eclipse 等 IDE 编写 Java 程序时，可能会经常在属性或方法的提示中看到这个词。如果某个类成员的提示中出现了 Deprecated 这个词，就表示不建议使用这个类成员。因为这个类成员在未来的 JDK 版本中可能被删除。之所以现在还保留，是为了给那些已经使用了这些类成员的程序一个过渡期。如果现在就删除了，这些老程序就无法在新的编译器中编译了。

说到这里，读者可能已经猜出来了。Deprecated 标注一定与这些类成员有关。说得对。使用 Deprecated 标注一个类成员后，这个类成员在显示上就会有一些变化。在 Eclipse 工具中就可以明显看出这个变化，如图 13-1 所示。

```
 1  package com.qiujy.corejava.ch13.anno;
 2
 3  /** JavaSE5.0内置注解类型, Deprecated的使用 */
 4  public class DeprecatedTest {
 5      @Deprecated
 6      public void myMethod() {
 7          System.out.println("Deprecated注解类型用来标识一个成员已经过时");
 8      }
 9      public static void main(String[] args) {
10          DeprecatedTest dt = new DeprecatedTest();
11          dt.myMethod();
12      }
13  }
```

图 13-1　加上@Deprecated 后的类成员在 Eclipse 工具中的变化

从图 13-1 中可以看出，添加了@Deprecated 的 myMethod()方法已经被添加上了一条删除线。发生的这些变化并不会影响编译，只是提醒一下程序员，这个方法以后是要被删除的，最好别用。

Deprecated 标注还有一个作用：如果一个类从另外一个类继承，并且在子类中覆盖重写了父类中的 Deprecated 方法，那么在编译时也将会出现一个警告。如 Class2.java 的内容如下：

```
class Class1 {
    @Deprecated
    public void myMethod() { }
```

```
}
public class Class2 extends Class1 {
    public void myMethod() { }
}
```

在命令行运行"javac Test.java"命令时，会出现如下警告：

```
注意：Class2.java 使用或覆盖了已过时的 API。
注意：要了解详细信息，请使用 -Xlint:deprecation 重新编译
```

使用-Xlint:deprecation 显示更详细的警告信息：

```
test.java:4: 警告：[deprecation] Class1 中的 myMethod() 已过时
        public void myMethod()
                    ^
1 警告
```

这些警告并不会影响编译，只是提醒一下尽量不要用 myMethod()方法。

3. @SuppressWarnings

这是抑制编译器警告的标注类型。用来指明被标注的方法、变量或类在编译时如果有警告信息，就阻止警告。先看一看如下的代码片段：

```
public class SuppressWarningsTest {
    public static void main(String[] args) {
        List list = new ArrayList();
        list.add("xxx");
    }
}
```

这是一个类中的方法。编译它，将会得到如下的警告：

```
注意：SuppressWarningsTest.java 使用了未经检查或不安全的操作。
注意：要了解详细信息，请使用 -Xlint:unchecked 重新编译。
```

这两行警告信息表示 List 类必须使用泛型才是安全的，才可以进行类型检查。去掉这个警告信息的做法有两种：一是将这个方法进行如下改写：

```
public static void main(String[] args) {
    List<String> list = new ArrayList<String>(); //通过泛型定义
    list.add("xxx");
}
```

另外一种做法就是使用@SuppressWarnings 抑制警告信息：

```
/** Java SE 5.0内置标注类型：SuppressWarnings 的使用 */
public class SuppressWarningsTest {
    @SuppressWarnings("unchecked")
    public static void main(String[] args) {
```

```
            List list = new ArrayList();
            list.add("xxx");
        }
    }
```

> **注意**：SuppressWarnings 和前两个标注不一样。这个标注有一个 value 属性。可以通过这个 value 属性来指定所有要抑制的警告类型名。

如@SuppressWarnings(value={"unchecked", "deprecation"}),表示要抑制 "未检查" 警告和 "已过时" 警告。

13.1.3 自定义标注

标注的强大之处是它不仅可以使 Java 程序变成自描述的,而且允许程序员自定义标注类型。标注类型的定义与接口类型的定义差不多,只是在 interface 前面多了一个 "@",例如:

```
/** 自定义标注类型 */
public @interface MyAnnotation {}
```

上面的代码定义了一个最简单的标注类型。这个标注类型没有定义属性,也可以把它理解为一个标记标注。就像 Serializable 接口一样是一个标记接口,里面未定义任何方法。

当然,也可以定义带有属性的标注类型。定义属性不需要分别定义访问和修改的方法,而只是定义一个方法,并且以属性的名称命名它,数据类型就是该方法返回值的类型。例如:

```
public @interface MyAnnotation {
    String value();    //定义一个属性,其实只是定义了一个方法
}
```

标注类型定义好之后,就可以按如下格式来使用:

```
/** 使用自定义标注类型: MyAnnotation */
class UserMyAnnotation {
    @MyAnnotation("abc")
    public void myMethod() {
        System.out.println("使用自定义的标注");
    }
}
```

看了上面的代码,读者可能有一个疑问。怎么没有使用 value 属性,而直接就写 "abc" 这个值呢,那么 "abc" 值到底传递给谁了? 实质上这里有一个约定,如果使用标注时没有显式指定属性名却指定了属性值,而这个标注类型也定义了名为 value 的属性,那么就会将这个值赋给 value 属性;如果这个标注类型中没有定义名为 value 的属性,就会

出现编译错误。

在定义标注类型时，还可以给它的属性指定默认值，示例代码如下：

```
//定义自己的一个枚举类型
enum Status {ACTIVE, INACTIVE};
public @interface MyAnnotation {
    Status status() default Status.ACTIVE;    //给status属性指定默认值
}
```

在使用带默认值属性的标注时，如果不给 status 属性显式地指定值，它就会使用默认值。示例代码如下：

```
/** 使用自定义标注类型：MyAnnotation */
class UserMyAnnotation {
    //value属性的值为"abc"; status属性使用默认值Status.ACTIVE
    @MyAnnotation(value="abc")
    public void myMethod() {
        System.out.println("使用自定义的标注");
    }
}
```

当然，也可以给带默认值的属性显式指定值，示例代码如下：

```
class UserMyAnnotation {
    @MyAnnotation(value="xxx", status=Status.INACTIVE)
    public void myMethod2() {
        System.out.println("使用自定义的标注");
    }
}
```

另外说明一下，这里使用自定义标注类型时给它的多个属性赋了值，多个属性之间用逗号","分隔。

这一小节讨论了如何自定义标注类型。那么定义标注类型有什么用呢？有什么方式可以对标注类型的使用进行限制呢？能从程序中得到标注的信息吗？这些疑问可以从接下来的内容中找到答案。

13.1.4 标注的标注

这一小节的标题读起来有些绕口，但它所蕴含的知识却对设计更强大的 Java 程序有很大帮助。

上一小节讨论了自定义标注类型，由此可知，标注在 Java SE 5.0 中也和类、接口一样，是程序中的一个基本的组成部分。既然可以对类、接口进行标注，那么当然也可以对标注进行标注。Java SE 5.0 中提供了 4 种专门用在标注上的标注类型，分别是 Target、Retention、Documented 和 Inherited。下面就分别介绍这 4 种特殊的标注类型。

1. @Retention

既然可以自定义标注类型，当然也可以读取程序中的标注信息(如何读取标注信息将在下一节中讨论)。但是标注只有被保存在 class 文件中才可以被读出来。Java 编译器中处理类中出现的标注时，有 3 种方式：

- 编译器处理完后，不保留标注到编译后的类文件中。
- 将标注保留在编译后的类文件中，但是在运行时忽略它。
- 将标注保留在编译后的类文件中，并在第一次加载类时读取它。

这 3 种方式对应 java.lang.annotation.RetentionPolicy 枚举的 3 个值，具体描述如下：

```
package java.lang.annotation;

public enum RetentionPolicy {
    SOURCE,       //编译器处理完后，并不将它保留到编译后的类文件中
    CLASS,        //编译器将标注保留在编译后的类文件中，但是在运行时忽略它
    RUNTIME       //编译器将标注保留在编译后的类文件中，并在第一次加载类时读取它
}
```

Retention 用来设置标注是否保存在 class 文件中。下面是具体的使用示例：

```
@Retention(RetentionPolicy.SOURCE)
@interface MyAnnotation1 {}
@interface MyAnnotation2 {}
@Retention(RetentionPolicy.RUNTIME)
@interface MyAnnotation3 {}
```

其中"MyAnnotation1"被标注为不保存在 class 文件中，它就像 Java 代码中的"//"注释一样，在编译成字节码时会被过滤掉；"MyAnnotation2"没有使用 Retention，相当于使用了它的默认值"RetentionPolicy.CLASS"，表示这个标注将被保存在 class 文件中，但在运行时会被忽略(也就是说，在运行时使用反射是读取不到它的信息的)；"MyAnnotation3"被标注为需要保存在 class 文件中，而且在运行时也可以通过反射来读取它的信息。

> **注意**：Java SE 5.0 内置标注类型中的 Override、SuppressWarnings 的 RetentionPolicy 为 SOURCE，而 Deprecated 为 RUNTIME。

2. @Target

这个标注类型理解起来非常容易。target 的中文意思是"目标"，可能读者已经猜到这个标注类型与某一些目标相关。那么这些目标是指什么呢？

在了解如何使用 Target 之前，先需要认识另一个枚举 ElementType，这个枚举定义了标注类型可应用于 Java 程序的那些元素。下面是 ElementType 的源代码：

```
package java.lang.annotation;
public enum ElementType {
    TYPE,                   //适用于类、接口、枚举
    FIELD,                  //适用于成员字段
    METHOD,                 //适用于方法
    PARAMETER,              //适用于方法的参数
    CONSTRUCTOR,            //适用于构造方法
    LOCAL_VARIABLE,         //适用于局部变量
    ANNOTATION_TYPE,        //适用于标注类型
    PACKAGE                 //适用于包
}
```

使用 Target 时，至少要提供这些枚举值中的一个，以指定这个标注类型可以应用于程序的哪些元素上。示例如下：

```
import java.lang.annotation.ElementType;
import java.lang.annotation.Target;

//表示自定义的这个标注类型只能作用在构造方法和成员方法上
@Target({ElementType.CONSTRUCTOR, ElementType.METHOD})
@interface MethodAnnotation {}
/** 元标注 Target 的使用 */
@MethodAnnotation  //作用在类上 -->编译出错
public class TargetTest {
    @MethodAnnotation  //作用在方法上-->正确
    public void myMethod() {}
}
```

以上代码定义了一个标注 MyAnnotation 和一个类 TargetTest，并且使用 MyAnnotation 分别对类 Target 和方法 myMethod 进行标注。如果编译这段代码，是无法通过的。也许有些人感到惊讶，但问题就出在 Target 上，由于 Target 使用了一个枚举类型属性，它的值是 {ElementType.CONSTRUCTOR, ElementType.METHOD}，这就表明 MyAnnotation 只能为方法标注，而不能为其他的程序元素进行标注。因此，MyAnnotation 自然也不能为类 Target 进行标注了。

说到这，读者可能已经基本明白了。原来 target 所指的目标就是 Java 的程序元素，如类、接口、成员方法、构造方法等。

3. @Documented

这个标注类型和它的名字一样，是跟帮助文档相关的。默认情况下，使用 javadoc 命令来生成帮助文档时，标注将被忽略掉。如果想在帮助文档中也包含标注的相关说明信息，必须使用 Documented 定义。另外需要注意的是：定义为 Documented 的标注必须要设置 Retention 的值为 RetentionPolicy.RUNTIME。

示例如下：

```
@Documented
@Retention(RetentionPolicy.RUNTIME)
@interface DocAnnotation {}
```

4. @Inherited

继承是 Java 主要的特性之一。在类中的 protected 和 public 成员都将会被子类继承，但是父类上定义的标注会不会被子类继承呢？很遗憾，默认情况下，父类上的标注并不会被子类继承。如果要让这个标注也可以被子类继承，就必须在这个标注类型定义上添加 Inherited 标注。示例如下：

```
import java.lang.annotation.Documented;
import java.lang.annotation.Inherited;
import java.lang.annotation.Retention;
import java.lang.annotation.RetentionPolicy;

@Inherited
@Retention(RetentionPolicy.RUNTIME)
@Documented
public @interface InheritedAnnotation {
    String name();
    String value();
}
@InheritedAnnotation(name="abc", value="bcd")
class Perent {}
class SubClass extends Perent {}
```

这里定义的 InheritedAnnotation 标注类型是 Inherited 的，当把这个标注作用在 Perent 类上时，它的子类 SubClass 也就直接继承了这个标注。

13.2 反　　射

反射(Reflection)的概念是由 Smith 在 1982 年首次提出的，是指程序可以访问、检测和修改它本身状态或行为的一种能力。这一概念的提出很快引发了计算机科学领域关于应用反射性的研究。它首先被程序语言的设计领域所采用。

在计算机科学领域，反射是指一类应用，它们能够自描述和自控制。也就是说，这类应用通过采用某种机制来实现对自己行为的描述(Self-representation)和监测(Examination)，并能根据自身行为的状态和结果，调整或修改应用所描述行为的状态和相关的语义。

反射是 Java 程序开发语言的特征之一。它允许动态发现和绑定类、方法、字段，以及所有其他的由语言所产生的元素。反射可以做的不仅仅是简单地列举类、字段以及方法。通过反射，我们还能够在需要时完成创建实例、调用方法以及访问字段的工作。反射是

Java 被视为动态(或准动态)语言的关键。

归纳起来，Java 反射机制主要提供了以下功能：

- 在运行时判断任意一个对象所属的类。
- 在运行时构造任意一个类的对象。
- 在运行时判断任意一个类所具有的成员变量和方法。
- 在运行时调用任意一个对象的方法。通过反射甚至可以调用到 private 的方法。
- 生成动态代理。

13.2.1　Java 反射 API

Java 反射所需要的类并不多，主要有 java.lang.Class 类和 java.lang.reflect 包中的 Field、Constructor、Method、Array 类，下面对这些类做简单的说明。

(1) Class 类：Class 类的实例表示正在运行的 Java 应用程序中的类和接口。

(2) Field 类：提供有关类或接口的属性的信息，以及对它的动态访问权限。反射的字段可能是一个类(静态)属性或实例属性，简单地理解，可以把它看成一个封装反射类的属性的类。

(3) Constructor 类：提供关于类的单个构造方法的信息以及对它的访问权限。这个类与 Field 类不同，Field 封装了反射类的属性，而 Constructor 则封装了反射类的构造方法。

(4) Method 类：提供关于类或接口上单独某个方法的信息。所反映的方法可能是类方法或实例方法(包括抽象方法)。这个类不难理解，它是用来封装反射类方法的一个类。

(5) Array 类：提供了动态创建数和访问数组的静态方法。该类中的所有方法都是静态方法。

其中，Class 类是 Java 反射的起源，针对任何一个我们想探勘的类，只有先为它产生一个 Class 的对象，接下来才能通过 Class 对象获取其他想要的信息。

接下来就重点介绍一下 Class 类。

14.2.2　Class 类

Java 程序在运行时，Java 运行时系统会对所有的对象进行所谓的运行时类型标识，用来保存这些类型信息的类就是 Class 类。Class 类封装一个对象和接口运行时的状态。

JVM 为每种类型管理着一个独一无二的 Class 对象。也就是说，每个类(型)都有一个 Class 对象。Java 程序运行过程中，当需要创建某个类的实例时，JVM 首先检查所要加载的类对应的 Class 对象是否已经存在。如果还不存在，JVM 就会根据类名查找对应的字节码文件并加载，接着创建对应的 Class 对象，最后才创建出这个类的实例。

> 注意：Java 基本数据类型(boolean、byte、char、short、int、long、float 和 double)和关键字 void 也都对应一个 Class 对象。每个数组属性也被映射为 Class 对象，所有具有相同类型和维数的数组都共享该 Class 对象。

也就是说，运行中的类或接口在 JVM 中都会有一个对应的 Class 对象存在，它保存了对应类和接口的类型信息。要想获取类和接口的相应信息，需要先获取这个 Class 对象。

1. 获得 Class 对象

有 3 种方式可以获取 Class 对象。

(1) 调用 Object 类的 getClass()方法来得到 Class 对象，这也是最常见的产生 Class 对象的方法。例如：

```
MyObject x;
Class c1 = x.getClass();
```

(2) 使用 Class 类的 forName()静态方法获得与字符串对应的 Class 对象。例如：

```
Class c2 = Class.forName("java.lang.String");
```

注意：Class.forName()方法的参数字符串必须是类或接口的全限定名。

(3) 使用"类型名.class"获取该类型对应的 Class 对象。例如：

```
Class cl1 = Manager.class;
Class cl2 = int.class;
Class cl3 = double[].class;
```

2. 常用方法

Class 类中提供了大量的方法，用来获取所代表的实体(类、接口、数组、枚举、标注、基本类型或 void)的信息。常用方法如下。

(1) public String getName()：获取此 Class 对象所表示的实体的全限定名。

(2) public Field[] getFields()：获取此 Class 对象所表示的实体的所有 public 字段。

(3) public Field[] getDeclaredFields()：获取此 Class 对象所表示的实体的所有字段。

(4) public Method[] getMethods()：获取此 Class 对象表示的实体的所有 public 方法。

(5) public Method[] getDeclaredMethods()：获取此 Class 对象表示的实体的所有方法。

(6) public Method getMethod(String name, Class<?>... parameterTypes)：获取特定的方法。name 参数指定方法的名字，parameterTypes 可变参数指定方法的参数数据类型。

(7) public Constructor<?>[] getConstructors()：获取此 Class 对象所表示的实体的所有 public 构造方法。

(8) public Constructor<?>[] getDeclaredConstructors()：获取所有的构造方法。

(9) public Constructor<T> getDeclaredConstructor(Class<?>... parameterTypes)：获取特定的构造方法。

(10) public class getSuperClass()：获取此 Class 对象所表示的实体的父类 Class。

(11) public class[] getInterfaces()：获取此 Class 对象所表示的实体实现的所有接口 Class 列表。

(12) public Annotation[] getAnnotations()：获取此元素上存在的所有注释。

(13) public Annotation[] getDeclaredAnnotations()：获取此元素上存在的所有注释。

(14) public T newInstance()：创建此 Class 对象所表示的类的一个新实例。使用的是不带参数的构造方法。

13.2.3 获取类信息

要在运行时获取某个类型的信息，都需要先获取这个类型对应的 Class 对象，然后调用 Class 类提供的相应方法来获取。下面通过一个示例来逐步介绍如何利用反射来获取指定类的详细信息。

1. 获取指定类对应的 Class 对象

这一步骤很简单，直接使用 Class 类的 forName()静态方法来获取：

```
Class clazz = Class.forName("java.util.ArrayList");
```

2. 获取类的包名

通过调用 Class 对象的 getPackage()方法，可以得到此 Class 对象所对应的实体所在的包的信息描述类 java.lang.Package 的一个对象。

Package 类包含有关 Java 包的实现和规范的版本信息，通过 Package 的提供方法可以访问相关的信息，如下代码是获取该类所在包的全名：

```
String packageName = clazz.getPackage().getName();
```

3. 获取类的修饰符

通过 Class 对象的 getModifiers()方法可以获得此 Class 对象所对应的实体的用整数表示的类修饰符值：

```
int mod = clazz.getModifiers();
```

要想把这个整数值转成对应的字符串，可以使用 java.lang.reflect.Modifier 类提供的 toString(int mod)静态方法：

```
String modifier = Modifier.toString(mod);
```

4. 获取类的全限定名

通过 Class 对象的 getName()方法可以获得此 Class 对象所对应的实体的全限定名。

```
String className = clazz.getName();
```

注意，由于历史原因，数组类型的 getName()方法会返回奇怪的名字。

5. 获取类的父类

通过 Class 对象的 getSuperClass()方法可以获得此 Class 对象所对应的实体的直接父类 Class 对象：

```
Class superClazz = clazz.getSuperclass();
```

6. 获取类实现的接口

通过 Class 对象的 getInterfaces()方法可以获取此 Class 对象所对应的实体所实现的所有接口 Class 对象数组：

```
Class[] interfaces = clazz.getInterfaces();
```

7. 获取类的成员变量

通过 Class 对象的 getFields()方法获取到的是此 Class 对象所对应的实体的所有 public 字段(成员变量)。如果要获取所有的字段，可以使用 getDeclareFields()方法：

```
Field[] fields = clazz.getDeclaredFields();
```

返回的是 java.lange.reflect.Field 类的对象数组。Field 类用来代表字段的详细信息。通过调用 Field 类提供的相应方法就可以获取字段的修饰符、数据类型、字段名等信息：

```
for (Field field : fields) {  //循环处理每个字段
    String modifier = Modifier.toString(field.getModifiers());//访问修饰符
    Class type = field.getType();   //数据类型
    String name = field.getName(); //字段名
    if(type.isArray()) { //如果是数组类型要特别处理一下
        String arrType = type.getComponentType().getName() + "[]";
        System.out.println("   " + modifier + " "
          + arrType + " " + name + ";");
    } else {
        System.out.println("   " + modifier + " "
          + type + " " + name + ";");
    }
}
```

8. 获取类的构造方法

通过 Class 对象的 getConstructors()方法获取到的是此 Class 对象所对应的实体的所有 public 的构造方法。

如果要获取所有的构造方法，可以使用 getDeclaredConstructors()方法：

```
Constructor[] constrcutors = clazz.getDeclaredConstructors();
```

返回的是 java.lang.reflect.Constructor 类的对象数组。Constructor 类用来代表类的构造

方法的相关信息。通过调用 Constructor 类提供的相应方法也可以获得该构造方法的修饰符、构造方法名、参数列表等信息：

```
for (Constructor constructor : constrcutors) {
    String name = constructor.getName(); //得到构造方法名
    //得到访问修饰符
    String modifier = Modifier.toString(constructor.getModifiers());
    System.out.print("    " + modifier + " " + name + "(");
    Class[] paramTypes = 
        constructor.getParameterTypes(); //得到方法的参数列表
    for (int i=0; i<paramTypes.length; i++) {
        if(i > 0) {
            System.out.print(", ");
        }
        if(paramTypes[i].isArray()) { //处理参数类型为数组时的情况
            System.out.println(paramTypes[i]
                .getComponentType().getName() + "[]");
        } else {
            System.out.print(paramTypes[i].getName());
        }
    }
    System.out.println(");");
}
```

9. 获取类的成员方法

通过 Class 对象的 getMethods()方法获取到的是此 Class 对象所对应的实体的所有 public 成员方法。如果要获取所有的成员方法，可以使用 getDeclaredMethods()方法：

```
Method[] methods = clazz.getDeclaredMethods();
```

返回的是 java.lang.reflect.Method 类的对象数组。Method 类用来代表类的成员方法的相关信息。通过调用 Method 类提供的相应方法，也可以获得该成员方法的修改符、返回值类型、方法名、参数列表等信息：

```
for (Method method : methods) {   //循环处理每个方法
    String modifier = 
        Modifier.toString(method.getModifiers()); //访问修饰符
    Class returnType = method.getReturnType(); //返回类型
    if(returnType.isArray()) { //如果是数组类型要特别处理一下
        String arrType = returnType.getComponentType().getName() + "[]";
        System.out.print("    " + modifier + " " + arrType
            + " " + method.getName() + "(");
    } else {
    System.out.print("    " + modifier + " "
      + returnType.getName() + " " + method.getName() + "(");
```

```java
        }
        Class[] paramTypes =
            method.getParameterTypes(); //得到方法的参数Class数组
        for (int i=0; i<paramTypes.length; i++) {
            if(i > 0) {
                System.out.print(", ");
            }
            if(paramTypes[i].isArray()) { //如果是数组类型，要特别处理一下
                System.out.print(paramTypes[i]
                    .getComponentType().getName()+"[]");
            } else {
                System.out.print(paramTypes[i].getName());
            }
        }
        System.out.println(");");
    }
}
```

完整示例源代码可参见随书光盘 ch13 目录下的 ReflectionTest.java 类。

13.2.4 生成对象

在前面所学的 Java 程序中，创建对象的方法通常都是通过 new 操作符调用该类的构造方法来创建的，如下：

```
java.util.Date currentDate = new java.util.Date();
```

多数情况下，这种方式已足够满足需求。但在一些特殊情况下，可能只有在程序运行时才知道要创建的对象所对应的类名称，这就需要通过 Java 反射才能完成这种功能了。我们分两种情况来讨论利用反射创建对象的方式。

1. 使用无参构造方法

如果要使用无参数的构造方法创建对象，只需要调用这个类对应的 Class 对象的 newInstance()方法：

```
Class c = Class.forName("java.util.ArrayList");
List list = (List)c.newInstance();
```

需要注意的是：如果指定名称的类没有无参构造方法，在调用 newInstance()方法时会抛出一个 NoSuchMethodException 异常。

如下是使用反射机制调用无参构造方法创建指定名称类的对象的示例：

```java
import java.util.Date;
/** 使用反射机制调用无参构造方法创建指定名称类的对象 */
public class NoArgsCreateInstanceTest {
    public static void main(String[] args) {
        Date currentDate = (Date)newInstance("java.util.Date");
```

```java
            System.out.println(currentDate);
    }
    public static Object newInstance(String className) {
        Object obj = null;
        try {
            //加载指定名称的类并获取对应 Class 对象，再调用无参构造方法创建出一个对象
            obj = Class.forName(className).newInstance();
        } catch (InstantiationException e) {
            e.printStackTrace();
        } catch (IllegalAccessException e) {
            e.printStackTrace();
        } catch (ClassNotFoundException e) {
            e.printStackTrace();
        }
        return obj;
    }
}
```

2. 使用带参构造方法

要使用带参数的构造方法来创建对象，首先需要获取指定名称的类对应的 Class 对象，然后通过反射获取满足指定参数类型要求的构造方法信息类(java.lang.reflect.Constructor)对象，调用它的 newInstance 方法来创建出对象。

具体可以分为如下 3 个步骤来完成。

(1) 获取指定类对应的 Class 对象。

(2) 通过 Class 对象获取满足指定参数类型要求的构造方法类对象。

(3) 调用指定 Constructor 对象的 newInstance 方法传入对应的参数值，创建出对象。

我们知道 java.util.Date 类有一个带参的构造方法，它需要一个 long 类型的参数。通过反射使用这个构造方法来创建出一个对象的代码如下：

```java
import java.lang.reflect.Constructor;
import java.lang.reflect.InvocationTargetException;
import java.util.Date;

/** 利用反射使用指定带参构造方法创建指定名称类的对象 */
public class ArgsCreateInstanceTest {
    @SuppressWarnings("unchecked")
    public static void main(String[] args) {
        try {
            //第1步：加载指定名称的类，获取对应的 Class 对象
            Class clazz = Class.forName("java.util.Date");
            //第2步：获取具有指定参数类型的构造方法
            Constructor constructor = clazz.getConstructor(long.class);
            //第3步：给指定的构造方法传入参数值，创建出一个对象
```

```
            Date date = (Date)constructor.newInstance(123456789000L);
            System.out.println(date);
        } catch (ClassNotFoundException e) {
            e.printStackTrace();
        } catch (SecurityException e) {
            e.printStackTrace();
        } catch (NoSuchMethodException e) {
            e.printStackTrace();
        } catch (IllegalArgumentException e) {
            e.printStackTrace();
        } catch (InstantiationException e) {
            e.printStackTrace();
        } catch (IllegalAccessException e) {
            e.printStackTrace();
        } catch (InvocationTargetException e) {
            e.printStackTrace();
        }
    }
}
```

13.2.5 调用方法

使用反射可以取得指定类中指定方法的对象代表，方法的对象代表就是前面介绍的 java.lang.reflect.Method 类的实例，通过 Method 类的 invoke()方法可以动态调用这个方法。Method 类的 invoke()方法的完整签名是：

```
public Object invoke(Object obj, Object... args)
  throws IllegalAccessException, IllegalArgumentException,
  InvocationTargetException
```

这个方法的第 1 个参数是一个对象类型，表示要在指定的这个对象上调用方法；第 2 个参数是一个可变参数，用来给这个方法传递参数值；invoke()方法的返回值代表的是动态调用指定方法后的实际返回值。

> **注意**：若要通过反射调用类的某个私有方法，可以在这个私有方法对应的 Method 对象上，先调用 setAccessible(true)来取消 Java 语言对本方法的访问检查，然后再调用 invoke 方法来真正执行这个私有方法。

下面是一个通过反射来动态调用指定方法的示例：

```
import java.lang.reflect.InvocationTargetException;
import java.lang.reflect.Method;

/**利用反射来动态调用指定类的指定方法 */
```

```java
@SuppressWarnings("unchecked")
public class ReflectInvokeMethodTest {
    public static void main(String[] args) {
        try {
            Class clazz = Class.forName("com.qiujy.corejava15.Product");
            //利用无参构造方法创建一个Product的对象
            Product prod = (Product)clazz.newInstance();

            //获取名为setName,带一个类型为String的成员方法所对应的对象代表
            Method method1=
              clazz.getDeclaredMethod("setName", String.class);
            //在prod对象上调用setName,并传值给它,返回值是空
            Object returnValue = method1.invoke(prod, "爪哇");
            System.out.println("返回值: " + returnValue);
            //获取名为displayInfo,不带参数的成员方法所对应的对象代表
            Method method2 = clazz.getDeclaredMethod("displayInfo");
            method2.setAccessible(true);  //取消访问检查
            //在prod对象上调用私有的displayInfo方法
            method2.invoke(prod);
        } catch (ClassNotFoundException e) {
            e.printStackTrace();
        } catch (SecurityException e) {
            e.printStackTrace();
        } catch (NoSuchMethodException e) {
            e.printStackTrace();
        } catch (IllegalArgumentException e) {
            e.printStackTrace();
        } catch (IllegalAccessException e) {
            e.printStackTrace();
        } catch (InvocationTargetException e) {
            e.printStackTrace();
        } catch (InstantiationException e) {
            e.printStackTrace();
        }
    }
}
class Product {
    private static long count = 0;
    private long id;
    private String name = "无名氏";
    public Product() {
        System.out.println("默认的构造方法");
        id = ++count;
    }
    public long getId() { return id; }
```

```
    public void setId(long id) { this.id = id; }
    public String getName() { return name; }
    public void setName(String name) {
        System.out.println("调用 setName 方法");
        this.name = name;
    }
    private void displayInfo() {   //私有方法
        System.out.println(getClass().getName() + "[id=" + id
                + ",name=" + name + "]");
    }
}
```

运行后，在控制台的输出结果为：

```
默认的构造方法
调用 setName 方法
返回值：null
com.qiujy.corejava15.Product[id=1,name=爪哇]
```

13.2.6　访问成员变量的值

使用反射可以取得类的成员变量的对象代表，成员变量的对象代表是 java.lang.reflect.Field 类的实例，可以使用它的 getXXX()方法来获取指定对象上的值，也可以调用它的 setXXX()方法来动态修改指定对象上的值，其中的 XXX 表示成员变量的数据类型。

可以通过反射来动态设置和获取指定对象指定成员变量的值，下面这段代码即可展示操作的详细过程：

```
import java.lang.reflect.Field;

/**利用反射来动态获取或设置指定对象的指定成员变量的值 */
public class ReflectFieldTest {
    @SuppressWarnings("unchecked")
    public static void main(String[] args) {
        try {
            Class c = Class.forName("com.qiujy.corejava15.Product");
            //使用无参构造方法创建对象
            Product prod = (Product)c.newInstance();
            //调用私有属性
            Field idField = c.getDeclaredField("id");
            idField.setAccessible(true);  //取消对本字段的访问检查
            idField.setLong(prod, 100);  //设置 idField 成员变量的值为 100
            //获取 prod 对象的 idField 成员变量的值
            System.out.println("id=" + idField.getLong(prod));
            Field nameField = c.getDeclaredField("name");
            nameField.setAccessible(true);
```

```
            nameField.set(prod, "张三");
            System.out.println("name=" + nameField.get(prod));
        } catch (ClassNotFoundException e) {
            e.printStackTrace();
        } catch (InstantiationException e) {
            e.printStackTrace();
        } catch (IllegalAccessException e) {
            e.printStackTrace();
        } catch (SecurityException e) {
            e.printStackTrace();
        } catch (NoSuchFieldException e) {
            e.printStackTrace();
        }
    }
}
```

13.2.7 操作数组

数组也是一个对象，可以通过反射来查看数组的各个属性信息，如下：

```
/** 反射获取数组信息 */
public class ReflectArrayTest {
    public static void main(String[] args) {
    short[] sArr = new short[5];    //创建数组
        int[] iArr = new int[5];
        long[] lArr = new long[5];
        float[] fArr = new float[5];
        double[] dArr = new double[5];
        byte[] bArr = new byte[5];
        boolean[] zArr = new boolean[5];
        String[] strArr = new String[5];
        //直接获取数组的类型名
        System.out.println("short 数组类: " + sArr.getClass().getName());
        System.out.println("int 数组类: " + iArr.getClass().getName());
        System.out.println("long 数组类: " + lArr.getClass().getName());
        System.out.println("float 数组类: " + fArr.getClass().getName());
        System.out.println("double 数组类: " + dArr.getClass().getName());
        System.out.println("byte 数组类: " + bArr.getClass().getName());
        System.out.println("boolean 数组类: " + zArr.getClass().getName());
        System.out.println("String 数组类: " + strArr.getClass().getName());
    }
}
```

运行此程序，在控制台的输出结果为：

```
short 数组类：[S
```

```
int 数组类：[I
long 数组类：[J
float 数组类：[F
double 数组类：[D
byte 数组类：[B
boolean 数组类：[Z
String 数组类：[Ljava.lang.String;
```

直接获取数组对应的 Class 对象的全限定名时，返回的是"[x"的形式。要想真正获取数组的类型名，可以使用 getComponentType()方法获取此数组类型的 Class 对象，然后再调用 getName()方法来获取全限定名：

```java
/** 反射获取数组信息 */
public class ReflectArrayTest {
    public static void main(String[] args) {
    short[] sArr = new short[5]; //创建数组
        int[] iArr = new int[5];
        long[] lArr = new long[5];
        float[] fArr = new float[5];
        double[] dArr = new double[5];
        byte[] bArr = new byte[5];
        boolean[] zArr = new boolean[5];
        String[] strArr = new String[5];
        //通过getComponentType()方法获取此数组类型的Class,再获取它的全限定名
        System.out.println("short 数组类："
          + sArr.getClass().getComponentType().getName());
        System.out.println("int 数组类："
          + iArr.getClass().getComponentType().getName());
        System.out.println("long 数组类："
          + lArr.getClass().getComponentType().getName());
        System.out.println("float 数组类："
          + fArr.getClass().getComponentType().getName());
        System.out.println("double 数组类："
          + dArr.getClass().getComponentType().getName());
        System.out.println("byte 数组类："
          + bArr.getClass().getComponentType().getName());
        System.out.println("boolean 数组类："
          + zArr.getClass().getComponentType().getName());
        System.out.println("String 数组类："
          + strArr.getClass().getComponentType().getName());
    }
}
```

这段代码运行的结果为：

```
short 数组类：short
```

```
int 数组类: int
long 数组类: long
float 数组类: float
double 数组类: double
byte 数组类: byte
boolean 数组类: boolean
String 数组类: java.lang.String
```

数组也可以使用反射动态创建，主要是利用 java.lang.reflect.Array 类来操作的。代码如下所示：

```java
import java.lang.reflect.Array;

/** 利用反射动态创建数组的示例 */
public class ReflectCreateArrayTest {
    public static void main(String[] args) {
        //动态创建一个长度为 5 的 int 类型数组
        Object obj = Array.newInstance(int.class, 5);
        for(int i=0; i<5; i++) { //动态设置数组元素的值
            Array.setInt(obj, i, i*10);
        }
        for (int i=0; i<5; i++) { //动态获取数组元素的值
            System.out.println(
                "第" + i + "号元素的值: " + Array.getInt(obj, i));
        }
    }
}
```

13.2.8 获取泛型信息

如果需要获取泛型类、泛型接口、泛型方法等的泛型参数信息，就需要使用到 java.lang.reflect.ParameterizedType 接口，它提供的 getActualTypeArguments()方法用来返回表示此类型实际类型参数的 Type 对象的数组。通过这个类型参数的 Type 对象数组就可以获取泛型参数的信息了。如下示例是获取指定成员变量的泛型信息的代码：

```java
import java.lang.reflect.*;
/** 利用反射获取类型参数的信息 */
public class ReflectGenericTypeTest {
    private C<String, java.util.Date, Integer> c;
    public static void main(String[] args) throws NoSuchFieldException {
        //获取指定属性
        Field field = ReflectGenricTypeTest.class.getDeclaredField("c");
        //获取属性的类型
        Type type = field.getGenericType();
        //如果是泛型类型
```

```java
        if(type instanceof ParameterizedType) {
            ParameterizedType pType = (ParameterizedType)type;
            //获取参数信息
            Type[] tArgs = pType.getActualTypeArguments();
            for(Type t : tArgs) {
                System.out.println(t); //输出参数的类型名
            }
        }
    }
}
//类 C 是有 3 个类型参数的类
class C<T1, T2, T3 extends java.io.Serializable> {
}
```

程序运行后输出结果为：

```
java.lang.String
java.util.Date
java.lang.Integer
```

类似地，也可以通过反射来获取泛型方法的泛型参数信息、返回值泛型信息。那么，在泛型类中能不能直接获取它的泛型参数信息呢？例如下面的泛型类：

```
class D<T> {
    public void test() {
        //如何在这里获取类型参数 T 的类型信息
    }
}
```

答案是无法获取，因为 Java 采用擦除的方式来处理泛型，即 Java 代码在编译时，全部泛型类型的信息会被删除。也就是使用类型参数来替换它们的限界类型，如果没有指定界限，则默认类型是 Object，即 Java 程序在运行时不存在类型参数，根本谈不上用反射获取类型参数的信息。

13.2.9 使用反射获取标注信息

前面讨论了如何自定义标注类型。但是自定义了标注类型又有什么用呢？也就是说，如何来获取这些标注中的信息，并用这些信息来完成一定功能？解决这个问题就需要使用前面介绍的反射(reflect)机制。

前面介绍过，利用 Java 反射机制，可以在运行时动态地获取类的相关信息，如类中的所有方法、所有属性、所有构造方法；还可以创建对象，调用方法等。同样利用反射也是可以获取到标注的相关信息的。

首先要确认一点，反射是在运行时获取信息的。因此，要用反射获取标注的相关信息，这个标注必须是用@Retention(RetentionPolicy.RUNTIME)声明的。

Java SE 5.0 API 中的 java.lang.reflect.AnnotatedElement 接口中定义了 4 个反射性读取标注信息的方法。

(1) public Annotation getAnnotation(Class annotationType)：如果存在该元素的指定类型的标注，则返回这些标注，否则返回 null。

(2) public Annotation[] getAnnotations()：返回此元素上存在的所有标注。

(3) public Annotation[] getDeclaredAnnotations()：返回存在于此元素上声明的标注。

(4) public booleanisAnnotationPresent(Class annotationType);如果指定类型的标注存在于此元素上，则返回 true，否则返回 false。

java.lang.Class 类和 java.lang.reflect 包中的 Constructor、Field、Method、Package 类都实现了 AnnotationElement 接口，可以从这些类的实例上分别取得标注于其上的标注及相关信息。下面通过一个示例来演示如何使用反射读取自定义标注在使用时的信息。

首先，定义一个名为"MyAnno"的标注类型。因为这个标注需要运行时反射获取信息，所以指定为 RetentionPolicy.RUNTIME 的：

```
import java.lang.annotation.*;

//这个标注可以用于类、接口、枚举、方法之上且可以在运行时用反射来获取它的信息
@Target({ElementType.TYPE,ElementType.METHOD})
@Retention(RetentionPolicy.RUNTIME)
@interface MyAnno {
    String value() default "无值";  //给 value 属性指定默认值
}
```

接下来，再定义一个"UserMyAnno"类来使用这个标注。这里把"MyAnno"标注应用在类上和方法中：

```
@MyAnno
class UserMyAnno {   //在 UserMyAnno 类上使用 MyAnno 标注
    @MyAnno("method")
    @Deprecated
    public void test() {   //在 test 方法上使用 MyAnno 标注和 Deprecated 标注
        System.out.println("test");
    }
}
```

最后，通过反射来获取这两处使用 MyAnno 标注的信息：

```
import java.lang.annotation.*;
import java.lang.reflect.Method;

/** 利用反射动态获取标注的信息 */
public class ReflectAnnotationInfo {
    public static void main(String[] args) {
        //获取类上的指定标注的 Annotation 实例
```

```java
        Annotation anno1 = UserMyAnno.class.getAnnotation(MyAnno.class);
        if (anno1 != null) {
            MyAnno myAnno = (MyAnno)anno1;
            System.out.println("类上的MyAnno标注:value=" + myAnno.value());
        }
        //取得test()方法的对应的Method实例
        Method method = null;
        try {
            method = UserMyAnno.class.getMethod("test");
            //取得test()方法上所有的Annotation
            Annotation[] annotations = method.getAnnotations();
            for (Annotation anno : annotations) {
                //获取每个标注的类型信息
                Class clazz = anno.annotationType();
                System.out.println("标注类型名:" + clazz.getName());
                //如果是MyAnno标注类型
                if (MyAnno.class == clazz) {
                    //标注类型中的每个属性都是通过一个同名的方法来定义的
                    Method meth = clazz.getMethod("value");
                    //访问属性的值是通过调用同名方法来获取的
                    String value = (String) meth.invoke(anno);
                    System.out.println("属性value的值" + value);
                }
            }
        } catch (IllegalAccessException ex) {
        } catch (IllegalArgumentException ex) {
        } catch (InvocationTargetException ex) {
        } catch (NoSuchMethodException ex) {
        } catch (SecurityException ex) {
        }
    }
}
```

运行这个程序，在控制台的输出结果为：

类上的MyAnno标注:value=无值
标注类型名:com.qiujy.corejava.ch13.anno.MyAnno
属性value的值method
标注类型名:java.lang.Deprecated

结果说明，使用反射已经正确获取了标注的相关信息。

13.2.10 反射与代理

代理模式是Java中很常用的一种设计模式，在企业应用高级框架中大量应用到。它的原理主要就是应用到反射。接下来就来详细介绍这个模式。

1. 静态代理

在某些情况下，一个客户不想或者不能直接引用另一个对象，需要通过代理对象来间接操作目标对象，代理就在客户端和目标对象之间起到中介的作用。

举一个示例来说明这个问题：有一个客户想找一个厂家做一批衣服，但客户找不到合适的，于是通过一个中介公司，由中介公司帮他找厂家做这些衣服，当然中介公司要从中收取一定的中介费，我们用 Java 程序来模拟完成这个任务。

首先，定义一个能完成生产一批衣服功能的接口：

```java
/** 服装厂接口 */
public interface ClothingFactory {
    /** 有"生成一批衣服"的功能 */
    void productClothing();
}
```

LiNingCompany 公司是一家能真正生产这一批服装的公司：

```java
/** LiNing 公司就是一家能生产服装的公司*/
public class LiNingCompany implements ClothingFactory {
    public void productClothing() {
        System.out.println("生产出一批 LiNing 服装");
    }
}
```

ProxCompany 是一家专门帮人介绍服装公司的中介公司，它需要收取一定的中介费：

```java
/** 专门为别人找服装厂的中介公司 */
public class ProxyCompany implements ClothingFactory {
    private ClothingFactory cf;
    //中介公司自己不会生产服装，需要找一家真正能做服务的公司
    public ProxyCompany(ClothingFactory cf) {
        this.cf = cf;
    }
    public void productClothing() {
        System.out.println("收取 10000 元的中介费");
        cf.productClothing();   //委托真正的服务公司生产服装
    }
}
```

最后，客户通过中介公司生产了这一批服装：

```java
/** 客户 */
public class Customer {
    public static void main(String[] args) {
        //通过中介公司生产一批服装
        ClothingFactory cf = new ProxyCompany(new LiNingCompany());
        cf.productClothing();
```

        }
}

运行这个程序,在控制台得到如下输出结果:

收取 10000 元的中介费
生产出一批 LiNing 服装

仔细分析这个应用程序,可以把代理模式用图 13-1 来表示。

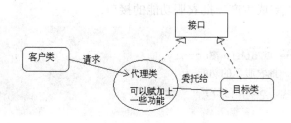

图 13-1 代理模式原理

上面程序的做法,使用的代理模式是静态代理模式,它的特征是代理类和目标对象的类都是在编译期间就已经确定下来的,不利于程序的扩展。上面示例中,如果客户还想找一个"生产一批鞋"的工厂,那还须新增一个代理类和一个目标类。如果客户还需要很多其他的,就必须一一新增代理类和目标类。有没有办法来解决这个问题呢?答案是使用动态代理。

2. 动态代理

动态代理的原理就是,在运行期根据需要动态创建目标类的代理对象。Java SE API 在 java.lang.reflect 包中提供了对动态代理的支持的类和接口。

(1) InvocationHandler 接口:代理类的处理类都需要实现这个接口。接口中只有一个方法:

```
public Object invoke(Object proxy, Method method, Object[] args)
    throws Throwable;
```

在实际使用时,第 1 个参数 proxy 指代理类;第 2 个参数 method 是被代理的方法的 Class 对象;第 3 个参数 args 为传给该方法的参数值数组。这个抽象方法在代理类中动态实现。

(2) Proxy 类:提供用于创建动态代理类和实例的静态方法。

利用 JDK 对动态代理的支持来创建一个动态代理的处理类:

```
import java.lang.reflect.*;
/** 动态代理处理类 */
public class DynaProxyHandler implements InvocationHandler {
    /** 目标对象 */
    private Object target;
```

```java
/** 创建一个目标对象的代理对象 */
public Object newProxyInstance(Object target) {
    this.target = target;
    /*
    第一个参数：定义代理类的类加载器
    第二个参数：代理类要实现的接口列表
    第三个参数：指派方法调用的调用处理程序
    */
    return Proxy.newProxyInstance(
            this.target.getClass().getClassLoader(),
            this.target.getClass().getInterfaces(), this);
}
public Object invoke(Object proxy, Method method, Object[] args)
  throws Throwable {
    Object result = null;
    try {
        //目标对象上的方法调用之前可以添加其他代码...
        result = method.invoke(this.target, args);  //调用目标对象上的方法
        //目标对象上的方法调用之后可以添加其他代码...
    } catch (Exception e) {
        throw e;
    }
    return result;  //把方法的返回值返回给调用者
  }
}
```

在客户端的调用代码改为如下方式：

```java
public class Customer {
    public static void main(String[] args) {
        //动态代理方式
        DynaProxyHandler handler = new DynaProxyHandler();
        ClothingFactory cf2 =
            (ClothingFactory)handler.newProxyInstance(new LiNingCompany());
        cf2.productClothing();
    }
}
```

这个动态代理处理类 DynaProxyHandler 没有和具体的目标类耦合，可能适用于任何目标类，从而提高了代理的扩展性。

总之，动态代理在原理上就是利用反射机制在运行时动态创建目标对象的代理对象。对于初学者来说，理解动态代理是比较困难的，建议读者对照 Java SE API 帮助文件多阅读几遍 DynaProxyHandler 的代码。

13.3 上机实训

1. 实训目的

(1) 掌握内置标注类型的正确使用方法。

(2) 会自定义标注。

(3) 掌握使用反射获取类的成员信息。

2. 实训内容

(1) 编写一个 Person 类，它的属性有 name(姓名)、age(年龄)、grader(年级)，并提供 getter 和 setter 方法，使用 Override 标注它的 toString 方法。

(2) 自定义一个名为 MyTiger 的标注类型，只可以使用在方法上，它带一个 String 类型的 value 属性，然后在第 1 题中的 Person 类上正确使用。再编写一个测试类反射读取这个标注的属性值。

(3) 编写一个程序，通过反射创建出 Person 类的实例，并通过反射调用 setter 方法给所有属性赋值，用反射调用它的 toString()方法，把它的信息输出到控制台。

本章习题

选择题

(1) 下列标注属于 Java SE API 中内置的标注有哪些？(多选)

    A. @Override   B. @Overload

    C. @SuppressWarnings   D. @Extends

(2) 几个程序员在讨论 Java 5.0 的新特性"标注"时，归纳了以下几个知识点。您认为哪些是正确的？(多选)

    A. @Override 用来指明被标注的方法必须是重写父类中的方法

    B. @Deprecated 用来指明被标注的方法是一个过时的方法

    C. @SuppressWarnings 用来指明被标注的方法、变量或类在运行时如果有警告信息，就阻止警告

    D. 利用反射机制可以获取任何标注的信息

(3) 下面这些获取 java.lang.Class 实例的代码，哪些能正常编译？(多选)

    A. Class c = Integer.getClass();

    B. Class c = "hello".getClass();

    C. Class c = String[].class;

    D. Class c = Void.TYPE;

(4) Java 反射是较难以理解的知识点,某同学归纳的以下说法中,哪种说法是错误的?

  A. 反射是在运行时获取类的相关信息的

  B. 利用反射,可以根据类的全限定名来加载并实例化它

  C. 由于历史原因,反射机制无法操作数组类型

  D. 动态代理是利用反射的原理来实现的

参考答案

第1章

一、选择题

(1) D (2) D (3) A (4) BC (5) C (6) B (7) A

二、填空题

(1) Java SE、Java EE、Java ME

(2) Java 虚拟机、垃圾回收机制

(3) 编辑 Java 源代码、编译 Java 程序、运行 Java 程序

(4) 装载程序、检验程序、执行程序

第2章

选择题

(1) AD (2) BD (3) B (4) BC (5) AC (6) ABCD (7) C (8) C
(9) AB (10) BC (11) C

第3章

选择题

(1) C (2) AC (3) A (4) AC (5) BC (6) AD (7) AD (8) C (9) BD
(10) C (11) ACD

第4章

选择题

(1) A (2) C (3) BC (4) AC (5) D (6) BC (7) ACD (8) BD (9) C
(10) A (11) C (12) A (13) A (14) D (15) B

第5章

一、选择题

(1) B (2) C (3) A (4) A (5) ABD

二、简答题

(1) throws 关键字用在方法签名的末尾，用来声明本方法可能会抛出的异常列表。
throw 关键字用在代码中，用于手动抛出一个异常对象。
try 用于监控可能会产生异常的代码块。
catch 用于捕获指定类型的异常对象。
finally 用于异常处理语句中不管有没有出现异常都必须执行的语句。

(2) final 用于修饰变量、方法或类。饰改的变量必须在构造方法调用完成前赋值。修饰的方法不能被子类重写，修改的类不能被继承。
finally 用于修饰异常处理语句中不管有没有出现异常都必须执行的语句。
finalize 是 Object 类的一个方法，垃圾回收器回收该对象时会回调此方法，用于清理一些资源。

(3) 受检异常是由一些外部的偶然因素引起的。Java 编译器强制要求对其进行处理。
非受检异常是编程人员可以避免但却没有避免的异常。Java 编译器不强制要求处理。

第 6 章

选择题

(1) AD　(2) C　(3) B　(4) AC　(5) B　(6) C

第 7 章

一、选择题

(1) A　(2) C　(3) D　(4) C　(5) B　(6) BD　(7) A　(8) AD

二、分析结果

执行程序时输出结果为：b=500

这是因为两个线程执行的不是同段代码，第一个线程中会对执行的 method1 方法加锁，但主线程中执行的 method2 方法没有加锁，在第一个线程睡眠时仍然可以对变量 b 赋值为 500。

第 8 章

(无)

第 9 章

选择题

(1) BCD　(2) A　(3) B　(4) C　(5) A

第 10 章

选择题

(1) ABE　(2) BD　(3) B　(4) AC　(5) A　(6) B　(7) C　(8) AB

第 11 章

选择题

(1) AC　(2) A　(3) B　(4) BCADEF

第 12 章

选择题

(1) BCD　(2) BCD　(3) A　(4) ACD　(5) ABD

第 13 章

选择题

(1) AC　(2) ABC　(3) BCD　(4) C

第9章

选择题

(1) BCD (2) A (3) B (4) C (5) A

第10章

选择题

(1) ABE (2) D (3) B (4) AC (5) A (6) D (7) C (8) D (9) AB

第11章

选择题

(1) AC (2) A (3) B (4) BCADEF

第12章

选择题

(1) PCOD (2) BCD (3) A (4) ACD (5) ABD

第13章

选择题

(1) AC (2) AB (3) CD (4) C